# 保全生態学の技法
## 調査・研究・実践マニュアル

鷲谷いづみ・宮下 直・西廣 淳・角谷 拓 [編]

東京大学出版会

Methods in Conservation Ecology
Izumi Washitani *et al.*, Editors
University of Tokyo Press, 2010
ISBN 978-4-13-062219-6

# はじめに

　日本において，保全生態学が，生物多様性の保全のための生態学として意識的に活動を開始したのは1990年代の半ばごろであった．1996年には，保全生態学研究会が組織されて会誌「保全生態学研究」の発行が始まり，日本初の保全生態学の教科書『保全生態学入門——遺伝子から景観まで』（鷲谷いづみ・矢原徹一著，文一総合出版）が刊行された．それから15年ほど経た現在，保全生態学は生態学のなかの応用領域の1つとしての地位を確立し，社会的にもその役割が認知されるようになった．この間，生物多様性の保全と持続可能な利用に関しては，実践の分野でもいくつもの大きな動きがあった．外来生物法や自然再生推進法の制定に続き，2008年には生物多様性基本法が制定された．

　最初は，校閲者グループ（編集委員会にあたり，日本生態学会の各分野の中心メンバーを広くカバー）の協力を得て，私の研究室の大学院生と私が手づくりに近いかたちで制作していた「保全生態学研究」誌も，いまでは，日本生態学会が発行する和文誌として安定的に定期刊行されている．初期の号では，編集ソフトを十分に使いこなすことができず，不鮮明な図のまま印刷しなければならなかったという苦い思い出もある．

　昨今の日本生態学会の大会では，保全生態学に関連する講演・ポスター発表の比率は，15年前とは比べものにならないほど大きくなっている．その研究の担い手は，広範な研究分野の若い研究者や学生であるらしく，ポスター会場には覇気と熱気があふれている．

　生物学のなかにおける生態学の特徴は，研究対象，研究アプローチ，および対象スケールのきわだった多様性だろう．生態学が扱う生物学的階層は，分子からランドスケープまで，およそ生物学が扱うすべての階層にわたっている．それぞれの研究者が関心をもつ空間スケールや時間スケールには，分野によって大きな差異がある．生理生態学ではマイクロ秒といった短時間の生理過程を対象にするのに対して，進化生態学や古生態学は生物の世代にして数世代から数十万世代以上の長期間にわたる進化的なタイムスケールを問題にする．研究手法も生物学のほかの分野とは比べものにならないほど多様多彩である．ミクロ生物学の研究の常套手段である遺伝子や遺伝子産物の解析，生理的活性の測

定や成分分析など室内での実験はもちろん，他分野ではほとんど使われない野外調査，野外実験，リモートセンシング，空間情報解析なども重要な手法であり，どのような問題を扱うかによってそれら多様な研究手法が駆使される．

異質さ，多様さを多く包含しつつも生態学が一科学領域としてまとまっているのは，対象やスケールやアプローチが異なっても，「生物と環境との関係」に主要な関心をおく知の営みであることによる．保全生態学もヒトを含む生物と環境との関係を持続可能なものとすることに主眼をおいている．それは，生態学の多様な分野に蓄積しているさまざまな知と智を最大限活用し，生物多様性の保全と持続可能な利用，自然再生（生態系の修復）など，社会的な実践や事業に寄与しようとする「社会のための科学」である．同時に，保全・再生の事業や実践を野外での大規模実験の機会ととらえて研究者個人の努力だけでは得がたいデータを収集することで生態学そのものの発展に寄与する「科学のための科学」としての意義も大きい．社会への貢献のみならず，それを生態学の基礎を固める機会ととらえ「二兎を追う」保全生態学は，その成功と発展を社会と科学の両面からの尺度で測ることができるだろう．

雪崩のようにすさまじい勢いで進行しつつある地球規模および地域規模の自然環境の劣化を食い止めるための社会的な条件整備は，国際的にも国内でも着実に進展しつつある．しかし，問題の解決には程遠く，それに近づいていくためには，科学的に解明すべき課題が数多く存在する．事業や実践の成功にも保全生態学の発想や研究が欠かせない．

本書では，そのように社会的な重要性を増してきた保全生態学を技法の面から解説した．研究課題に具体的にどのようにしてアプローチするのかを理解することは，保全生態学を知っていただく近道だと考えるからである．保全生態学，生態学が築いてきた知的遺産のなかから，社会的な要請に応える研究目的にとって利用価値の高い技法を選んで紹介した．本書は，初学者が実際にこの分野の研究に取り組もうとする場合のマニュアルとして役立つのはもちろんのことである．

第Ⅰ部では，種内・個体群の多様性として，集団内の個体間の生理的変異，遺伝的変異およびミクロ環境の不均一性の評価と保全に関する技法を扱った．すなわち，植物の種子個体群にみられる休眠・発芽特性の多様性，光環境のミクロレベルでの空間的な不均一性を調査・評価する方法，種子植物および外来魚を対象とした保全遺伝学的解析・評価法を紹介した．

第II部では主として種・個体群の階層における技法を取り上げた．空間的な現象に焦点をあてた生物多様性情報の集積・解析法および広域スケールでの生物空間分布解析法および時間的な変動を生物個体数の指標化法の解析に加え，生物多様性の危機の要因としてとくに重要な水辺の侵略的外来動物に対する対策としての排除法を扱った．

　第III部では，主として群集・生態系の階層における評価および保全・再生に関する幅広い技法を取り上げた．食物網構造・栄養段階の評価法，水田害虫に対する捕食性天敵の機能評価法，水質・水文環境の調査法，リモートセンシングによる植生評価法，湿地履歴の研究法，湿地の土壌シードバンク調査法である．

　冒頭に述べたように，保全生態学はまだ活動を始めてから日の浅い，「若い」学問である．したがって，それをおもに担っているのは若い研究者である．本書の執筆者の大部分が20代から30代であることは，そのことをよく表している．若いがゆえに将来の著しい発展が期待できる研究領域であるともいえるだろう．

　本書が出版される2010年は，国際生物多様性年であり，生物多様性条約の第10回締約国会議が日本で開かれる．生物多様性の保全と持続可能な利用が国際的にも国内でもますますその重要性を高めつつあるなか，保全生態学の研究者，技術者，それを理解する実務者の養成へのニーズはますます高まっている．本書が読者対象として想定するのは，保全生態学の研究を志す学部生・大学院生や若手研究者のみならず，保全生態学に関心をもつ広範な人々である．さきに述べたように，「技法」を知ることによって保全生態学のイメージを具体的につかむことができると思われるからだ．また，紹介した実験法や調査法などのなかには，それほど特別の施設や器具などを使わずに実践できる技法もいくつか紹介されており，市民参加の調査や学校などでの学習の手引きとしても役立つだろう．

　本書が保全生態学の発展とその知見・技法の社会への還元に役に立つことを通じて，生物多様性の保全と持続可能な利用という社会的な目的に寄与することを望む．

2010年元旦　鷲谷いづみ

# 目　次

はじめに……………………………………………………………………………ⅰ

## 第Ⅰ部　種内の多様性の評価と保全

### 第1章　発芽生態学の技法……………………………………………3

#### 1.1　休眠・吸水・発芽……………………………………………5
（1）休眠の解除／発芽に適切な条件　5　（2）休眠の解除　6
（3）発芽をもたらす生理的プロセスと休眠　6
（4）相対的休眠　8

#### 1.2　休眠とその解除………………………………………………10
（1）休眠の多様性　10　（2）休眠の解除・誘導をもたらす要因　11
Box-1.1　ヌルデの硬皮休眠解除に必要な条件　16
Box-1.2　親植物体の上での休眠の発達と種子の休眠状態の変動性　19

#### 1.3　発芽の温度依存性と発芽のタイムコース……………………19
Box-1.3　発芽の温度・時間依存性を記述するモデル　21

#### 1.4　休眠・発芽温度特性とそのスクリーニング法………………22
（1）休眠・発芽温度特性の大きな種間差　22
（2）発芽を支配する環境要因としての温度の重要性　23
（3）休眠・発芽温度反応のスクリーニング法　24
（4）段階温度法で得られるさまざまな種特異的反応パターンとその解釈　25
（5）スクリーニング研究が明らかにした種子発芽戦略　31
Box-1.4　段階温度法の実際　29
Box-1.5　段階温度法を用いた比較発芽生態学の研究　32

#### 1.5　種子の寿命と運命……………………………………………39
（1）保存時の環境条件と種子の寿命　39
（2）種子の寿命と土壌中の種子の運命　41

（3）土壌シードバンクと休眠・発芽戦略 42
　　　（4）土壌シードバンクの動態を支配するプロセス 45
　　Box-1.6 種子の運命を追跡するための「埋土／回収法」43

## 第2章　光環境の調査・評価法 … 49

### 2.1　光環境の測定 … 50
　　（1）センサーを用いた測定 50　　（2）全天写真による測定 55
　　Box-2.1 相対光量子束密度の測定手法 54

### 2.2　保全対象となる植物の生育に適した光環境の検討方法 … 58
　　Box-2.2 相対成長率（RGR）59

## 第3章　植物の保全遺伝学的解析・評価法 … 63

### 3.1　DNAマーカーを用いたジェネットの識別法 … 65
　　Box-3.1 ジェネットの識別法 66

### 3.2　交配実験による繁殖様式や近交弱勢の推定法 … 67
　　（1）繁殖様式の推定法 67　　（2）近交弱勢の推定法 69
　　Box-3.2 人工授粉実験による繁殖様式の推定方法 68

### 3.3　個体の由来集団の推定法 … 70
　　（1）アサインメントテスト 70
　　（2）Paetkau et al.（1995）のアサインメント手法（狭義の
　　　　アサインメントテスト）75
　　（3）由来の確率的判定（Exclusion Test）77
　　（4）アサインメントテストの精度 78
　　（5）その他のアサインメント法 79
　　Box-3.3 フリーソフトウェア GeneClass 2 を用いた解析手順 71
　　Box-3.4 グループ単位のアサインメントテスト 76

## 第4章　外来魚の保全遺伝学的解析・評価法 … 83

### 4.1　「外来魚」の遺伝学的調査 … 85
　　（1）「見えない外来魚」の遺伝的手法による検出 85
　　（2）ミトコンドリア DNA の塩基配列データの利点と限界 86
　　Box-4.1 「見えない外来種」検出のためのマーカー選択戦略 86

### 4.2　ミトコンドリア DNA 塩基配列にもとづく調査法 … 88

(1) サンプル調整と DNA 抽出 88　　(2) PCR による増幅 89
　　　(3) 塩基配列の決定 91　　(4) データベース検索 92
　　　(5) 系統学的解析 92
　　　(6) ハプロタイプの頻度と系統情報の検討 96
　　　(7) 参考情報との照合 97
　　　Box-4.2　プライマーの設計 91
　　　Box-4.3　サンプリングにおける留意事項 93

# 第 II 部　種・個体群の評価と保全

## 第 5 章　生物多様性情報の整備法 ……………………………103

　5.1　地理情報の整備技法 ………………………………106
　　　(1) 位置情報の必要性 106　　(2) GIS による位置情報の取得 106
　　　(3) GoogleMaps の活用 107　　(4) 電子地図帳ソフトの活用 109
　　　(5) アドレスマッチングによる方法 110　　(6) 分布図の作成 110
　　　Box-5.1　手軽に位置情報を入力する方法 108
　　　Box-5.2　オープンソース GIS の利用 111
　　　Box-5.3　生物多様性情報の集計解析と豊富なデータセットを
　　　　　　　提供する DIVA-GIS 112
　5.2　地理情報の記述様式 ………………………………113
　　　(1) 自然地名と住所 113　　(2) 地点精度と形状の記述 113
　　　(3) 座標系と測地系 114
　　　(4) 絶滅危惧種に関する地理情報の公開 114
　5.3　生物多様性データの標準フォーマット ……………115
　　　(1) データスキーマ 115　　(2) Darwin Core version 1.4 115
　　　(3) Darwin Core における採集日の記述 120
　　　(4) Darwin Core の必須項目と拡張項目 120
　　　(5) メタデータの整備 121
　5.4　生物多様性情報の発信 ……………………………121
　　　(1) GBIF とサイエンスミュージアムネット 121
　　　(2) 情報発信の方法 123
　　　(3) 自然史博物館や研究機関の役割 124
　5.5　生物多様性情報の創出に向けた課題 ………………125

## 第6章　広域スケールでの生物空間分布解析法 …………129

6.1　空間分布解析における問題 ……………………………131
6.2　生息の指標と環境条件──一般化線形モデル …………132
　　Box-6.1　統計モデルのパラメータ推定──ロジスティック
　　　　　　　回帰と最尤法　133
6.3　環境条件と空間スケール──バッファー解析とカーネル解析 …135
　　Box-6.2　距離カーネルを用いた解析例　137
6.4　「隣は似ている」分布データ──条件付き自己回帰 ……138
　　Box-6.3　条件付き自己回帰モデル（CAR）の適用例　139
6.5　時間変化する空間分布──パーコレーションモデル ……141
　　Box-6.4　待ち時間の確率──パーコレーションモデルの尤度　142
6.6　データの不完全性への対応 ……………………………144
　　（1）発見率を考慮した統計モデル　144
　　（2）在のみデータからの分布予測　145
　　Box-6.5　出現確率と発見率を同時に推定する　146
6.7　評価と予測に活かす ……………………………………148
　　（1）より現実的な統計モデルの構築　148
　　（2）不確実な未来の予測　149
　　Box-6.6　階層的に自然をとらえる──階層ベイズモデル　150
6.8　今後の発展方向 …………………………………………152

## 第7章　生物個体数の指標化法 ……………………………157

7.1　全国長期モニタリング調査の特徴 ……………………159
　　（1）測定誤差　160　　（2）欠損値　160
　　（3）調査員による違い　160
7.2　個体数変化の指数化法 …………………………………161
　　（1）一般化線形モデル　161　　（2）一般化加法モデル　164
　　（3）階層モデル　168
　　Box-7.1　一般化線形モデルを用いた個体数指数推定　162
　　Box-7.2　一般化加法モデルを用いた個体数指数推定　165
　　Box-7.3　階層ベイズモデルを用いた個体数指数推定　167

7.3 個体数指数の解析法……………………………………………168
　　（1）個体数指数の要約——「警報システム」169
　　（2）個体数指数の一般化——統合指数と比較法 170
7.4 生物個体数指標化の意義…………………………………………173

## 第8章　水辺の侵略的外来種排除法……………………………179
8.1 わが国の里地里山の水辺の侵略的外来種の現状…………180
8.2 排除の計画・立案………………………………………………181
8.3 侵略的外来種の影響と排除の実例……………………………182
　　（1）オオクチバス 182　（2）アメリカザリガニ 184
　　（3）ウシガエル 189
　　（4）排除イベントにあたっての注意と排除後の個体および
　　　　餌の処理 190
　　Box-8.1 石川県におけるオオクチバスの排除 184
　　Box-8.2 石川県と千葉県におけるアメリカザリガニの排除 187
8.4 排除を通じて得られる情報……………………………………190
　　（1）侵略的外来種の効果的な排除手法の評価 190
　　（2）排除による侵略的外来種への効果 192
　　（3）排除による在来生物相の回復への効果 193
　　（4）排除の際のコストと努力量 195
　　Box-8.3 除去法による個体数推定 191
　　Box-8.4 胃内容分析 194
8.5 モニタリング……………………………………………………196
8.6 地域の理解の必要性と情報の共有……………………………196
　　Box-8.5 オオクチバス侵入に対する地域の予防策 197

# 第Ⅲ部　群集・生態系の評価と保全・再生

## 第9章　食物網構造・栄養段階の評価法……………………203
9.1 安定同位体解析の利点…………………………………………205
　　Box-9.1 胃内容物から栄養段階を推定する方法 205
9.2 安定同位体を用いた解析………………………………………206

（1）指標としての安定同位体 206　　（2）食物網解析の原理 206
　　　（3）研究例 208
　9.3　同位体比の分析とデータ解析……………………………………209
　9.4　混合モデルを用いた解析……………………………………………209
　　　Box-9.2　同位体比分析の手順 210
　　　Box-9.3　栄養段階と食物連鎖長の算出方法 213
　9.5　今後の展望……………………………………………………………214

# 第10章　水田害虫に対する捕食性天敵の機能評価法………217

　10.1　広食性天敵の害虫抑制効果の評価法……………………………219
　　　（1）天敵による害虫被害の抑制の仕組み 219
　　　（2）イネ害虫に有効な広食性天敵の特定法 222
　　　Box-10.1　生命表解析と変動主要因分析による広食性天敵の
　　　　　　　　役割評価 220
　10.2　野外実験による因果関係の検証法…………………………………230
　10.3　農家の参加による生きもの調査とデータ活用…………………232
　10.4　今後の課題……………………………………………………………233

# 第11章　水文・水質環境の調査法………………………………239

　11.1　水収支の調査・算定方法……………………………………………242
　　　（1）地下水位・湛水水位の測定 242
　　　（2）降雨・蒸発散の測定 243　　（3）透水性の測定 249
　　　Box-11.1　ゲージ圧式水位計と絶対圧式水位計 243
　　　Box-11.2　水位計の設置方法と水位計算方法 244
　　　Box-11.3　GPS測量 245
　　　Box-11.4　気象データの取得 246
　　　Box-11.5　地下水の流量と透水係数および透水量係数 251
　　　Box-11.6　オーガーホール法による透水係数の測定法 252
　11.2　水質の調査方法………………………………………………………253
　　　（1）電気伝導度（EC）の測定 253　　（2）栄養塩類濃度の測定 254
　　　Box-11.7　イオンクロマトグラフィー法によるイオン濃度の
　　　　　　　　測定法 255

## 第12章　リモートセンシングによる植生評価法……………259

### 12.1　ハイパースペクトルリモートセンシングの特徴と利点…261
（1）ハイパースペクトルリモートセンシングと植生の分光特性　261
（2）ハイパースペクトルセンサーの種類およびデータ取得　263

### 12.2　ハイパースペクトルリモートセンシングによる植生評価法…265
（1）ハイパースペクトル画像の取得と画像処理　266
（2）現地の植生調査　269
（3）ハイパースペクトル画像・植生データの解析　270
（4）絶滅危惧種を含む草本植物の潜在的ハビタットの地図化　273
Box-12.1　放射量補正と幾何補正　267
Box-12.2　画像データの変換　268
Box-12.3　グランドトゥルースとして利用できる既存資料　270
Box-12.4　画像の分類　271
Box-12.5　種の在・不在データや植生区分などカテゴリー
　　　　　データのときの推定精度の評価　272

## 第13章　湿地履歴の研究法……………………………………277

### 13.1　古生態学の考え方……………………………………278
### 13.2　湿地履歴の調査手法…………………………………281
Box-13.1　湿地履歴の調査手法　282
### 13.3　調査データの解析手法………………………………287
### 13.4　古生態学と保全生態学………………………………291
### 13.5　保全・再生への応用…………………………………292

## 第14章　湿地の土壌シードバンク調査法……………………297

### 14.1　植生の動態と土壌シードバンク……………………298
（1）永続的土壌シードバンクとは　298
（2）植生再生への土壌シードバンクの活用　301
Box-14.1　湿地植生の動態と土壌シードバンク　300

### 14.2　土壌シードバンク調査法……………………………302
（1）実生発生法の利点　302
（2）実生発生法による土壌シードバンク調査　303

　　　　　　　　Box-14.2　実生発生法による土壌シードバンク調査　304
　　　14.3　参加型プログラムによる湿地土壌シードバンクの調査⋯309
　　　　　（1）渡良瀬遊水地　309　　（2）「お宝探し」プロジェクト　310
　　　　　（3）参加型プログラムによる調査の成果　311

おわりに………………………………………………………………315
索　引…………………………………………………………………317
執筆者一覧……………………………………………………………325

# I
# 種内の多様性の評価と保全

## 第1章

# 発芽生態学の技法

## 鷲谷いづみ

**種子採集** 野外で種子が成熟し分散される時期に採集 (1.2, Box-1.4). 研究目的に応じて，多くの個体，シュートから満遍なく集めるか，特定の個体からのみ集めるか．

↓

**クリーニング** 種子を果皮や果肉，夾雑物などと分けて洗浄・乾燥 (Box-1.4). 水洗いや乾燥の際の環境条件が休眠に与える効果にも留意．

↓

**保存：研究目的にあわせた保存** 保存中に種子の休眠・発芽特性が変化すること，種子がおかれた環境が変化の過程に大きな影響を与えること (1.1) を念頭におき，実験時期にあわせた保存計画を立案．保存種子の寿命は水分・温度に依存し，正規分布で近似可能 (1.5(1))．

↓

**段階温度法による休眠発芽・温度特性のスクリーニング** (Box-1.4) 段階的に温度を上昇させる実験系 (IT) と段階的に温度を下降させる実験系 (DT) における発芽パターンを比較することにより種子の休眠・発芽温度特性の概要を把握．

↓

**実験結果の分析・評価** 休眠・発芽戦略を解明．
季節選択戦略←保存処理の効果，IT系とDT系の比較 (Box-1.5).
ギャップ選択戦略 (1.5(3)) ←交代温度 (変温への感受性) (1.2).

・・・・・・・・・・・・・・・・・・・・・・・・・・・・・・・・

**野外放置処理・回収法による土壌シードバンク動態の研究**
土壌シードバンク動態の研究には野外に種子をおいて季節ごとに回収して種子の生存および休眠・発芽特性を探る実験が有効 (Box-1.6).

種子・個体群を扱う発芽生態学．

種子分散時期は休眠・発芽戦略に大きく影響 (1.4, Box-1.5).

休眠解除・誘導温度効果と発芽の温度・時間依存性理論 (Box-1.3).

種子植物の個体群は，一般に，地上の植物体からなる地上個体群と土壌表面や土壌中の生きた種子からなる地下個体群の両方で構成される．植物の種子の寿命は，種によっては100年のオーダーにもおよび，個体群の存続性や攪乱後の植生回復などに地下個体群が果たす役割はきわめて大きい．したがって，種子植物の種・個体群の保全や侵略的外来植物に対する対策においては，この地下個体群の存在量の見積もりやその動態，および地下個体群から地上個体群への個体の移入にあたる発芽・実生の定着に関する知見・予測が欠かせない．

　自然再生の計画には，通常，植生の再生が含まれる．その材料としても，地下の個体群や群集にあたる土壌シードバンクが注目されている．その利用にあたっては，目的とする種や種群の速やかな発芽をうながすための土壌のまきだしのタイミングや土壌の厚さなどを適切にデザインすることが必要であるが，その知見を与えるのは発芽生態学である．

　種子植物を扱う保全生態学の実践においては，地下個体群の動態を決める内的要因である休眠・発芽の生理的な特性を把握することが必要であり，それは，実験室での発芽試験によって概要を把握することができる．

　種子の休眠や発芽にかかわる生理的な性質，休眠・発芽特性は，植物の種によって大きく異なるだけでなく，同一の種子サンプルにおいても，時とともに変化する．それは，植物が芽生えに適した時と場所を選んで発芽するための休眠・発芽戦略である．時とともに変動する休眠・発芽特性を把握するにあたっては，種子の採集・保存の方法，実験方法などを，その調査・研究の目的によくかなうように計画する必要がある．

　本章では，保全生態学の調査・研究および事業・実践への種子や土壌シードバンクの利用を念頭におき，種子の休眠・発芽生理特性と種子動態に関する基本的なことがらと実際に種子を扱うための技法を解説する．

　なお，ここでは，種子ということばを解剖学的な厳密な意味で用いるのではなく，瘦果や堅果など，散布体として種子に類する果実にも敷衍して用いる．生態学において種子を扱うときは，個々の種子（個体）ではなく，種子集団（個体群）の特性に目を向けているということに留意する必要がある．発芽率，休眠率など，種子集団のなかの比率や発芽に至る時間の頻度分布など，集団の特性を測定の基礎とする発芽生態学は，個体の生理生態学というよりは個体群の生理生態学というにふさわしい．

## 1.1 休眠・吸水・発芽

　この節では，①「休眠」とはなにか，②休眠の解除・誘導をもたらす要因，③発芽に必要な環境条件とはなにか，また，④発芽にはどのくらいの時間を要するかなど，発芽の生理生態学においてもっとも基本的な事項について概説する．それを理解しておくことは，種子にかかわるすべての調査・実験だけではなく，種子や土壌シードバンクを自然再生の材料として用いるためにも欠かせない．

### （1）　休眠の解除／発芽に適切な条件

　野外から採集した種子のサンプルや保存後の種子サンプルのなかには，外観が同じようにみえても，死んだ種子や発芽が不可能なまでの活力を失った種子が含まれている．それらに加えて，健全な種子ではあるが休眠（dormancy）の状態にあり，容易には発芽しない種子がある割合で含まれているのが普通である．

　多くの研究目的において，少なくとも一度は，サンプル中のできるだけ多くの種子，できることならば生きている種子（もしくは健全な種子）のすべてを発芽させることが必要となる．一見，それがあまり必要ではなさそうにみえる研究目的，たとえば，遺伝的解析用の芽生えの入手を目的に発芽させる場合においても，健全な種子のすべてを発芽させることには重要な意義がある．なぜならば，特定の条件で発芽した一部の種子に由来する子孫だけを用いて遺伝的な解析を行うと，種子集団（子孫集団）のなかから，特別の休眠・発芽特性をもつものだけを人為的に選択することになるからである．たとえば，休眠性が例外的に低い種子だけを選択してしまうなどである．そのような人為淘汰をかけることは，保全生態学における遺伝分析の趣旨には反するだろう．生きている種子のすべて，少なくとも大部分を発芽させることができれば，そのような無用な人為淘汰を避けることができる．

　種子の休眠の誘導や解除がどのような外的な要因（環境の作用）によってもたらされるかを明らかにすることは，土壌シードバンクの動態予測など，多くの研究目的において必要性が高い．しかし，休眠の誘導や解除の過程を理解するためには，休眠していない種子，すなわち非休眠種子の発芽特性を把握しなければならない．じつは，それは生きている種子すべてが発芽する条件を把握することにほかならない．

「活力のある種子すべてを発芽させるためにはどうしたらよいか」という技術的な問いに対する答えを操作的に記すとつぎのようになる．
① 休眠をできる限り解除し，
② 発芽に最適な環境条件（あるいはそれにできるだけ近い条件）のもとにおき，
③ 発芽に必要とされるだけの時間を経過させる．

つぎにこれら3つの条件を満たすために必要な操作とその根拠について説明する．

### （2） 休眠の解除

種子の休眠は，一般に，「種子の内部に発芽の阻害要因（block）が存在している状態」として定義される（Bewley and Black 1984）．すなわち，休眠とは，発芽に適した環境条件（適当な温度，通気を妨げない程度の十分な水分など）のもとでも発芽しない種子の「生理的な状態」を指す．休眠種子が発芽するためには，まず，そのような「内的な阻害要因」が取り除かれ，さらに，発芽に都合よい環境条件（外的な条件）が与えられることが必要である．内的な阻害要因が取り除かれることを「休眠の解除」，新たに内的な阻害要因が生じることを「休眠の誘導」という．休眠の解除・誘導は，光や温度など外的な条件に応じて起こることもあれば，時間の経過以外の特定の環境要因の効果では説明できないこともある．

これに対して，たんに不適な環境条件，つまり，「水がない」「温度が低すぎる」「温度が高すぎる」などの外因によって発芽が抑制されている状態は休眠とはよばず，「休止（quiescence）」とよぶ．

発芽は，鍵がかかった宝箱（種子）から宝物（芽生え）を取り出す（発生させる）プロセスにたとえることができるだろう．つまり，休眠解除は，解錠にあたり，箱をあけて宝を取り出すことが，発芽にあたる．

### （3） 発芽をもたらす生理的プロセスと休眠

ここでは，種子が発芽に至るまでの生理的なプロセスについて概観する．それをふまえて，いずれかの段階で積極的に阻害するような内的要因が存在すれば種子は休眠を続けること，したがって，休眠の機構は多様であることを説明する．

種子に水を加えてからその生重量の変化を時間を追って測定すると，図1.1

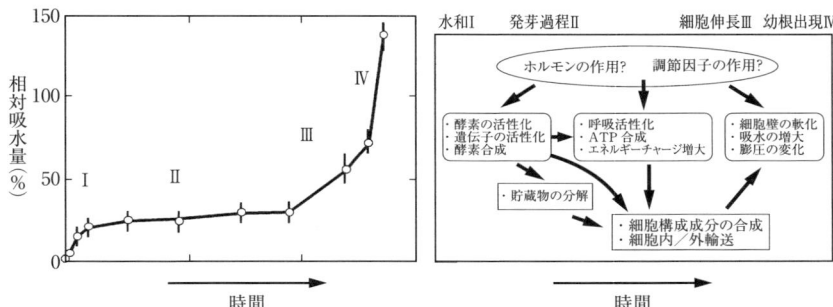

**図 1.1** 吸水状態からみた細胞相と細胞中で起こるできごと．種子を吸水可能な状態においてから幼根が出現して発芽が確認されるまで時間を追って生重量を測定すると，種子の含水量の経時変化から発芽過程を I–IV の 4 相に分けることができる．左の図は，マツの種子を 25°C で吸水させた場合の吸水量の変化（Washitani and Saeki 1986），右の図は，それぞれの相で起こるさまざまな生理学的生化学的変化を示した．それらのいずれかが阻害された状態が休眠である．そのため，休眠には非常に多くの機構がありうる．そのような阻害要因が働かない場合には，全体を律速する反応の温度依存性によって発芽速度の温度依存性が決められる．

に示されているように，吸水に関する 4 つの段階をはっきりと区別することができる．第 1 段階は吸水によって特徴づけられる．種子は，吸水を始めてから数十分から数時間を経ると吸水を一旦停止する．その後しばらくの間は，含水量がほぼ一定に保たれる．これが第 2 段階である．さらに数時間から数日を経て吸水量が急激に増し，幼根が種子の外に突き出す．これが第 3 段階である．発芽試験においては，一般に，幼根が種子の外に突き出した状態を「発芽」とみなす．発芽の後，幼根の成長に伴い再び種子は含水量を増していく．これが第 4 段階である．

### 第 1 の段階――吸　水

発芽は，種子の吸水から始まる．種子は親植物体上で登熟する過程で水分を徐々に失う．発芽にあたっては，種子はまず十分に水を吸い，生体高分子が十分に水和した状態に復帰することが必要である．それによって活発な代謝が可能となり，貯蔵物の分解と胚におけるさまざまな生合成を経て，幼根や幼苗の成長がもたらされる．

周囲に水が十分に存在しても，内的な要因で吸水が妨げられれば，種子は休眠を続けることになる．そのような休眠，すなわち吸水が妨げられていること

が主要な原因の休眠は硬皮休眠とよばれる．

種子の吸水過程は，肉眼でも確認できる．水を吸えばその分だけ体積を増すからだ．種子の生重量を計測すれば吸水過程をより正確に把握できる．

硬皮休眠の状態にあれば，種子は，水につけても吸水せず体積も重量も変化しない．生理的な温度域を超える高温度に短時間さらされる，物理的に傷が与えられる，などにより，硬皮休眠が解除されてはじめて吸水するようになる．硬皮休眠のように種皮に原因のある休眠は，「種皮に原因のある休眠（coat imposed dormancy）」とよばれる．

**成長に備えた活発な代謝**

種子の含水量があまり変化しない第2段階では，種子のなかで，発芽に向けて，多様な代謝系が活性化し，RNAの合成や新しいタンパク質の合成などがさかんになる．同時に種子に貯蔵されていた多糖類などの貯蔵物質の加水分解もさかんになり，生体高分子の合成の材料となる基本分子（building block molecules）とエネルギーおよび還元力が供給される．

しかし，吸水した種子が必ず発芽に至るわけではない．種子は一旦吸水してから発芽の過程を停止させることもある．発芽過程では，多様な遺伝子の発現を含め，さまざまな代謝過程の活性化が順次進行するため，そのいずれかが制御を受ければ，発芽はその段階で停止する．そのようなタイプの休眠は，一般に「胚の休眠（embryo dormancy）」とよばれる．他方，種皮に含まれる阻害物質が胚の成長を阻害する場合は，種皮が吸水やガス交換を妨げることが原因で維持される休眠と同じく「種皮に原因のある休眠」に含められる．

## （4） 相対的休眠

休眠は，つぎに述べる2つの理由により，「すべてか無か」（休眠と非休眠の2つの状態のいずれかだけがある）の現象ではない．

まず，第1に，個体群（種子集団）についてみると，集団内のすべての種子が休眠状態にあることもあれば，一部の種子のみが休眠している場合もある．休眠している種子の割合に応じて，発芽に最適な環境条件のもとで十分に時間を経たあとの発芽率は，0-100%の間のさまざまな値をとる．

第2に，個々の種子（個体）についても，休眠は絶対的というよりは相対的なものである．すなわち，特定の条件のもとでのみ休眠状態を維持し，それ以外の条件のもとでは非休眠種子としてふるまうことがよくある．そのように，

1.1 休眠・吸水・発芽　9

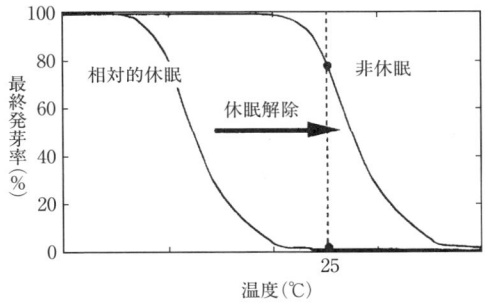

**図1.2** 相対的な休眠の深い種子集団と非休眠種子集団の最終発芽率の高温側の温度依存性カーブ．1つの温度条件の下（たとえば図中25℃）でのみ発芽試験をすると，相対的休眠種子の発芽率は0%となり，相対的な休眠も絶対的な休眠にみえる．

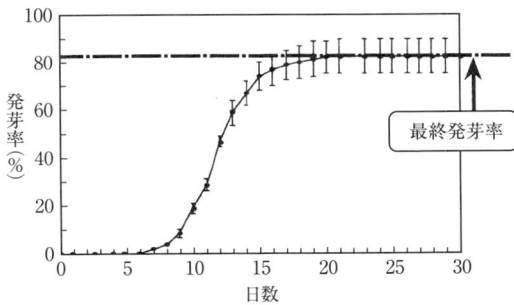

**図1.3** 発芽のタイムコースの一例とパラメータ．最終発芽率は，その条件における非休眠種子の割合を示す．平均値を標準偏差とともにプロット．

非休眠種子が，発芽しうる条件（＝発芽に適した環境条件）に比べて明らかに狭い条件のもとでしか発芽できないような状態にあることを相対的休眠とよぶ．たとえば，非休眠種子であれば5-35℃の広い温度範囲で発芽できるのに，休眠の状態にある種子は15-25℃の温度範囲でしか発芽しない，などといった場合である．

　相対的な休眠は，個々の種子に関しては，このように，発芽可能な条件の狭小化として表れる．種子集団のなかには発芽可能な温度域が少しずつ異なる種子が含まれているので，相対的な休眠は，図1.2のように最終発芽率の温度依存曲線の変化として把握することができる．なお，最終発芽率とは，測定された発芽のタイムコースにおいて発芽率が頭打ちになった際の発芽率を指す（図

1.3).

　一般に休眠がないと思われている種子でも，多くの場合，種子成熟の直後には，少なくとも一部の種子が相対的な休眠の状態にある．たとえば，種子採集直後には，25℃の恒温下での発芽試験で60%しか発芽しなかった種子サンプルを1カ月後に同条件で試験をしたところ発芽率が90%となるというような変化がよく観察される．それは時間の経過とともに，相対的な休眠の解除が進んだことを意味する．

## 1.2　休眠とその解除

### (1)　休眠の多様性

　休眠とは，内的な発芽抑制要因の存在を意味し，内的要因としては多様な様態がありうることはすでに述べた．休眠は，これまでさまざまな基準で分類されてきた．その分類は，時間経過に伴う発現パターンを分類したもの，休眠の原因(＝機構)について分類を試みたものなどである．表1.1に，その主要なものをあげた．休眠の機構にもとづく分類において，機構としてあげてあるものは，きわめて大くくりのカテゴリー分けでしかなく，生理的には，それぞれに多様なものが含まれる．

　時間経過における発現パターンに関しては，「一次休眠」，つまり，種子が成熟して散布される時点ですでに備わっていた休眠と，親植物体上で登熟する時

**表1.1**　休眠のタイプ．

［発現時期による分類］
- 一次休眠（primary dormancy）／生得的休眠（innate dormancy）
  種子が親植物体上で成熟した時点ですでに休眠状態にある場合の休眠
- 二次休眠（secondary dormancy）／誘導休眠（induced dormancy）
  非休眠種子にのちに誘導される休眠

［機構による分類］
- 胚に阻害要因のある休眠
  胚の未熟性による休眠：胚が形態的に未成熟
  調節による休眠：ホルモン，調節物質，フィトクロームなどが関与
- 種皮に阻害要因のある休眠
  硬皮休眠：不透水性の種皮による休眠
  種皮阻害物質による休眠

点では非休眠であった種子に誘導される休眠である「二次休眠」が区別される．種によってどちらかのタイプに分類されるというものではなく，種子のおかれた環境や時間の経過に依存して休眠の解除や誘導が起こり，種子はその休眠状態をたえず変化させているとみたほうがよい．

休眠の誘導・解除に必要な環境条件や経過時間および発芽に必要な環境条件を明らかにすることができれば，野外におかれた種子がたどる運命を予測できる．

**（2） 休眠の解除・誘導をもたらす要因**

種子の発芽を支配する3つの主要な環境要因は，水分，光，温度である．

水分は，発芽の過程そのものが進むための必須条件である．一般に通気を妨げない範囲内で，十分な水分があることが種子の発芽にもっとも適した条件である．

光と温度は，休眠の誘導・解除を通じて発芽に影響を与える．休眠状態の変化は，種子が水を含んでいる場合に起こりやすいが，含水量の低い種子においても休眠の誘導・解除が起こることがある．

光と温度の影響を比べた場合，比較的一貫した効果が認められるのは光である．温度の影響は，種によって大きく異なり，また同じ種子集団においても変動する．以下に光と温度が種子の休眠の解除と誘導におよぼす影響を整理してみよう．

**光が種子の休眠状態におよぼす影響**

休眠の解除・誘導におよぼす光の影響に関するおもな光受容体は，植物の「色彩感覚」を担う物質ともいえるフィトクロームである．フィトクロームは，クロモフォー（光吸収部分）としてテトラピロールをもつ複合タンパク質である．植物の組織中では，吸光特性の異なる2つの分子型のうちのいずれかとして存在する．どちらの分子型も，紫外光から遠赤外光までの幅広い波長の光を吸収するが，赤色光吸収型 $P_r$ は，660 nm 付近に吸収の極大をもち，赤色光を吸収するともう一方の分子型，$P_{fr}$ へと変化する．それに対して $P_{fr}$ は，その光吸収の極大の波長，730 nm 付近の光を吸収すると $P_r$ へと変わる．

太陽光が植物の葉を透過したり反射されたりすると，波長の組成が変化する．光が植物の組織にあたると，660 nm の波長光成分と 730 nm の波長の光成分（それぞれ）との比，すなわち R/FR（それぞれの波長を中心とした 10 nm 幅

の範囲の光量子密度の比）に応じて，組織中のフィトクロームの2つの相互に変換可能な分子型 $P_r$ と $P_{fr}$ の比率や全フィトクローム量に対する $P_{fr}$ の比率，$P_{fr}/P$ の比が変化する．それにより $P_{fr}$ が調節因子として関与する反応は R/FR 比による制御を受ける．

　クロロフィルは 660 nm 付近の光は強く吸収するのに対して 730 nm 付近の光をほとんど吸収しない．そのため，葉を透過もしくは反射された光は R/FR 比が低い．そのような光にあたった組織中では $P_{fr}/P$ も低い．植物の種子の発芽に関しては，高い $P_{fr}/P$ は，休眠解除に有効であり，逆に低い $P_{fr}/P$ は休眠を誘導する効果がある．しかし，例外もあり，まれには逆の効果が表れる場合もある．

　R/FR 比が高い弱光は，非休眠状態を維持するのに有効なことが多い．そのため，強い光や暗黒下では発芽しない種子も弱光のもとでは発芽することが多い．なお，実験室における光源としては，蛍光灯の光は遠赤外光をほとんど含まず，太陽光に比べて発芽を促進する効果が高い．

**温度が休眠にもたらす効果**

　種子は，親植物体から離れた直後には，光のあたる可能性のある地表面などに存在する．しかし，やがてリターの下や土壌中に取り込まれ，発芽の好機が訪れるまで（あるいはなんらかの原因で不慮の死をとげるまで），光のほとんどない暗黒の世界におかれるのが普通である．そのため，光は，種子がまわりの環境を探る手がかりとしては，副次的なものである．それに対して，温度は，野外での種子の休眠状態の制御や発芽タイミングの決定に重要で普遍的な役割を担う．

　温度は，地表面付近では土壌中での深さや地上の植被の状態に応じて，明瞭な規則的変化を示す．また，温帯地域では季節的な変化を示す．したがって，種子が季節と自らの位置（植被の厚さや土壌中の深さなど）などを知るうえで，温度は信頼性の高いシグナルを与える．種子が温度に対する多様な反応性を進化させているのはそのためである．

　なお，温度に対して種子が休眠の状態を変化させる反応は，主としてつぎの3タイプに分類できる．

① 特定の温度域の温度にさらされることによる休眠の誘導や解除．
② 変温（交代温度）による休眠の解除．
③ 高温による硬皮休眠の解除．

たとえば，サクラソウの種子は，①と②の性質をもっている．サクラソウは春に花を咲かせ初夏から夏にかけて，深く休眠した種子を散布する．種子は湿った状態で比較的長期間の低温を経験すると一部が休眠からめざめる．さらに，低温を経験した種子が十分に休眠からさめるためには春先の地表面温度の日較差のような「変温」にさらされることも必要である（Washitani and Kabaya 1988）．休眠解除への低温要求性と変温要求性をあわせもつことで，サクラソウの種子は，芽生えの生育に適した春先の季節的ギャップでタイミングよく発芽する．

冷湿条件（種子が湿った状態で経験する4℃程度の低温の条件）による休眠解除は，春に発芽する温帯地域の植物に共通する生理特性として古くから知られていた（Bewley and Black 1984）．低温に限らず特定の温度範囲の温度による休眠の解除と誘導は，多くの植物において特定の季節に芽生えるための生理的な機構をなす（Baskin and Baskin 1985）．土壌中にシードバンク（埋土種子集団）を恒常的に形成している雑草など，攪乱依存の生活史戦略をもつ植物の埋土種子は，温度条件に応じて休眠が誘導・解除される生理的な特性をもち，季節的な温度変化に応じて休眠状態を季節的に変化させている．

一般に，夏一年生植物の種子の休眠は，冬の低温によって解除され，夏の高温によって誘導される．冬一年生植物の休眠は，それとは正反対に，夏の高温で解除され，冬の低温によって誘導される．休眠誘導・解除効果をもたらしうる温度は，多くの場合，発芽に適した温度域に比べて，やや低温側あるいは高温側の温度域の温度であることが多い．このようなタイプの休眠は，温帯域に生育する植物の種子が発芽の季節的なタイミングを決めるうえできわめて重要な役割を果たしていると考えられる．

どのような温度範囲の温度にどのくらいの時間おかれると休眠が解除，もしくは誘導されるかについては，大きな種間差が認められる．たとえば，春発芽の植物についてだけ考えても，多くの木本植物の種子が休眠解除に数カ月の冷湿処理（種子を湿らせて低温にさらす処理）を要求するのに対して，草本植物では，数日から数週間の冷湿処理で休眠が解除される．

温度による休眠解除／誘導効果は，一般に種子が吸水した状態でとくに大きく表れる．しかし，比較的乾燥した状態で種子が経験した温度も休眠の解除や誘導をもたらすことがある．種子の乾湿に応じた低温への反応性も，種間にはきわめて大きな変異が認められる（Washitani and Masuda 1990）．

なお，特定の温度条件のもとにおかれることによって誘導されたり解除され

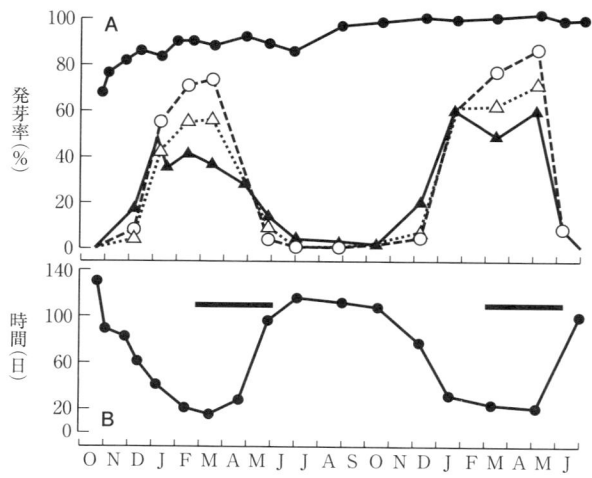

図 1.4 野外におけるミチヤナギ種子の相対的休眠状態の変化（Courtney 1968 より改変）．野外の地表面近くに埋土した種子をいろいろな季節に回収して，4（●），8（○），12（△）および23℃（▲）の恒温下で発芽させたときの最終発芽率（A）と4℃での50%発芽に要する時間（B）．Bのグラフのなかの水平な太線は野外で自然の発芽がみられる時期を表す．

たりする休眠は，詳細に検討してみると相対的な休眠である場合が多い．しかし，発芽試験を 15℃ あるいは 25℃ などの特定の温度のもとでのみ行うと，それが絶対的な休眠のようにみえてしまうので注意が必要である（図 1.2）．

上でも述べたように，低温あるいは高温にさらされると解除される休眠は，それとは反対の温度条件におかれると休眠が誘導されることが多い．温度に対してそのような反応性をもつ種子では，経験する温度の履歴によって休眠の誘導・解除が繰り返されることになる．温帯地域では温度の規則的な周年変化があるため，土壌シードバンク中の種子は，発芽に至るまで，場合によっては何度となく季節に依存した休眠あるいは相対的休眠の誘導・解除サイクルを繰り返すことになる．図 1.4 にはそのような休眠誘導・解除の季節サイクルの一例が示されている．

### 変温（交代温度）の効果

変温による休眠解除効果は，雑草などの攪乱依存植物の種子に普通にみられる性質である．春に季節的なギャップで発芽する植物のなかには，種子に低温

による休眠解除効果と交代温度による休眠解除効果の両方が認められるものも少なくない．上で述べたサクラソウもその例にあてはまる．なお，Grime *et al.*（1981）が英国のシェフィールドで多数の種を対象に行った大規模なスクリーニングでは，水辺，湿地を生育場所とする植物のなかで変温感受性の種子をつくる植物の比率が有意に高かった．

　変温感受性の有無や大きさを測定するためには，交代温度条件（普通，1日24時間を2つに分けて，それぞれの時間帯に異なる温度を与える条件）および恒温条件下で発芽試験を行って発芽率を比較する．交代温度のもとで顕著に発芽率が高い場合に変温感受性をもつと判定する．交代温度条件は，2つの温度をどのように与えられるかでさまざまな条件設定がありうる．交代温度条件を特徴づけるパラメータは，高温側温度とそれにさらされる時間，低温側温度とそれにさらされる時間，高温側温度と低温側温度との温度差，低温から高温へと変化する際の温度上昇速度，高温から低温へと変化する場合の温度降下速度などである．そのなかで，休眠の解除や非休眠状態の維持にとってとくに重要なのは，高温側温度と低温側温度との温度差や与えられる温度交代の回数などであることが知られている．

### 高温による硬皮休眠の解除

　硬皮休眠は，種皮が不透水性，すなわち水を通さないために発芽に必要な吸水が妨げられることによる休眠であることは，すでに述べた．硬皮休眠が解除されるためには，種皮の不透水性が破られることが必要である．たとえば，種皮に傷ができてそこからの吸水が可能になれば休眠は解除される．その傷は摩耗など物理的につくられるものでも，硫酸処理などの化学処理によるものでもかまわない．水が浸み込むことさえできれば休眠は解除される．Box-1.1で紹介するヌルデ種子の例のように，裸地の地表面における日射による温度上昇が硬皮休眠の解除に有効な場合もある．

　マメ科やヒルガオ科ヒルガオ属の植物も硬皮休眠種子をつくることが知られている．

### 化学物質による休眠の解除

　実験室での発芽試験において，さまざまな化学物質が休眠解除効果をもたらすことが明らかにされている（表1.2）．シアン化化合物などの呼吸阻害剤，メルカプトエタノールなどの還元剤，過酸化水素などの酸化剤，硝酸などの窒

## Box-1.1 ヌルデの硬皮休眠解除に必要な条件

ヌルデ種子は散布時には硬皮休眠の状態にある．休眠の解除には，生理的温度を超える高温の短時間の処理が有効である（Washitani and Takenaka 1986）．硬皮休眠解除に必要な高温温度と処理時間について発芽試験によってくわしく検討すると，高温処理効果の限界温度は種子集団内で正規分布（平均±標準偏差：$55.0 \pm 7.5$℃）していることがわかる．硬皮休眠の解除は温度が高いほど短い時間で達成されるが，高温下では，高温によって胚が傷害を受けるため，あまりに高い温度にさらされたり，最適な高温処理時間を超えるとむしろその効果のほうが大きくなり発芽率が低下する（Washitani 1988）．50-60℃では数時間の処理で種子集団内の種子の25-50%が発芽できる状態になる．

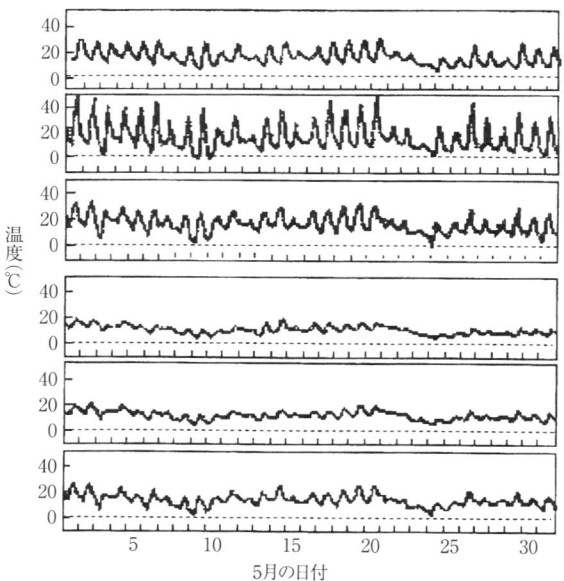

図1.5 裸地と林床の地表面付近の温度環境（鷲谷1987）．上から，裸地の深さ2 cmの地中温度，地表面温度，地上1 mの気温，マツ林林床の深さ2 cmの地中温度，地表面温度および地上1 mの気温．測定は筑波大学の構内で1988年5月に行ったもの．裸地地表面では林床地表面に比べて数倍から十倍にもおよぶ温度の日較差が記録される．

さて，裸地あるいは林内の地表面におかれた種子は，このような硬皮休眠の解除に有効な温度を経験する可能性があるのであろうか．そのことを検討するために，松林とそれに隣接する裸地で，ヌルデの発芽季節である晩春から初夏にわたって地表面温度の連続測定を行った．地表面温度の日変化パターンは季節の進行とともに変化し，また，その日その日の気象条件によって日変化に多様なバリエーションが認められるが，林内と裸地の間にはきわめて大きな違いが認められる（図1.5）．ヌルデ種子の硬皮休眠の解除に必要とされる高温は，種子が林床や土中に埋まっているときにはけっして経験されることはない．それに対して，裸地地表面にある種子は，しばしばそのような温度を経験することがわかる．

表 1.2　種子の休眠解除効果をもつ化学剤
（Bewly and Black 1984 より）．

| 化 合 物 | 報 告 例 |
|---|---|
| 呼吸阻害剤 | |
| 　　シアン化合物 | *Lactuca sativa* |
| 　　アジ化合物 | *Hordeum distichum* |
| 　　ヨード酢酸 | *Hordeum distichum* |
| 　　ジニトロフェノール | *Lactuca sativa* |
| メルカプト化合物 | |
| 　　ジチオスレイトール | *Hordeum distichum* |
| 　　2-メルカプトエタノール | *Hordeum distichum* |
| 酸化剤 | |
| 　　次亜塩素酸塩 | *Avena fatua* |
| 　　酸　素 | *Xanthium pennsylvanicum* |
| 窒素化合物 | |
| 　　硝酸塩 | *Lactuca sativa* |
| 　　亜硝酸塩 | *Hordeum distichum* |
| 　　チオカルバミド | *Lactuca sativa* |
| 成長制御物質 | |
| 　　ジベレリン類 | *Lactuca sativa* |
| 　　サイトカイニン類 | *Lactuca sativa* |
| 　　エチレン | *Chenopodium album* |
| その他 | |
| 　　エタノール | *Panicum capillare* |
| 　　メチレンブルー | *Hordeum distichum* |
| 　　エチルエーテル | *Panicum capillare* |
| 　　フジコクシン | *Lactuca sativa* |

素化合物あるいは植物ホルモンなど，きわめて多様な化学物質に休眠解除の効果が認められる（Bewley and Black 1984）．それは，種子の休眠機構自体が特定の代謝系の維持に依存しており，それらのどこかが阻害されれば休眠の維持がむずかしくなること，したがって，休眠の解除機構は非常に多様なものであることを示唆する．

　内在的な物質としては，植物ホルモンが休眠解除に寄与することがある．とくに休眠解除効果が高いのは，ジベレリンである．ジベレリンは，光や冷湿処理によって解除される休眠を，それらの環境要因にかわって解除する効果を示す．

**休眠・発芽率と環境要因**

　同じ植物体上で形成された種子は，成熟時にまったく同じような休眠の状態にあるわけではない．すなわち，個々の種子についてみると休眠の深さにはばらつきがある．

　休眠状態のばらつきを発芽率として発芽試験によって把握できる．その植物の種子発芽にとって，最適と考えられる環境条件のもとで発芽試験を行って得られる最終発芽率が0％でも100％でもないとすれば，種子集団（すべてが生存種子であるとする）は休眠種子と非休眠種子の両方を含んでおり，非休眠種子の割合がその最終発芽率であることを意味する．その休眠種子と非休眠種子の相対的な割合は，遺伝的要因と種子成熟時の環境，さらにはその後に種子が経験する環境に応じて変化する．

　親植物体上で成熟した時点で種子がもっていた一次休眠がいつ解除されるかは，それぞれの種子の内的な条件と環境の両方に依存して種子ごとに一様ではない．さらに，非休眠種子に二次休眠が誘導される可能性やタイミングについても同様に種子の遺伝的な特性と環境の両方に依存して種子ごとに異なる．そのため，種子集団の発芽率は，それまでにその種子集団が経験した環境条件にも依存して時間的に大きく変化する．

　一次休眠・二次休眠の別を問わず，休眠打破に有効な環境刺激や人為的な処理としては，上にも述べたように多様なものが知られているが，どのような条件が休眠解除にどの程度に有効であるかは，種ごとに，また種子集団ごとに，さらには種子集団内でも個々の種子によって異なる．それは，休眠の生理・生化学的機構の多様性を反映したものでもある．すでに述べたように，乾燥状態あるいは吸水状態で特定の温度範囲の温度にさらされること，温度変化，特定

## Box-1.2 親植物体の上での休眠の発達と種子の休眠状態の変動性

　未熟な段階では休眠を示さないが，種子が親植物の上で成熟するにつれて一次休眠が発達する例が知られている．成熟したてのマメ科植物の種子は非休眠であるが，その後硬皮休眠が発達し，ほとんど発芽が起こらなくなる．

　植物によっては一次休眠の深さが遺伝的に異なる系統がみられることがある．野生のカラスムギ *Avena fatua* には，短時間で解除される休眠をもつものから非常に長期にわたって休眠が持続するものまで，いろいろな系統のものが知られている（Sawhney and Naylor 1979）．

　他方，休眠の深さが，遺伝的変異というよりは，発達中の種子のおかれた環境に大きく依存して変化する例も知られている．成熟時の種子を取り巻く環境の影響として顕著なものは，発達中の種子のなかの胚を包んでいる組織のクロロフィル含量の効果である（Cresswell and Grime 1981）．組織のクロロフィル含量が多いときには，種子はまわりの組織を透過してFRにかたよった光を受けることになるため，休眠が誘導される．しかし，すでにクロロフィルが分解された組織に包まれていれば，R/FR比の高い光が届くので，種子は非休眠のまま成熟する．そのように，発達中の種子の光環境が，休眠の発達や種子間での休眠の深さのばらつきを親植物体上でもたらす鍵因子になっている可能性が考えられる．

の波長組成の光，種皮を傷つける機械的刺激，硝酸イオンなどの化学的刺激が有効な休眠打破のための環境因子となりうるが，これらのなかの特定のものだけが有効な場合もあれば，異なる因子が似たような効果を生じることや2つ以上の因子の間に加成的あるいは相乗的効果が認められることもある．また，光を要求する種子の光要求性はジベレリン処理によって回避できる．

## 1.3　発芽の温度依存性と発芽のタイムコース

　発芽に適した温度条件のもとにおかれれば，非休眠種子は，遅かれ早かれ発芽に至る．一般に，種子の発芽に要する時間は，植物の種により，また発芽試験が行われる温度により異なるが，同種の種子集団のなかにもかなりのばらつきがみられる．そのため，発芽試験を開始してからの時間が経過するにつれて

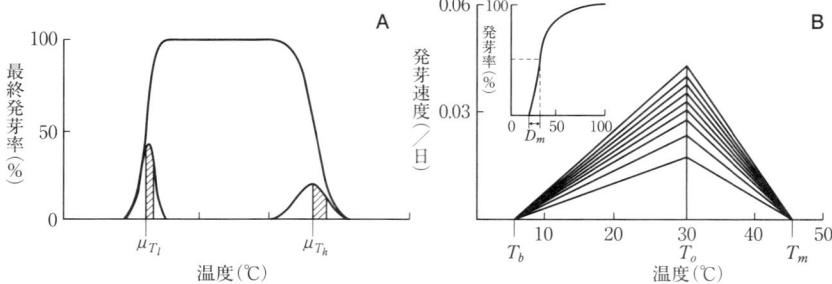

**図 1.6** 非休眠種子（相対的休眠種子を含む）集団の発芽の温度依存性に関する経験的モデル（Washitani 1987 より改変）．種子集団の最終発芽率の温度依存性（A）は，個々の種子の発芽可能温度域の上限と下限，すなわち高温限界温度（$T_h$）と低温限界温度（$T_l$）の種子集団内における分布によって決まる．$T_h$ と $T_l$ の種子集団内での分布は正規分布で近似でき，それぞれ平均値（$\mu$）と標準偏差（SD）の2つのパラメータによって記述できる．それぞれの正規分布において影をつけてある部分は，平均値と ±1 SD の間に含まれる種子の割合（34.1%）を示している．また，個々の種子の発芽速度の温度依存性は，発芽の最適温度において交わる2本の直線で近似することができる．種子集団のなかでは発芽速度にもばらつきがみられるが，発芽率が10%, 20%, 30%, 40%, 50%, 60%, 70%, 80%, 90% に達した時点で発芽する種子の発芽速度の温度依存性を描くことにより，種子集団の発芽の温度依存性を概念的に表すことができる（B）．発芽速度の種子集団内でのばらつきは，発芽に必要な積算温度のばらつきで表現することができるが，その累積頻度分布はBの挿入図に示したような曲線で近似される．その分布のかたちは，発芽のタイムコースのかたちを反映する．

しだいに発芽種子の数（すなわち発芽率）が増加する（図1.3）．多くの種子集団において，発芽に要する時間の分布は正規分布ではなく，右に歪んだ分布をしているのが普通である．発芽タイムコースは（図1.3），発芽に必要な時間の累積頻度分布を表したものととらえることができる．

　発芽率の増加は，その条件のもとでの非休眠種子のすべてが発芽した時点で停止する．発芽率の増加がみられなくなった時点での発芽率を最終発芽率とよぶ．この最終発芽率は，その種子集団の発芽の限界温度付近では，集団内の発芽限界温度の分布に依存して，温度依存的に変化する．これまでに検討した多くの種において，種子集団内の種子の間にみられる限界温度のばらつきは，正規分布で記述することができることが示されている（Washitani and Takenaka 1984; Washitani 1984; Washitani and Saeki 1986）．

　発芽の温度依存性について，Box-1.3 で説明したモデルを図示すると図1.6 のようになる．非休眠種子の発芽率は上に述べたように，温度と時間に依存す

## Box-1.3 発芽の温度・時間依存性を記述するモデル

最終発芽率の温度および時間への依存性は，低温限界温度と高温限界温度の分布式を組み合わせて下式のように表現することができる．

$$G_f(T) = F_l(T) F_h(T)$$

$$F_l = \int_{-\infty}^{(T-\mu_{T_l})/\sigma_{T_l}} (1/\sqrt{2\pi}) \cdot \exp(-x^2/2) dx$$

$$F_h = \int_{(T-\mu_{T_h})/\sigma_{T_h}}^{\infty} (1/\sqrt{2\pi}) \cdot \exp(-x^2/2) dx$$

なお，ここで $\mu_{T_l}$ と $\sigma_{T_l}$ および $\mu_{T_h}$ と $\sigma_{T_h}$ は，それぞれ，低温側限界温度ならびに高温側限界温度の種子集団内における平均と標準偏差である．発芽試験で得られる発芽タイムコースに表れる発芽率（$G(T, t)$）の温度（$T$）・時間（$t$）依存性はつぎのような経験式で記述することができる（Washitani 1987）．

$$G(T, t) = 0$$

ただし $T < T_b$ あるいは $t(T-T_b) < m-D$ の場合

$$G(T, t) = F_l(T) F_h(T) F_t(t(T-T_b)),$$

ただし $T_b < T < T_o$ かつ $t(T-T_b) > m-D$ の場合

$$G(T, t) = F_l(T) F_h(T) F_t(t(T_m-T)(T_o-T_b)/(T_m-T_o)),$$

ただし $T_o < T < T_m$ かつ $t(T-T_b) > m-D$ の場合

$G(T, t) = 0$，ただし $T > T_m$ の場合
なお，

$$F_t(\theta) = 1 - [3D^{-3}(\theta-m+D)^3 + 1]^{-1/2}$$

ここで，$T_b$ は規準温度（理論上の発芽速度が 0 になる低温側温度），$T_m$ は最大温度（理論上の発芽速度が 0 になる高温側温度），$T_o$ は最適温度（発芽速度がもっとも大きくなる温度），$m$ は発芽に必要とされる積算温度の種子集団中のメジアン，D は発芽に必要とされる積算温度の種子集団内のばらつきを表すパラメータであり，近似的には，種子集団中でもっとも早く発芽する種子の発芽に必要な積算温度とメジアンとの差を示す．

るため，任意の 1 時点での発芽率を測定するだけでは，生存種子あるいは非休眠種子の「割合」を評価することはできない．発芽のタイムコースを測定し，発芽率がそれ以上増加しなくなった時点での発芽率，すなわち最終発芽率によって非休眠種子の割合を評価することが必要である．

Box-1.3 で紹介したモデルからも明らかなように，任意の一時点における発芽率は，種子集団特有の発芽・休眠のパラメータの推論には役に立たない．種子集団における生存性（viability），すなわち生存種子の割合を発芽試験によって正確に評価するための要件は，つぎの 3 つである．

① まず，休眠解除の条件を十分に与えて，生存種子のすべてを非休眠状態に誘導すること．
② 発芽可能な温度域，できれば発芽に最適な温度を明らかにすること．
③ 明らかにされた発芽可能温度域，できれば最適温度のもとで発芽タイムコースを測定して最終発芽率を求めること．

このような手順で得られた最終発芽率は，種子集団中の生存種子の割合をもっともよく反映する．

## 1.4 休眠・発芽温度特性とそのスクリーニング法

### （1） 休眠・発芽温度特性の大きな種間差

種子は，千差万別ともいえるほど種ごとに多様な休眠・発芽特性（＝休眠誘導，休眠解除および発芽の環境条件依存性を決める生理的性質）を示す．それにより，種ごとに異なる環境条件に応じた休眠の解除や誘導が起こり，発芽のタイミングが決まる．

種子の休眠・発芽特性における環境条件依存性は，種子が芽生えの定着に適した場所で，しかもちょうどよいときに発芽するための「戦略」として進化したものである．発芽直後の芽生えはか弱く，この時期は，種子植物の生活史のなかでもとりわけ死亡率が高い（Harper 1977; Cook 1979; Solbrig 1980）．芽生えの時期には，食害や病害などの生物的要因，乾燥，霜害などの非生物的要因を含めて，さまざまな死亡要因がとくに強く作用する（Harper 1977; Fenner 1985）．温帯地域の多くのハビタットでは，これらの要因の多くが季節性を示す．そのため，適切な季節を選んで発芽することは，芽生えの定着の成否を大きく左右する．

一般に，温帯の野生植物にみられる発芽の顕著な季節性は（Baskin and Baskin 1985; Morris et al. 1986），少しでも早く発芽して競争で優位に立つことをうながす淘汰圧と，芽生えの高い死亡率の回避という淘汰圧の微妙なバランスの上に進化したものと考えることができる．

### （2） 発芽を支配する環境要因としての温度の重要性

種子発芽をある特定の季節に限定する内的な要因は，種子の休眠・発芽特性のうち，休眠・発芽温度特性である．発芽を支配する三大環境因子，光，温度，水分のうちのいずれに対する種子の反応が季節選択に重要であるかは，その植物が生育する生態系や生育場所に応じて必ずしも同じではない．光は，開花など，生活史上の重要ないくつかのイベントの引金として重要な役割を果たすものの（Fitter and Hay 1987），種子発芽のタイミングの決定にはそれほど重要な役割は果たしていないと考えられている．すでに述べたように，野外で自然に分散された種子は，普通リターや土壌の薄い層の下に存在し，光はそこまでは到達しないからである（Bliss and Smith 1985）．

水分条件の季節的変化が生物の活動を大きく支配しているような半砂漠のハビタットでは，降雨が種子発芽のタイミングを決める重要な要因の1つになっている（Tevis 1958; Freas and Kemp 1983）．しかし，水分条件が植物の生育を厳しく制限するような気候帯でなければ，一般的には，温度のほうが，発芽季節の決定に重要な役割を果たしている．

散布されてからそれほど時間が経っていなければ，種子は普通，地表面付近に存在する．温帯地域では，地表面付近の温度に規則正しい季節変化が認められる（Washitani and Kabaya 1988）．そのため，温度とその変動は，種子にとってもっとも信頼性のある季節シグナルを与える．

これまでに，多様な生理的機構が発芽の季節選択に寄与することが示唆されている．それらは，種子が特定の範囲の温度を経験することによる休眠の誘導と解除，非休眠種子の発芽可能温度域，発芽速度の温度依存性などである（Bewley and Black 1982; Washitani and Takenaka 1984; Washitani 1985; Baskin and Baskin 1985; Baskin and Baskin 1988）．イギリスのシェフィールドで実施された大規模な種子発芽特性のスクリーニングの結果では，発芽・休眠の温度反応には同一フロラの種の間にもきわめて大きな多様性が存在することが明らかにされた（Thompson et al. 1977; Grime et al. 1981）．

## （3） 休眠・発芽温度反応のスクリーニング法

　野生植物の種子を植生再生の材料として使用するためには，あらかじめその種子材料の休眠・発芽温度特性を十分に理解しておくことが必要である．それによって，適切な播種時期を決めることができる．また，休眠を解除して発芽を確実に行わせ，芽生えの定着率を高めるために施すべき適切な前処理を知ることができる．

　しかし，上でも述べたように，休眠・発芽の温度反応には種間での変異が大きい．しかも種内でもかなり複雑で，一見特別な休眠はないと考えられるような種子の場合でさえ，それほど単純なものではない．普通，採集直後の種子を乾燥したままの状態あるいは吸水させた状態でいろいろな温度条件の下においておくと，水分条件，保存温度および保存期間に応じて，その種子集団の最適な温度条件下での最終発芽率はしだいに変化する．発芽率が高まっていく場合，この現象は後熟とよばれることもある．十分後熟した種子をいろいろな温度・水分条件のもとにおいておくと，また，最終発芽率がその条件に応じて変化していく．それは，すでに述べたような，休眠の解除や二次休眠の誘導によるものである．

　生得的（一次）休眠／二次的休眠あるいは絶対的休眠／相対的休眠がどのような条件で解除され，誘導されるかは，種によって異なるだけでなく，種子の環境条件の前歴の影響を受け，場合によっては，非常に複雑な現象がみられる．

　それぞれの種の種子について，休眠を解除するための条件や非休眠種子の発芽可能な温度域や最適な温度条件などについて概観できる試験法として考案されたのが段階温度法（gradually increasing and decreasing temperature method；GT 法；Washitani 1987）である．種子の休眠・発芽温度反応を従来の発芽試験法で研究するためには多様な温度条件，すなわち，いろいろな恒温温度，交代温度およびそれらの組み合せを設定し，そのもとでの発芽タイムコースを測定することによって休眠や発芽におよぼす温度の影響を検討しなければならない．そのため，何台もの恒温装置と大量の種子試料が必要なうえ，かなり煩雑な実験手順をふまなければならない．GT 法はその欠点を回避する技法である．

　GT 法では，同じ種子試料を順次異なる温度条件においてその発芽を追跡する．恒温庫などの恒温装置 2 台と数百個（最低数十）の種子があれば，どのような休眠解除に有効な温度範囲，発芽に適した温度条件などに関するおよその

特性，すなわち，その種の休眠・発芽温度反応の概要を把握することができる．段階的に温度を上昇させる条件（温度上昇系；IT 系）および段階的に温度を下降させる条件（温度下降系；DT 系）のもとにそれぞれ種子集団をおき，両系における発芽パターンを比較する．

### （4） 段階温度法で得られるさまざまな種特異的反応パターンとその解釈

段階温度法での結果の表示例を，図 1.7–図 1.10 に示した．ここでは，このような図からそれぞれの種の発芽・休眠温度特性をどのように読み取ればよいのかを，いくつかの実例にもとづいて解説する．

#### 特別の休眠をもたないか若干の相対的な休眠を示すがそれ以外の特別な休眠をもたない種子

特別の休眠をもたないか多少の相対的な休眠だけを示す種子試料は，図 1.7 のような発芽パターンを示す．つまり，IT 系および DT 系の両方でかたよりなく，比較的高い最終発芽率を示す．例として示したコバギボウシは，IT 系での発芽が 16℃，DT 系での発芽が 32℃ から始まっているので 15℃ から 30℃ あたりに発芽可能温度域をもつことがわかる．それに対して，ヤナギランは，IT 系での発芽がすでに 8℃，DT 系での発芽は 36℃ から始まっており，

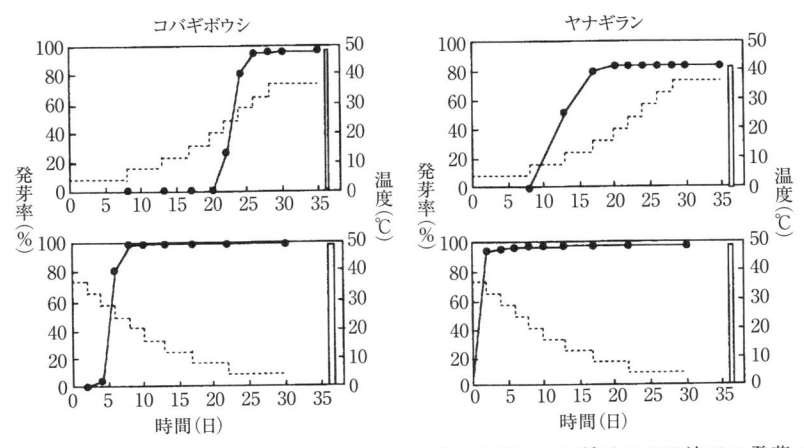

図 1.7　前処理を施さないコバギボウシおよびヤナギランの種子の GT 法での発芽パターン．黒丸と実線は設定温度の変化（点線）に伴う発芽率の変化を示す．グラフの右端の棒は最大発芽率（Box-1.4 参照）．

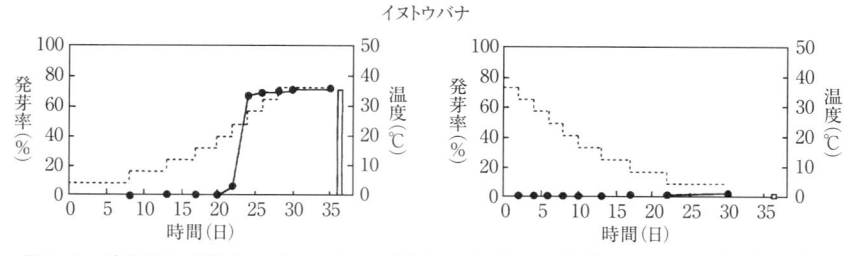

**図1.8** 前処理を施さないイヌトウバナ種子のGT法での発芽パターン．黒丸と実線は設定温度の変化（点線）に伴う発芽率の変化を示す．グラフの右端の棒は最大発芽率（Box-1.4参照）．

発芽温度域がきわめて広いことがわかる．しかしIT系では，最終発芽率がやや低く，低温域で若干の相対的な休眠が誘導されることが示唆される．

### 低温で休眠が解除され高温で誘導される種子

春を発芽季節とする温帯の多くの植物の種子が低温で解除される休眠を示す．そのような種のなかには，種子採集直後の第1回目試験では，IT系では高い最終発芽率を示すのに対してDT系では最終発芽率が低いものがある．図1.8のイヌトウバナの例にみられるそのようなパターンは，比較的短い期間の低温処理が休眠の解除に有効であることを示す．第1回目の試験で，まったく発芽しなかった種子試料が，前処理として冷湿処理を施すと，両方の系あるいは，IT系のみで最終発芽率が高まるという例は（図1.9），野外で春に発芽する種にはよくみられるパターンである．図1.9のクワガタソウの例は，十分な低温期間を経験して休眠が解除された種子試料でも，比較的短期間でも高温側の温度におかれると再び休眠が誘導されることを示唆するパターンである．これらの例にも表れている種によるパターンの違いは，休眠解除に必要な低温域の温度とその期間および休眠誘導をもたらす高温域の温度とその期間が種によって異なることに由来する．

### 高温で休眠が解除され低温で誘導される種子

秋をおもな発芽季節とし，冬をロゼットで過ごすような温帯の植物の種子は，高温域の温度によって解除され，低温域の温度によって誘導される休眠を示す．そのような例のいくつかが図1.10に示されている．前処理を施さない場合，IT系ではほとんど発芽しないのにDT系では発芽がみられる．低温におく前

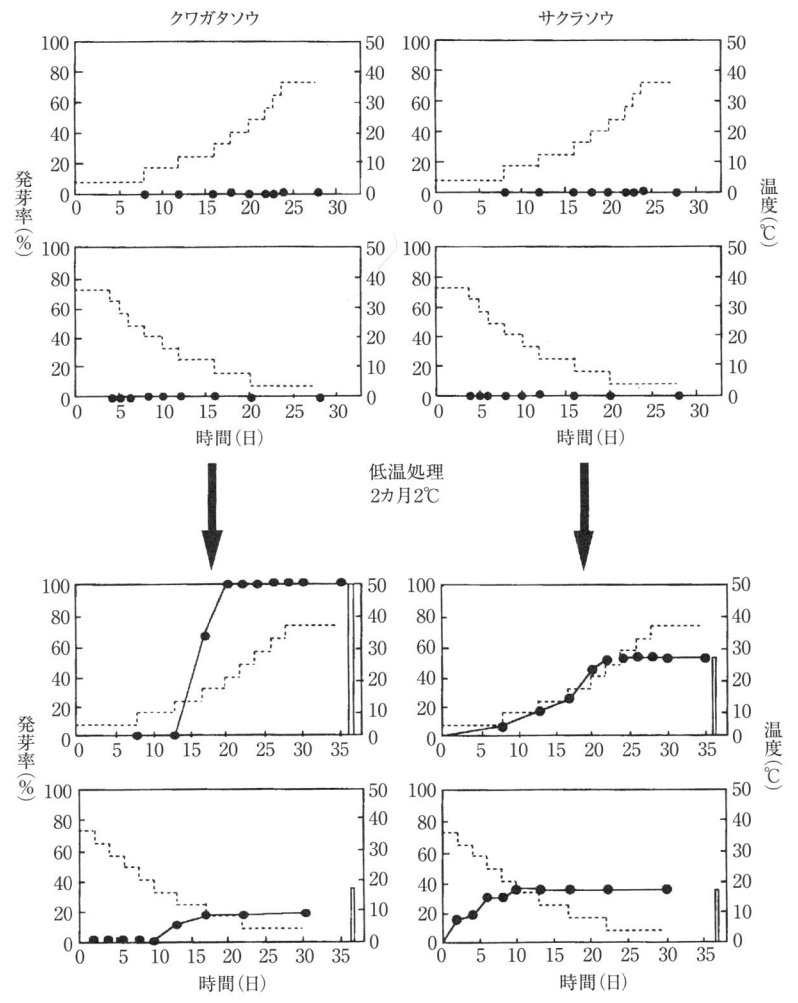

図 1.9 冷湿処理の前後のクワガタソウおよびサクラソウの種子の GT 法での発芽パターン．黒丸と実線は設定温度の変化（点線）に伴う発芽率の変化を示す．グラフの右端の棒は最大発芽率（Box-1.4 参照）．

処理を施すと，マメグンバイナズナのように，いずれの系においてもまったく発芽がみられなくなってしまうものもある．

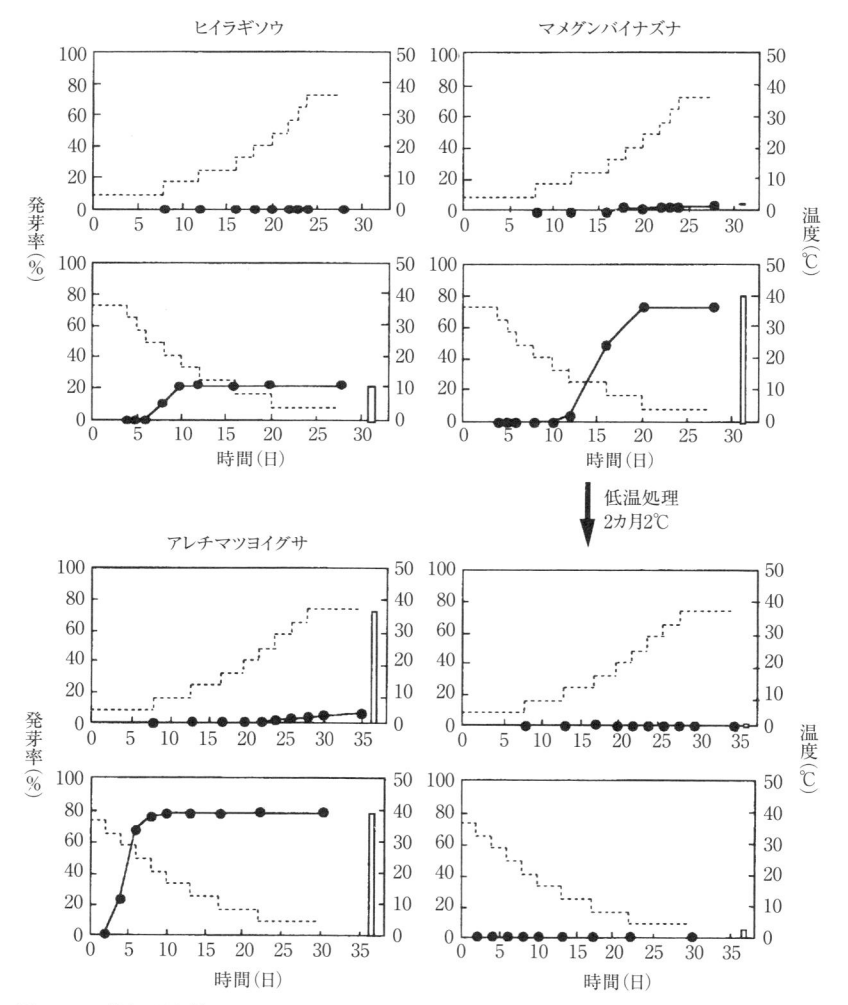

**図 1.10** 前処理を施さないヒイラギソウ，アレチマツヨイグサおよび冷湿処理前後のマメグンバイナズナの種子の GT 法での発芽パターン．黒丸と実線は設定温度の変化（点線）に伴う発芽率の変化を示す．グラフの右端の棒は最大発芽率（Box-1.4 参照）．

### 変温による休眠解除が顕著な種子

　攪乱に依存した生活史をもつ多くの種が，地表面温度の大きな日較差をシグナルとして発芽する「ギャップ検出機構」ともいえるような発芽特性をもつこ

## Box-1.4 段階温度法の実際

　ここではGT法の原理および実施する際の手順について概説する．

　GT法では恒温庫などの温度制御装置を2台使用し，一方には段階的に温度を上昇させる条件（温度上昇系IT），他方では段階的に温度を下降させる条件（温度下降系DT）をつくり，その2つの系における発芽パターンを比較する．すなわち，同一の種子試料を2つに分け，それぞれの条件において発芽タイムコースを測定する．この温度上昇系および下降系は，温帯地方の春季および秋季の温度変化を期間を短縮して模倣したものである．温帯地域の植物の種子は，温度とその変化によって季節をモニタリングし，発芽のタイミングを測るような休眠・発芽特性をもっている．段階温度処理によって種特有の生理的特性を顕在化することが，この方法のねらいである．

　［手　順］
　1. 種子の採集およびクリーニング
　それぞれ種の種子散布の最盛期に種子を採集する．ここでは，痩果など種子から果皮が容易に分離しない散布体をも含めて種子とよぶことにする．種子は後熟を促進するために紙袋に入れて1カ月ほど室内においてからクリーニングする．

　まず，果実など，種子のまわりを包んでいる構造から種子を取り出す．これは，発芽試験中にカビが生えたり腐ったりするのを防ぎ，同時に，発芽の判定（一般に幼根の出現をもって発芽とする）を容易にするためである．裸にした種子は流水で十分に洗浄した後，天日に干すなどして乾燥させる．

　2. 前処理
　クリーニングをすませた種子を用いて，とくに前処理を施さずに（第1回試験），あるいはいくつかの異なる前処理を施した後に，段階温度法による発芽試験を行う．前処理（保存）としては，発芽試験の目的に応じてつぎのようなものが考えられる．
　① 乾燥状態での25℃保存
　② 乾燥状態での4℃保存（冷乾保存）
　③ 冷湿保存（4℃）
　④ 野外保存（通気・通水性のよいポリエステルの袋などに入れて地表面や地中におく）

　これらの処理は，試験の目的にも応じていろいろな期間（たとえば1, 2, 3,

6カ月など）行う．十分な種子試料が用意できないときには前処理をせずに精製直後の種子を用いた試験だけを行う．それよりは多くの種子を用いることができるがそれほど十分には種子がない場合には，③の前処理のみを行うのがよい．

3. 段階温度処理

GT法では，同一の種子試料を2つに分けて，下に述べる2種類の段階的温度処理を施す．標準的には，それぞれの種，同一温度処理に種子50個ずつの3レプリケーション（計150個）を用いる．種子はシャーレ（種子の大きさに応じて適当な内径のものを選ぶ．普通は，直径5, 7，あるいは9 cmのものなど）に敷いた3枚の濾紙の上に載せ，濾紙を十分に脱イオン水で湿らせてから温度処理用の恒温庫に入れて段階的温度処理を施す．

一方の段階的温度処理は，温度を連続的に4℃から36℃まで4℃ずつ上昇させる（温度上昇系；IT系），もう一方では，逆に36℃から4℃まで温度を段階的に下降させる（温度下降系；DT系）．

温度を変化させる度にシャーレを一時的に恒温庫から取り出して発芽した種子を数えて記録する．その際，発芽した種子はシャーレから取り除く．標準的には同一の温度にさらす期間は2日から8日程度とするが，生理的温度域内では一般に温度が高くなるほど発芽速度が大きくなることを考慮して，温度が高いほど同一の温度におく期間が短くなるように設定する．表1.3にその一例を示す．

それぞれの系の最終温度に達したあと，数日間おいてから，さらに12℃-25℃の交代温度，もしくは25℃の恒温条件を1週間ほど経験させて，各系の最大発芽率を求める．IT系において，交代温度処理に移す前，DT系において最後の25℃処理に移す前の発芽率をそれぞれの系の最終発芽率（final % germination）と便宜的によんで最大発芽率（maximum % germination）と区別する．IT系，DT系の発芽パターンを比較することにより，ま

**表 1.3** 段階温度設定スケジュールの一例．種子を各温度におく日数を示す．

[IT系]

| 温 度（℃） | 4 | 8 | 12 | 16 | 20 | 24 | 28 | 32 | 36 | 12-25 |
|---|---|---|---|---|---|---|---|---|---|---|
| 日 数 | 8 | 5 | 4 | 3 | 2 | 2 | 2 | 2 | 2 | 5 |

[DT系]

| 温 度（℃） | 36 | 32 | 28 | 24 | 20 | 16 | 12 | 8 | 4 | 25 |
|---|---|---|---|---|---|---|---|---|---|---|
| 日 数 | 2 | 2 | 2 | 2 | 2 | 3 | 4 | 5 | 8 | 5 |

た前温度処理が発芽パターンに与える影響をも考慮して，個々の種子試料の休眠・発芽温度反応についての情報を得ることができる．

とはすでに述べた．段階温度法の段階ごとの温度差によってもそのような種の休眠解除をもたらすシグナルとなりうるが，変温要求性の高い種（大きな温度差や変温が繰り返し与えられることが必要な種）では，IT系の最終段階で与えられる交代温度によって発芽率が高まるパターンが得られる．

### （5） スクリーニング研究が明らかにした**種子発芽戦略**

　休眠と発芽の環境条件による制御は，芽生えの定着に不適な条件の下での発芽を防ぐための「時間稼ぎ」のための機構である（Harper 1977; Fenner 1985）．Box-1.5で紹介した研究からは，冠水草原に同所的に生育する種の間にも発芽休眠温度反応の大きな種間差が存在することが明らかにされた．この発芽休眠温度反応の多様性は，種子散布および芽生えのエマージェンス（発芽後若干の成長を経た地上への芽生えの出現，すなわち芽生えの発生）のフェノロジーの多様性と相まって，群落内に多くの異なる更新ニッチ（regeneration niche）が存在することを示す．更新ニッチの豊かさは，植物群落における種多様性の理解にとって重要な鍵となることが期待されている（Grubb 1977）．

　イギリスのシェフィールドの地域フロラを対象とした大規模な種子発芽特性スクリーニングを行ったGrime *et al.*（1981）は，その結果からいくつかの一般的特徴をみいだしている．そのうちのいくつかはこの研究においても確認された．とくにつぎの2つは顕著な傾向として認められた．

① 種子採集直後の発芽可能性には，大きな種間差が認められる．分類群に共通する特性もあり，キク科およびイネ科の種では種子散布の直後から比較的大きな発芽可能性をもつ種子をつくるものが多い．

② 発芽率は各種の保存処理によって増大する場合が多いが，どのような保存処理がどれだけ効果をもたらすかについては大きな種間差が認められる．

　この研究では，これらの点における違いを種の発芽休眠温度反応のタイプの分類の規準とした．とりわけ，休眠の低温による制御が類別のもっとも重要な規準として役立つと考えられた．それは，このような温帯地域の攪乱のある生育場所においては，多くの植物にとって春がもっとも発芽に適した時期であることと関係があると思われる．

## Box-1.5 段階温度法を用いた比較発芽生態学の研究

　河畔の冠水草原の多数の種を対象として実施した研究例を紹介することで，段階温度法の適用と結果の解釈の仕方を解説しよう．

　浦和市（現さいたま市）田島ヶ原の荒川河川敷に設けられた特別天然記念物サクラソウ自生地の保護区内には，氾濫原湿地に特有な多くの種子植物が生育している．そのなかから代表的な約 50 種を対象としたもので，それらの種の発芽季節選択の生理機構の比較生態学的な分析が行われた（Washitani and Masuda 1990）．

　研究では，同一の種子試料に冷湿処理などの前処理（特定の温度条件の下での保存）を施してから，GT 法による発芽パターンの比較を行った．前処理のなかには，実験室による通常の温度処理のほかに，土壌シードバンク中の種子が普通に経験する温度条件にさらすという意図から，種子を通気・通水性のよいポリエステル製の袋に入れて野外の地表面に保存するというものも含まれている．

　図 1.11 には，そのような実験から得られたカナムグラの種子発芽パターンの一部が示されている．カナムグラの種子は，第 1 回目の試験では IT，DT 両系においてまったく発芽がみられず，散布直後にはほぼすべての種子が一次休眠の状態にあると判断できる．冷湿（種子を湿らせて低温におく）あるいは冷乾（種子を乾燥状態のまま低温下におく）保存によって種子の休眠が解除されるが，冷湿保存の効果のほうが大きく，また，冷湿期間が長くなるにつれて多くの種子の休眠が解除された．すなわち，1 カ月の冷湿処理では IT 系で 20% の種子が，2 カ月の冷湿処理では IT 系ではほぼ 100% の種子が，また DT 系でも 75% の種子が最終的に発芽した（図 1.11）．一方，冷乾保存では 1 カ月保存で数 %，5 カ月という長い保存期間を経てはじめて，IT 系のみで 80% の発芽がみられた．すなわち，種子が湿った状態で低温におかれると休眠が解除されること，その時間が長くなるほど効果があることが明らかにされた．

　IT 系における最終発芽率に比べて，DT 系のそれがつねに低くなっていることは，段階温度処理の高温域の温度によって二次休眠が誘導されることを示唆する．また，長期間の冷湿保存によって最終発芽率が大幅に上昇するだけでなく，IT 系での発芽開始温度が低下することから，冷湿保存による相対的休眠の緩和，すなわち，発芽可能温度域の拡大が示唆される（Bewley and Black 1982）．2 カ月間冷湿保存の後，IT 系での発芽は種子が 8℃におかれた直後から始まるので，非休眠種子の発芽の低温限界温度は 8℃ 以

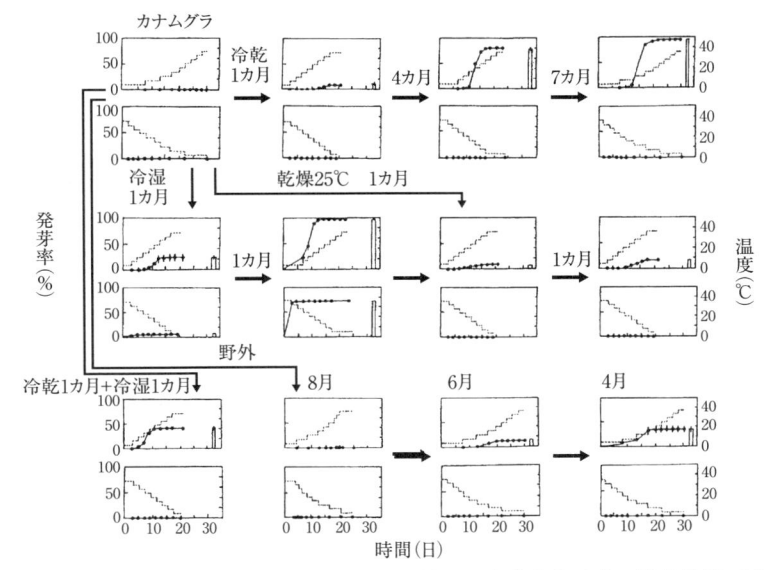

**図 1.11** カナムグラの種子の発芽挙動.点線は温度変化を示す.発芽曲線では,50種子3反復の平均発芽率をプロットし,標準偏差を縦棒で示した.各グラフの右端の棒は最大発芽率(Box-1.5 本文参照).

下であることがわかる.

　以上のパターンを総合的に判断すると,カナムグラの種子集団では低温にさらされることによって一次休眠が解除され,逆に生理的範囲の高温域の温度によって二次休眠が誘導されることが推論できる.このことは,野外保存種子を8月に回収してもまったく発芽がみられないが,11月から翌年の4月にかけて回収した野外保存種子では,回収時期が遅くなるにつれてしだいにIT系で発芽する種子の割合が増加するという事実ともよく一致する.

　種子の採集地では,主として2-3月にカナムグラの芽生えが観察される (Masuda and Washitani 1990).このスクリーニングで明らかにされた低温による休眠解除と高温による休眠誘導,さらには非休眠種子の比較的低い低温限界温度が,発芽を春先の早い時期に限定するのに役立っているものと思われる.

　このようなスクリーニングを約50種の種子試料について行ったところ,種ごとに多様な反応パターンが認められた.得られた結果の概要を表1.5に示した.散布時の休眠の深さ,冷湿処理に対する応答,二次休眠の誘導の有無に大きな種間差が認められ,休眠・発芽温度特性は,種によって大きく異

なる特性であることが示された．

### 反応パターンの分類

この研究で調べた約50種の植物の種子の休眠・発芽には，さまざまな反応パターンが記録された．それらを相互に比較検討したところ，「種子散布直後の発芽可能性」「冷湿処理による休眠水準の変化」「高温域における二次休眠の誘導の有無」を基準として，5つのタイプに分類できた（表1.4）．類別した休眠発芽温度特性の5型の特徴を野外での種子分散および発芽の季節性の特徴とともに以下に記す．

［タイプ1］種子採集直後に行われた第1回試験でかなりの発芽がみられ，冷湿処理による発芽可能種子の割合の大きな増大や減少が認められない種子をつくる種がこのグループに分類される．コバギボウシ，アキノノゲシ，ガガイモ，オギ，ヨシ，およびイノコズチがこのグループに含まれる．前四者は第1回試験における最大発芽率がIT・DT両系で65%を超えており，散布時に多くの種子が非休眠状態にあるものと考えられる．これらの種の間には，IT系における発芽開始温度に若干の違いが認められる．コバギボウシ，ガガイモおよびオギでは，両系とも発芽は高温域でのみ認められるが，アキノノゲシのIT系の発芽はかなり低い温度から始まっている（表1.5）．このタイプの種子をもつ植物のグループでは，種子散布直後から発芽がみられ，保存処理によって発芽率の大きな変化が認められないことから，種子集団中，一次休眠状態にある種子の割合が低いものと考えられる．この型に属する種の多くが秋の遅い時期に種子散布をする種であり，このグループの種の種子散布平均日は以下に述べるほかのグループの種子散布平均日とは有意に異なる．このグループのほとんどの種の芽生えのエマージェンス時期は初夏であるが，アキノノゲシだけが例外的に早春から芽生えを出現させる．

［タイプ2］第1回試験でもある程度の発芽が認められるが，冷湿処理により顕著な発芽率の増大が認められるのがこのタイプである．この研究で調べた種のなかではもっとも多くの種を含むが，やや異質なものの集合となっている．この型に含まれる種の大部分のものが第1回試験でIT系とDT系の発芽に大きな差異を示した．このグループに共通した特徴は中程度の低温要求性である．このグループに属する種のうち14種が秋に種子を散布する種であり，春に種子散布をするのは，スイバ，ナガバギシギシ，ノアザミ，ヤエムグラのみであった．この種の芽生えのエマージェンス時期には，特別な特徴は認められない（Masuda and Washitani 1990）．

［タイプ3］第1回試験ではほとんど発芽がみられず，冷湿処理後の試験においてIT・DTの両系で発芽が認められるようになるものをこのタイプ3

表 1.4 種子の温度休眠／発芽特性のスクリーニングで得られた反応パターンのタイプ分けの基準と結果.

| 冷湿の効果 | 第1回試験における最大発芽率（％） | | |
|---|---|---|---|
| | ≧5 | <5 | |
| | | | 冷湿後の発芽 |
| | | 両系で発芽可能 | IT系でのみ発芽可能 |
| 効果なし | タイプ1<br>アキノノゲシ<br>オギ<br>ガガイモ<br>コバギボウシ<br>ヒナタノイノコズチ | | |
| 休眠解除効果 | タイプ2<br>アキノウナギツカミ<br>アレチギシギシ<br>キンミズヒキ<br>スイバ<br>スズメウリ<br>タカアザミ<br>チカラシバ<br>チョウジソウ<br>ツルマメ<br>ノアザミ<br>ノブドウ<br>バアソブ<br>ヒルガオ<br>ホオズキ<br>ヤブツルアズキ<br>ヤマノイモ<br>ヨモギ | タイプ3<br>アカネ<br>イシミカワ<br>イヌタデ<br>ウシハコベ<br>カナムグラ<br>シロバナサクラタデ<br>ツルボ<br>ヘクソカズラ<br>ヤブマメ | タイプ4<br>アマドコロ<br>イヌゴマ<br>サクラソウ<br>ノウルシ<br>ノカラマツ<br>ヤエムグラ |
| 休眠誘導効果 | タイプ5<br>ヤブジラミ | | |

とした．一次休眠の解除に低温が必要ではあるが，高温域における二次休眠の誘導はそれほど顕著ではないという性質をもつ種がこのグループに含まれる．ただ1種，ウシハコベを例外として，このグループの種は，秋の早い時期に種子が散布され，芽生えのエマージェンス時期は春のやや遅い時期に集中している傾向が認められる．これらの種については，野外保存種子における発芽可能性のピークが1-4月に認められた．

［タイプ4］タイプ3と同様，第1回試験でほとんど発芽がみられず，冷湿

**表 1.5** 冠水草原に生育する植物の種子の温度休眠／発芽反応スクリーニングの結果の概要.

| 種子採集 | | | 第1回試験 | | | | | | 短い冷湿処理後 | | | | | | 長い冷湿処理後 | | | | | |
|---|---|---|---|---|---|---|---|---|---|---|---|---|---|---|---|---|---|---|---|---|---|
| | | | IT | | | DT | | | | IT | | | DT | | | | IT | | | DT | |
| 種名 | 年 | 月 | D | T(℃) | F(%) | M(%) | T(℃) | F(%) | M(%) | D | T(℃) | F(%) | M(%) | T(℃) | F(%) | M(%) | D | T(℃) | F(%) | M(%) | T(℃) | F(%) | M(%) |
| アカネ | 1987 | 11 | 1 | — | | | — | | | 1 | 20-24 | 9 | 74 | — | | | 5 | 8-20 | 61 | 61 | 20-8 | 9 | 17 |
| アキノウナギツカミ | 1986 | 12 | 1 | 20-24 | 19 | 19 | 32-24 | 38 | 39 | 1 | 8-20 | 43 | 43 | 36-24 | 61 | 62 | | | | | | | |
| アキノノゲシ | 1987 | 11 | 1 | 16-32 | 83 | 83 | 36-24 | 96 | 96 | 1 | 12-18 | 90 | 90 | 36-28 | 97 | 97 | | | | | | | |
| アマドコロ | 1987 | 12 | 1 | — | | | — | | | 1 | 16 | 20 | 20 | — | | 8 | 5 | 4 | 2 | 2 | 12 | 2 | 2 |
| アレチギシギシ | 1987 | 7 | 1 | 24-28 | 5 | 5 | 4 | 1 | 52 | 2 | 8-12 | 61 | 73 | 36 | 70 | 75 | | | | | | | |
| イシミカワ | 1987 | 10 | 1 | — | | | — | | | 1 | 12-36 | 42 | 52 | 20-8 | 8 | 26 | 5 | 4-16 | 77 | 77 | 36-8 | 44 | 62 |
| イヌゴマ | 1987 | 9 | 1 | — | | | — | | | 1 | 28 | 20 | 20 | — | | | 5 | — | | | | | |
| イヌタデ | 1986 | 11 | 1 | 36 | 1 | 1 | — | | | 1 | 28-32 | 31 | 31 | 32-24 | 28 | 28 | 2 | 16-24 | 6 | 66 | 36-28 | 36 | 37 |
| ウシハコベ | 1987 | 10 | 1 | 8 | 4 | 12 | 32-24 | 11 | 11 | 1 | 8-12 | 12 | 52 | — | | | 5 | 4-12 | 94 | 94 | 28-12 | 76 | 76 |
| オギ | 1986 | 11 | 1 | 20-24 | 68 | 68 | 36-32 | 87 | 95 | 1 | 20-28 | 21 | 21 | 36-28 | 23 | 23 | | | | | | | |
| ガガイモ | 1986 | 11 | 1 | 20-32 | 65 | 65 | 36-20 | 70 | 91 | 1 | 20-36 | 45 | 45 | 36-24 | 93 | 97 | | | | | | | |
| カナムグラ | 1987 | 10 | 1 | — | | | — | | | 1 | 4-16 | 17 | 17 | 36 | — | | 5 | 4-16 | 98 | 98 | 36 | 70 | 70 |
| キンミズヒキ | 1987 | 11 | 1 | 24-28 | 30 | 50 | — | | 8 | 1 | 20-32 | 50 | 50 | — | | 47 | 5 | 4-16 | 58 | 58 | 28-12 | 22 | 30 |
| コバギボウシ | 1986 | 11 | 1 | 20-28 | 95 | 95 | 36-28 | 95 | 95 | 1 | 16-28 | 97 | 97 | 36-28 | 95 | 95 | | | | | | | |
| サクラソウ | 1987 | 6 | 1 | — | | | — | | | 2 | — | | | — | | | 6 | 12-20 | 41 | 45 | 24-20 | 2 | 2 |
| シロバナサクラタデ | 1987 | 11 | 1 | — | | | — | | | 1 | 12 | 20 | 36 | — | | 20 | 5 | 8-12 | 15 | 15 | 4 | 8 | 8 |
| スイバ | 1987 | 6 | 1 | 16-24 | 47 | 47 | 8 | 1 | 71 | 2 | 12 | 75 | 82 | 12 | 1 | 25 | | | | | | | |
| スズメウリ | 1986 | 11 | 1 | 24-32 | 72 | 72 | 32-24 | 46 | 71 | 1 | 24-28 | 87 | 87 | 32-24 | 95 | 96 | | | | | | | |
| タカアザミ | 1987 | 11 | 1 | 20-24 | 90 | 90 | — | | 20 | 1 | 12-16 | 90 | 100 | 32-28 | 50 | 70 | 5 | 4 | 90 | 90 | 36 | 100 | 100 |
| チカラシバ | 1987 | 10 | 1 | 28-32 | 38 | 78 | — | | | 1 | 20-28 | 94 | 94 | 32-20 | 76 | 76 | 5 | 20 | 91 | 91 | 36-32 | 58 | 59 |
| チョウジソウ | 1987 | 10 | 1 | 28 | 5 | 5 | — | | | 1 | 28 | 5 | 5 | — | | | 5 | 20 | 10 | 10 | — | | |
| ツルボ | 1987 | 10 | 1 | 20-36 | 4 | 15 | 24 | 10 | 15 | 1 | 16-28 | 40 | 40 | 32-24 | 25 | 25 | 5 | 12-28 | 20 | 20 | 36-32 | 30 | 30 |
| ツルマメ | 1986 | 11 | 1 | 12-16 | 8 | 8 | 36 | 11 | 13 | 1 | 8-28 | 18 | 18 | 36-24 | 17 | 17 | | | | | | | |
| ノアザミ | 1987 | 7 | 1 | 28 | 10 | 30 | 28 | 10 | 10 | 1 | 8-20 | 60 | 60 | 28 | 100 | 100 | 5 | 12 | 10 | 10 | — | | |
| ノウルシ | 1987 | 6 | 1 | — | | | — | | | 1 | 12-16 | 4 | 4 | — | | | 6 | 8-16 | 71 | 71 | 36 | 2 | 3 |
| ノカラマツ | 1987 | 7 | 1 | — | | | — | | | 1 | — | | | — | | | 6 | 20-28 | 42 | 42 | — | | |
| ノブドウ | 1987 | 10 | 1 | 32 | 5 | 5 | 20 | 1 | 1 | 1 | 28-36 | 53 | 53 | 16 | 1 | 1 | | | | | | | |
| ハアソブ | 1987 | 9 | 1 | 16-20 | 20 | 48 | — | | | 1 | 16-28 | 56 | 68 | 16 | | 12 | 5 | 12-16 | 70 | 70 | 28-12 | 56 | 56 |
| ヒナタノイノコズチ | 1987 | 11 | 1 | — | | 89 | 28-26 | 35 | 37 | 1 | 20-24 | 47 | 47 | 24-28 | 75 | 75 | 5 | 12-16 | 15 | 17 | 36 | 3 | 3 |
| ヒルガオ | 1987 | 10 | 1 | 8-12 | 7 | 7 | — | | | 1 | 8 | 8 | 3 | — | | | 5 | — | | | 36 | 5 | 5 |
| ヘクソカズラ | 1987 | 11 | 1 | — | | | — | | | 1 | 24-28 | — | 20 | — | 5 | 9 | 5 | 16-32 | 57 | 57 | 32-8 | 54 | — |
| ホオズキ | 1987 | 8 | 1 | 28-32 | 91 | 93 | — | | 7 | 1 | 20-28 | 8 | 19 | — | | | 5 | 12-16 | 70 | 70 | 36-4 | 98 | 98 |
| ヤエムグラ | 1987 | 6 | 1 | — | | | — | | | 2 | 12 | 6 | 7 | — | | | 5 | — | | | — | | |
| ヤブジラミ | 1987 | 7 | 1 | 16-20 | 21 | 64 | 8 | 1 | 19 | 1 | — | | | — | | | 4 | — | | | — | | |
| ヤブツルアズキ | 1986 | 11 | 1 | 16-32 | 55 | 55 | 36-20 | 41 | 61 | 1 | 16-32 | 47 | 47 | 36-24 | 47 | 68 | | | | | | | |
| ヤブマメ | 1987 | 11 | 1 | — | | 40 | 32-20 | 6 | 28 | 1 | 20-36 | 14 | 14 | 32-24 | 18 | 22 | 5 | 12-16 | 24 | 30 | 36-28 | 30 | 30 |
| ヤマノイモ | 1987 | 12 | 1 | 32 | 20 | 20 | — | | | 1 | 24-28 | 100 | 100 | — | | 45 | 5 | 16-20 | 100 | 100 | 28-24 | 84 | 84 |
| ヨシ | 1987 | 11 | 1 | 20-28 | 26 | 26 | 36-32 | 35 | 83 | 1 | 20-28 | 25 | 25 | 36-32 | 69 | 71 | | | | | | | |
| ヨモギ | 1987 | 11 | 1 | 6-24 | 84 | 88 | 20-12 | 40 | 64 | 1 | 16-24 | 64 | 66 | 32-28 | 78 | 78 | 5 | 8-16 | 54 | 54 | 36-32 | 100 | 100 |

T（℃）＝発芽率が増加する温度範囲，F（％）＝その温度範囲における最終発芽率，M（％）＝その温度範囲における最大発芽率，D＝処理期

処理後に発芽が記録されるが，タイプ 3 と異なり，発芽はほぼ IT 系のみに限られているものをタイプ 4 とした．すなわち，休眠解除に冷湿条件を必要とするだけでなく，高温域において二次休眠が誘導されるのがその大きな特徴である．種子集団のうちかなりの割合の種子が発芽可能となるために必要な冷湿処理期間は種によってかなり異なるが，数カ月間までの保存期間であれば，冷湿処理期間が長いほど発芽可能となる種子の割合が増加した．このグループに属するヤブマメの種子は，冷乾保存と冷湿保存を組み合わせた場合にもっとも高い発芽可能性を示した．このグループに属する種の野外保存種子は，4月に回収した場合にもっとも高い発芽率を示した．このタイプは春から夏にかけて種子を散布する種に特異的に結びついている．

空欄は試験をしていないこと，—はその試験では発芽しなかったことを示す．

| | 短い冷乾処理後 | | | | | | 長い冷乾処理後 | | | | | | 25℃での乾燥保存後 | | | | | | 野外保存 | | |
|---|---|---|---|---|---|---|---|---|---|---|---|---|---|---|---|---|---|---|---|---|---|
| | IT | | | DT | | | IT | | | DT | | | IT | | | DT | | | | | |
| D | T(℃) | F(%) | M(%) | T(℃) | F(%) | M(%) | D | T(℃) | F(%) | M(%) | T(℃) | F(%) | M(%) | D | T(℃) | F(%) | M(%) | T(℃) | F(%) | M(%) | Opt | IT(%) | DT(%) |
| 2 | — | | | — | | | 5 | 24 | 1 | 1 | — | | | | | | | | | | 1 | 10 | — |
| 1 | 8-24 | 15 | 15 | 36-28 | 19 | 19 | 5 | 16-20 | 16 | 16 | 32 | 3 | 4 | 1 | 8-24 | 12 | 12 | 32-30 | 17 | 18 | 1 | 52 | 35 |
| 1 | 16-32 | 87 | 87 | 36-24 | 99 | 99 | 5 | 8-12 | 93 | 99 | 32-28 | 29 | 53 | 1 | 16-32 | 82 | 82 | 36-24 | 96 | 96 | 4 | 100 | 95 |
| 1 | — | | | — | | | 5 | — | | | — | | | | | | | | | | 4 | 4 | 65 |
| 2 | 12-20 | 12 | 100 | — | | 25 | 6 | 12-24 | 48 | 48 | 32-12 | 3 | 100 | | | | | | | | 1 | 92 | 36 |
| 1 | — | | | — | | 16 | 5 | 20-32 | 5 | 5 | — | | 19 | 1 | — | | | — | | | 1 | 18 | 26 |
| 1 | — | | | — | | | | | | | | | | | | | | | | | | | | |
| 1 | 28 | 4 | 4 | — | | | 5 | 28 | 2 | 2 | 20 | 1 | 1 | 1 | 32 | 1 | 1 | 28 | 1 | 1 | 4 | 76 | 36 |
| 1 | 16-28 | 36 | 60 | — | | 36 | 5 | 12 | 2 | 16 | 12 | 40 | 40 | | | | | | | | 4 | 81 | 16 |
| 1 | 20-28 | 39 | 39 | 36-28 | 62 | 70 | 5 | 16-32 | 65 | 65 | 36-32 | 65 | 75 | 1 | 20-24 | 69 | 69 | 36-32 | 97 | 98 | 4 | 32 | 50 |
| 1 | 20-32 | 35 | 35 | 36-20 | 69 | 82 | 5 | 12-24 | 97 | 97 | 32-16 | 77 | 89 | 1 | 20-32 | 59 | 59 | 36-20 | 71 | 86 | 4 | 98 | 100 |
| 1 | 24 | 9 | 9 | — | | | 5 | 12-24 | 82 | 82 | — | | | 1 | 20-28 | 17 | 17 | — | | | 4 | 35 | 10 |
| 1 | 24-32 | 43 | 63 | — | | 53 | 5 | 20-32 | 54 | 68 | — | | 16 | | | | | | | | 1 | 56 | 4 |
| 1 | 20-24 | 93 | 93 | 36-28 | 94 | 94 | 5 | 16-24 | 96 | 96 | 36-24 | 91 | 91 | 1 | 20-28 | 97 | 97 | 36-28 | 97 | 97 | 1 | 41 | 71 |
| 1 | — | | | — | | | 6 | 12 | 4 | 6 | — | | | | | | | | | | 4 | 35 | 1 |
| 1 | — | | | — | | | | | | | | | | | | | | | | | | | | |
| 2 | 12-20 | 40 | 50 | 12 | 7 | 37 | 6 | 12-24 | 61 | 61 | 12 | 2 | 33 | | | | | | | | 11 | 67 | 48 |
| 1 | 24-36 | 58 | 58 | 32-24 | 65 | 75 | 5 | 20-28 | 79 | 79 | 28 | 16 | 28 | 1 | 24-36 | 85 | 85 | 32-20 | 53 | 63 | | | |
| | | | | | | | 5 | 12-16 | 100 | 100 | — | | 100 | | | | | | | | 1 | 80 | 90 |
| 1 | 24-28 | 64 | 64 | 28-12 | 21 | 33 | 5 | 20-24 | 86 | 86 | 20- 8 | 69 | 69 | | | | | | | | 4 | 86 | 6 |
| 1 | — | | | — | | | 5 | — | | | — | | | | | | | | | | 1 | 10 | — |
| 1 | 28 | 10 | 10 | 24 | 15 | 15 | 10 | 20 | 20 | 24 | — | | | | | | | | | | 1 | 15 | 4 |
| 1 | 16 | 19 | 19 | 36-32 | 17 | 19 | 5 | 8-20 | 60 | 60 | 36-32 | 67 | 67 | 1 | 16-20 | 50 | 50 | 36-32 | 41 | 43 | 1 | 100 | 15 |
| 1 | 28 | 50 | 60 | 32-28 | 40 | 40 | 5 | 16 | 10 | 10 | — | | | | | | | | | | 1 | 1 | — |
| 1 | — | | | — | | | 6 | — | | | — | | | | | | | | | | 1 | 1 | — |
| 1 | — | | | — | | | 5 | 28 | 1 | 1 | — | | | 1 | — | | | — | | | 4 | 87 | — |
| 1 | 32 | 3 | 3 | — | | 13 | 5 | — | | | — | | | 1 | 28-36 | 19 | 19 | — | | | 1 | 19 | 1 |
| 1 | 16-24 | 56 | 56 | — | | | 5 | 24-32 | 52 | 68 | — | | | | | | | | | | 1 | 75 | 35 |
| 1 | 24 | 2 | 48 | 24-16 | 3 | 25 | 5 | 20-36 | 15 | 70 | 28-12 | 41 | 43 | | | | | | | | 1 | 37 | 48 |
| 1 | 12-24 | 10 | 10 | — | | | 5 | 4-12 | 8 | 8 | — | | 4 | | | | | | | | 1 | 5 | 5 |
| 1 | 24-28 | 2 | 2 | 20- 4 | 2 | 3 | 5 | 20-36 | 52 | 52 | 16 | 1 | 1 | | | | | | | | 1 | 30 | 18 |
| 1 | 24-32 | 53 | 73 | — | | | 5 | 20-28 | 62 | 64 | 28 | 2 | 5 | | | | | | | | 4 | 100 | 96 |
| 2 | 12 | 2 | 2 | — | | | 7 | 16-20 | 14 | 15 | — | | | | | | | | | | 1 | 57 | 3 |
| 1 | 16-20 | 21 | 64 | 8 | 1 | 19 | 6 | 20-24 | 14 | 19 | 8 | 3 | 29 | 4 | 16-24 | 43 | 48 | 12- 8 | 15 | 30 | | | |
| 1 | 16-32 | 41 | 41 | 36-28 | 27 | 58 | 5 | 20-36 | 69 | 69 | 36-24 | 35 | 64 | 1 | 16-36 | 51 | 51 | 36-32 | 21 | 25 | 4 | 79 | 84 |
| 1 | 28 | 2 | 12 | 28-24 | 12 | 16 | 5 | 4-16 | 19 | 22 | 36-20 | 20 | 23 | 1 | | | | | | | 1 | 28 | 60 |
| 1 | 24-32 | 73 | 75 | 24 | 2 | 23 | 5 | 24-32 | 88 | 88 | 20 | 1 | 1 | | | | | | | | 1 | 100 | 20 |
| 1 | 20-32 | 37 | 37 | 32 | 31 | 71 | 5 | 12-28 | 36 | 36 | 15 | 23 | 23 | 1 | 20-28 | 30 | 30 | 36-32 | 42 | 73 | 4 | 62 | 78 |
| | | | | | | | 5 | 4-20 | 75 | 75 | 28-16 | 39 | 51 | | | | | | | | | | |

間（月），Opt=野外保存種子発芽率が最大となる処理期間（月）．

[タイプ5] 冷湿処理によって二次休眠が誘導されるもので，ただ1種ヤブジラミのみがこれにあてはまる．この種では，冷湿保存のあとにはまったく発芽がみられなくなる．25℃保存で休眠解除がみられることも大きな特徴である．田島ヶ原ではほとんどの種のエマージェンスが春から夏にかけてみられるのに対して，この種のエマージェンスはおもに秋にみられる．タイプ5のような休眠の温度反応，すなわち低温による休眠誘導と高温によるその解除は，多くの冬一年生草本に共通の性質であることが知られている（Baskin and Baskin 1985）．

さて，Grime et al.（1981）は低温処理に対する種の反応を2つに類別してその生態学的意義を理解できると述べている．すなわち，一方は，比較的大きな種子をつくり冷湿条件を経験したあとは低温において一斉発芽を示すグループ，他方はごく小さい種子をつくる耕地雑草や湿地の植物であり，発芽に冷湿条件に加えて光や比較的高い温度をその発芽に要求するグループである．Grime et al.（1981）は，前者における低温要求性は多年生草本群落の春先のギャップで芽生えの定着を図るための機構，後者では種子発芽を遅らせて土壌シードバンクを蓄積するための機構であろうと解釈している．

Baskin and Baskin（1988）が北アメリカの種を対象にして実施した大規模なスクリーニングでは，種子の休眠解除のための温度要求性と温室での発芽フェノロジーとの間に密接な関係があることが示された．冬一年生植物ではその種子は一次休眠の状態で形成され，生理的温度域のやや高温側の温度にさらされることによってその休眠が解除されるが，夏一年生植物では逆に一次休眠の解除に低温が有効である（Baskin and Baskin 1985）．さらに，冬一年生植物では低温によって休眠が誘導され，夏一年生植物ではむしろ高温によって休眠が誘導されるような性質をもっていることが多いことも示された．

Box-1.5で紹介した，主として春に発芽する冠水草原の氾濫原の多年生および一年生の植物を対象にした研究においては，芽生えのエマージェンス時期がそれほど変わらない共存種の間に，休眠解除への低温要求性にきわめて大きな違いが存在することが示された．すなわち，大きな低温要求性をもつ種がある一方で，ほとんど一次休眠を示さず，発芽そのものの適温がやや高温にかたよっている種が求められた．その違いは野外でのエマージェンス時期ではなく，種子散布時期の違いと関連していた．すなわち，種子に一次休眠が認められない種は，すべてが秋の遅い時期に種子を散布する種であった．これに対して休眠解除への低温要求が高く，高めの温度による二次休眠の誘導が認められる種は，春から夏にかけて種子を散布する種を高い割合で含んでいた．

晩秋には地表面の温度が十分に低く，この時期に散布される種子は，特別な休眠をもたなくとも高温にかたよった発芽温度依存性をもつだけで春に発芽することになる．それに対して，春から夏にかけて種子を散布する種は，夏や秋の間の発芽を避けるために休眠をもつことが重要であるだろう．このように，休眠解除への低温要求性と種子散布の時期の間に認められた関係の生態学的意義は理解が容易である．

ここで紹介した研究では，エマージェンス時期と休眠解除への低温要求性と

の間には特別な関係は認められなかった．それに対して，非休眠種子の発芽の温度依存性とエマージェンスの時期との間に密接な関係が認められた．このことは，発芽と休眠の過程はそれぞれ別々に温度の影響を受けること，また，発芽と休眠の温度反応性には異なる生態学的意義があることを示唆する．種子の休眠機構は，種子発芽を芽生えの生存の適した時期に合わせるという役割よりも，むしろ，種子散布の時期を発芽時期の拘束から解放して最適化するための戦略と考えることができるだろう．

## 1.5　種子の寿命と運命

　種子は時として非常に長い寿命をもつことが知られている．しかし，その寿命は，種子がおかれた環境条件に大きく依存する．種子が野外の土壌表面や土壌中にある場合と実験室や制御環境下におかれた場合とでは，その寿命は大きく異なる．保全生態学では，野外での種子寿命のほうに多くの関心が寄せられるだろう．しかし，制御環境下での種子寿命に関する知見は，環境条件が大きく変動する野外における種子の寿命について理解し，また予測するための基礎となる．また，植生再生の材料とする種子を一時的に制御条件下で保存したり，採集した種子を将来の使用に備えて保存するためには，制御環境下での種子の寿命そのものが問題となる．

### （1）　保存時の環境条件と種子の寿命

　種子保存においては，環境条件，とくに温度条件と水分条件が種子の寿命に大きな影響を与える．野外の自然の条件におかれた種子はもちろんのこと，実験室で（人工条件下で）保存する場合にも，保存条件が種子の長期保存の可能性や種子の寿命に大きな影響をおよぼす．

　種子はその保存特性から，普通，通常種子（orthodox seed）と難保存種子（recalcitrant seed）に分類される．難保存種子にあたるのは，湿潤熱帯の植物や柑橘類の種子であるが，これらは乾燥状態での低温保存がむずかしい．

　一般に，保存条件下での通常種子の寿命は，保存温度が低いほど，またある限界値までは含水量が低いほど長い（Bewley and Black 1984）．

　また，種子集団内の個々の種子は，同一の保存環境条件のもとでもまったく同一の寿命を示すわけではなく，集団内には正規分布で近似できるような寿命のばらつきが認められる．オオムギやコムギなどの穀物やソラマメのような豆

類の場合，保存種子の寿命はつぎのような経験式にしたがうことが知られている．

$$y = e^x/\sigma\sqrt{2\pi} \qquad (1)$$

なお，

$$x = -(\mu-p)^2/2\sigma^2 \qquad (2)$$
$$\sigma = K_1 p \qquad (3)$$
$$\log \mu = K_2 - C_1 m - C_2 t \qquad (4)$$

ここで，$p$ は任意の時点（$x$）における種子が死亡する確率（瞬間値），$y$ はその時点まで生き残っている種子の割合，$\mu$ および $\sigma$ は生存期間の平均値と標準偏差，$m$ は保存種子の含水量，$t$ は保存時の温度，$K_1, K_2, C_1, C_2$ はそれぞれの種子サンプルに特有の定数である．

この経験式からは，温度と湿度（含水量）の両方を制御すればもっとも理想的な種子保存が可能なことがわかる．しかし，湿度を一定とすれば，この式からみる限り低温だけでもかなりの寿命を保障できるはずである．ところが，含水量が高い状態で，零下の低温におかれると，組織内に氷の結晶が生じて種子の著しい劣化をもたらす可能性がある．したがって，含水量が高い状態での保存はこの経験式から予測される以上に種子の品質を保つうえでの問題点が大きいと考えなければならない．

これまで種子の保存条件と種子寿命の関係についてもっとも多くのことが明らかにされているのはオオムギの種子である（Hegarty 1978）．数多くの研究が実施され，上の経験式を予測に用いるために必要な係数を求めるためのデータが得られている．それらのパラメータを用いた予測では，$-20°C$ で保存したオオムギ種子の平均寿命は理論上は 2 万年に達することになる．

ただし，含水量の低い状態で保存されると，保存中に確率的に生じる DNA の破損（切断など）を補償する細胞内の修復機構が機能しないため，保存期間の長期化に伴う遺伝的損傷の累積による劣化が問題となる（Bewley and Black 1982）．そのような種子劣化は，発芽時に，発芽に要する時間の増大（発芽速度の低下）や生じた芽生えの形態異常などとして表れる．

野外においては，種子の寿命は正規分布を示すことはない．それは，種子が生理的な寿命が尽きて死ぬというよりも，食害や病害などの犠牲となっていわば事故死することのほうが多いことがその理由である．したがって，野外での寿命は，崩壊曲線で近似するのがふさわしい．

## （2） 種子の寿命と土壌中の種子の運命

野外では，種子の寿命と環境条件によって，土壌シードバンクの動態が決まる．

土壌シードバンクは，土壌中に生きている種子の集団である．特定の種の種子だけに着目すれば，それは地下の隠された個体群であるということができる．土壌シードバンク中の種子には発芽に先だって休眠解除の必要な休眠種子と，発芽に適した環境条件が与えられればすぐに発芽する非休眠種子の両方が含まれている．植物によっては，生産された種子の大部分をシードバンクとして土中や地表面に残すものもある．そのような植物の種子の大部分は，親個体上で成熟したときにすでに深い休眠にあり，しかも種子のポテンシャルとしての寿命は長いことがその条件となる．

一方で，ヤナギ類の種子のように，生産される種子のすべてが非休眠種子であるだけでなく，その寿命が著しく短く，種子散布直後に発芽しないものは死亡してしまうため土壌中にシードバンクを残さない植物もある．それらは，地上にしか個体群をもたない植物ということもできる．

一般に，攪乱依存種は地下に大きな個体群をもつことが知られている．それらの種子は寿命の長いものが多く，土壌シードバンクでの寿命が100年以上におよぶものも少なくない．実際に埋土状態の種子を追跡することによって寿命を調べる長期的な実験もこれまでにいくつか報告されている．そのなかではアメリカ合衆国のミシガン州でビール（Beal）博士が1879年に始め，100年間にわたってデータが取り続けられた実験が名高い．ビール博士の実験では，その地方で普通にみられる野生植物20種の種子が土と一緒にびんに詰められ，土のなかに埋められた．その後，10年ごとに1本ずつびんが回収され，なかの種子の発芽能がテストされた．その結果，植物によって種子の寿命には大きな違いがあることが明らかにされた．たとえば日本でも外来植物として生育している身近な雑草では，シロツメクサの種子が5年以下の寿命しか認められなかったのに対して，ビロードモウズイカの種子は100年後にも40%程度の種子が発芽力を保っていることが確認された．また，少なくとも80年の寿命が確認された植物としては，ナガバギシギシやメマツヨイグサがある．

植物の個体群の動態は，地下の隠された個体群にあたる土壌シードバンクを考慮することなしには，十分に把握し，予測することはむずかしい（宮脇・鷲谷 1996）．したがって，種子植物の個体群や植生の維持機構を解明し，また攪

乱や環境変動に応じたその変化を予測するためには，土壌シードバンクのあり方や動態の解明が必須となる．絶滅が危惧される植物の絶滅確率の予測にも，永続的な土壌シードバンクを形成するか否か，どのくらいの大きさと持続性をもつシードバンクを形成するかといった情報が欠かせない．

一方，土壌シードバンクは，生態的な原理にもとづく植生再生の材料として，応用面での大きな可能性を秘めている（鷲谷 1997；第 14 章参照）．

（3） 土壌シードバンクと休眠・発芽戦略

多様な植物群落における土壌シードバンクの調査結果を比較すると，土壌シードバンク，とくに永続性の高い土壌シードバンクを形成する植物は，ギャップ依存種（ギャップができたときいちはやくそこを占有する植物）など，攪乱依存種であることが知られている．

種子発芽におけるギャップ検出，あるいは植被のもとでのむだな発芽を避けるための生理的な休眠・発芽機構としては，変温感受性や赤色光／近赤外光比（R/FR）の低い葉層透過光による発芽阻害，高温による休眠解除などをあげることができる．雑草とよばれる多くの植物や木本の先駆樹種がそのような生理的な種子発芽におけるギャップ検出機構をもっていることが知られている．

そのような休眠・発芽特性をもち，しかも寿命の長い種子は，発達した植被の下や土壌深くでは，永続性の高い土壌シードバンクを形成することが期待される．しかし，種子の休眠状態は，種子の周囲の環境に強く依存するから，環境条件とその変動性，さらには土壌表面あるいは土壌中での種子の空間的な分布によって，土壌中に貯留される種子の量やその動態が大きく支配される．

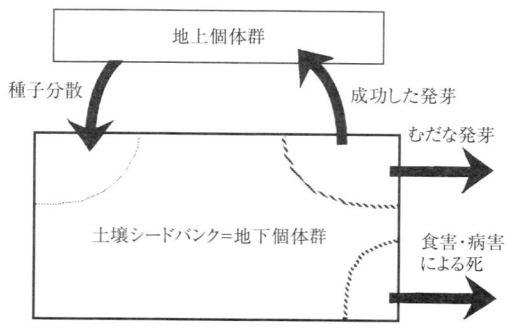

図 1.12　土壌シードバンク（地下個体群）の動態と地上個体群との関係を示す概念図．

## Box-1.6 種子の運命を追跡するための「埋土／回収法」

　土壌中での種子の生存・死亡パターンを直接研究する方法としては，種子の埋土／回収法がある．それは，通気・通水性のよいポリエステルの袋やステンレスの籠などに，野外で採集した種子を入れて，種子が分散される地表面などにおき，定期的に回収して，種子の生存や休眠状態などを調べるという方法である．そのような調査により，ある時点で地上で生産され，土壌シードバンクに参入するコホートの運命を推定することができる．

　ここでは，緑陰感受性をもつホソアオゲイトウ *Amaranthus patulus* の種子の埋土実験を紹介することによって (Washitani 1985)，埋土／回収法の実際を解説してみよう．ホソアオゲイトウの種子は，植被の下の赤色光の乏しい光によって顕著な発芽阻害を受けるという性質をもっているが，それ以外には特別な休眠は認められない．

### 季節パターンを知るための短期的な埋土／回収実験

　野外で自然に分散された種子の季節的な変遷を知るために，ポリエステルのメッシュでつくった袋（5 cm×7 cm）に100種子ずつ入れて，ホソアオゲイトウの代表的な生育場所である空き地の雑草群落の植被の下におき，定期的に回収して，種子の生死や発芽能力を調べた．

　実験に用いた種子は，前年の秋に生産され，植物遺体上にそのまま残されていたものを実験直前の4月初旬に集めてすぐに実験に使用した．処理としては，地表面におくものおよび地中の深さ10 cmにおくものの2種類を用意した．回収は，発芽時期が終了する7月中旬，種子生産期にあたる10月初旬，翌年の1月初旬，そして2回目の発芽期直前の3月中旬の4回とし，地表面と地中からそれぞれ3レプリケーションずつを回収した．

　流水で十分に洗浄した後，袋から種子を取り出し，軽く力を入れてピンセットの先でつまむことにより，中身の充実した無傷充実種子と，すでに死んでいる中身のない空の種子とに分けて数えた．

　無傷充実種子は，湿らせた濾紙を敷いたシャーレに入れて，ホソアオゲイトウ種子の発芽にほぼ最適な条件，すなわち弱光下，30℃に1週間おいて発芽率を調べた．

　その結果を示したのが図1.13である．図からも明らかなように，種子が地表面におかれたときと，地中におかれた場合では，その運命に大きな違いがもたらされた．地表面におかれたものでは，発芽適期の春から初夏にかけてだけでなく，ほかの時期にも死亡する種子がほとんどなく，2年近く経て

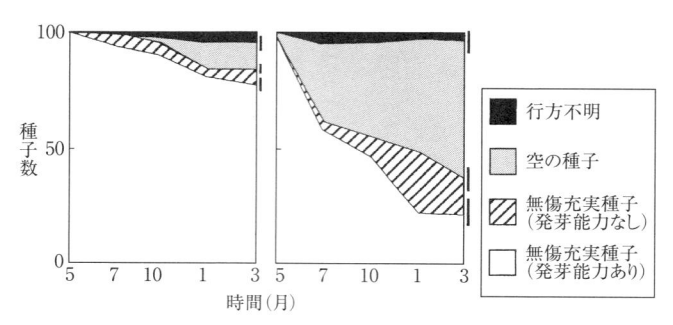

**図 1.13** 埋土／回収実験におけるホソアオゲイトウ種子の動態（Washitani 1985 より改変）．左は地表面，右は地中 10 cm の深さにおいた種子．右の棒は最大標準偏差（$n=3$）．

も多くの種子が発芽能力を保ったまま生きていた．それに対して，地中におかれたものは，おそらくむだな発芽によると思われる種子の損失が大きく，翌年の発芽期のはじめには，発芽能力のある残存種子数は 5 分の 1 にまで減少した．これらの結果は，緑陰効果（Fr の比率の高い光の効果）による発芽阻害が，むだな発芽を避け，生存種子を保存するうえで重要な役割を果たしていることを示す．

### やや長期的な埋土／回収実験

上記の実験の場合と同様に採集した種子をポリエステルのメッシュの袋（8 cm×10 cm）に約 30 万個（2.45＋0.08 g）ずつ封入し，実験に供した．この実験では，種子を地表面および地中の深さ 10 cm の場所におく処理のほか，種子を最初の 1 カ月間は地表面におき，その後地中に埋める処理を設けた．

1, 2, 3 年後に種子の入ったこれらの袋を回収して，無傷充実種子の割合（$R$）を，回収時の種子全体の重量（$W$）と実験開始時の種子重量（$W_i$）からつぎのように推定した．

$$R=(0.32W/W_i-0.07)/(0.32-0.07)$$

なお，0.32 および 0.07 は無傷充実種子と中身を失った種子の平均重量（g）である．無傷充実種子をそれぞれの袋から 50 種子ずつ無作為に選び，湿らせた濾紙を敷いたシャーレに入れて，ホソアオゲイトウ種子の発芽にほぼ最適な条件，すなわち弱光下，30℃ に 1 週間おいてから最終発芽率を調べた．

その結果，地表面におかれていた種子は，3 年間を経たあとにも 3% が発

芽可能な種子として生き残っていた．しかし，地中に埋められていた種子では，3年後には発芽可能な種子がまったく残されていなかった．1カ月間地表面におかれてから埋める処理と最初から地中に埋める処理の間では，無傷充実種子の減衰パターンに違いはなく，実験室での発芽実験の結果からも示されるように，この種における緑陰効果は，二次休眠の誘導ではなく，一時的な発芽阻害効果であることが確認された．

　これらの実験では，種子を袋に入れることによって，動物による捕食から保護していることになる．したがって，実際にはさらに種子の減少が著しいことが考えられる．しかし，実験により，発芽環境が種子の減衰パターンを大きく支配していることを確認できた．すなわち，種子の休眠・発芽特性と種子のまわりの微環境とその変動を把握することができれば，土壌中での種子の運命をある程度まで推定することができるのである．

## （4）　土壌シードバンクの動態を支配するプロセス

　図1.12に，土壌シードバンク，すなわち土壌表面や土壌中の種子から構成される個体群の動態を模式的に示した．

　地上の個体群における種子生産と種子分散は，土壌シードバンクへの種子の唯一の移入経路である．一方，移出は，発芽によって実生となるか死亡によってもたらされる．種子生産および種子分散過程での種子の数に大きな影響をおよぼすのは，食害や病害であるが，それは種子が土壌中に取り込まれた後にも一般にはかなり大きな死亡要因として作用する．また，途中での死亡により地上に実生を出現させることのない発芽や，実生の定着に至ることのない発芽，すなわち「むだな発芽」も，環境によっては種子を土壌シードバンクから失わせる主要な要因となる．むだな発芽がどの程度起こるかは，種子の休眠・発芽特性と種子のまわりの微環境とその変動性に大きく依存する．人工的な保存条件では正規分布する種子の寿命が，土壌中では種子が指数関数的に減衰することはすでに述べた．その理由は，これらの要因による死亡が種子の齢に依存することなく確率的に起こり，本来の種子の寿命に達する前に「偶然に」死亡する種子の割合が大きいことによる．

## 引用文献

Baskin, C. C. and Baskin, J. M. (1988) Germination ecophysiology of herbaceous plant species in a temperate region. American Journal of Botany, 75 : 286–305.
Baskin, J. M. and Baskin, C. C. (1985) The annual dormancy cycle in buried weed seeds : a continuum. BioScience, 35 : 492–498.
Bewley, J. D. and Black, M. (1982) Physiology and Biochemistry of Seeds. Springer-Verlag Press, Berlin.
Bewley, J. D. and Black, M. (1984) Seeds : Physiology of Development and Germination, 2nd ed. Plenum Press, New York.
Bliss, D. and Smith, H. (1985) Penetration of light into soil and its role in the control of seed germination. Plant, Cell and Environment, 8 : 475–485.
Cook, R. E. (1979) Patterns of juvenile mortality and recruitment in plants. In Topics in Plant Population Biology (eds. O. T. Solbrig, S. Jain, G. B. Johnson and P. H. Raven), pp. 207–231. Columbia University Press, New York.
Courtney, A. D. (1968) Seed dormancy and field emergence in *Polygonum aviculare*. Journal of Applied Ecology, 5 : 675–684.
Cresswell, E. J. and Grime, J. P. (1981) Induction of a light requirement during seed development and its ecological consequences. Nature, 291 : 583–585.
Fenner, M. (1985) Seed Ecology. Chapman & Hall, London.
Fitter, A. H. and Hay, R. K. M. (1987) Environmental Physiology of Plants. Academic Press, London.
Freas, K. E. and Kemp, P. R. (1983) Some relationships between environmental reliability and seed dormancy in desert annual plants. Journal of Ecology, 71 : 211–217.
Grime, J. P., Mason, G., Curtis, A. V., Rodman, J., Band, S. R., Mowforth, M. A. G., Neal, A. M. and Shaw, S. (1981) A comparative study of germination characteristics in a local flora. Journal of Ecology, 69 : 1017–1059.
Grubb, P. J. (1977) The maintenance of species-richness in plant communities : the importance of the regeneration niche. Biological Review, 52 : 107–145.
Harper, J. L. (1977) Population Biology of Plants. Academic Press, London.
Hegarty, T. W. (1978) The physiology of seed hydration and dehydration, and the relation between water stress and the control of germination : a review. Plant, Cell and Environment, 1 : 101–119.
Masuda, M. and Washitani, I. (1990) A comparative ecology of the seasonal schedules for 'reproduction by seeds' in a moist tall grassland community. Functional Ecology, 4 : 169–182.
Morris, W. F., Marks, P. L., Mohler, C. L., Rappaport, N. R., Wesley, F. R. and Maran, M. A. (1986) Seed dispersal and seedling emergence in an old field community in central New York (USA). Oecologia, 70 : 92–99.

Sawhney, R. and Naylor, J. M. (1979) Dormancy studies in seed of *Avena fatua*. 9. Demonstration of genetic variability affecting the response to temperature during seed development. Canadian Journal of Botany, 57：59-63.

Solbrig, O. T. (1980) Demography and natural selection. *In* Demography and Evolution in Plant Strategy (ed. O. T. Solbrig), pp. 1-20. Blackwell, Oxford.

Tevis, L. K. (1958) Germination and growth of ephemerals induced by sprinkling a sandy desert. Ecology, 39：681-688.

Thompson, K., Grime, J. P. and Mason, G. (1977) Seed germination in response to diurnal fluctuation of temperature. Nature, 267：147-149.

Washitani, I. (1984) Germination responses of a seed population of *Taraxacum officinale* Weber to constant temperatures including the supra-optimal range. Plant, Cell and Environment, 7：655-659.

Washitani, I. (1985) Germination rate dependency on temperature of *Geranium carolinianum* seeds. Journal of Experimental Botany, 36：330-337.

Washitani, I. (1987) A convenient screening test system and a model for thermal germination responses of wild plant seeds：behavior of model and real seeds in the system. Plant, Cell and Environment, 10：587-598.

Washitani, I. (1988) Effects of high temperatures on the permeability and germinability of the hard seeds of *Rhus javanica* L. Annals of Botany, 62：13-16.

Washitani, I. and Kabaya, H. (1988) Germination responses to temperature responsible for the seedling emergence seasonality of *Primula sieboldii* E. Morren in its natural habitat. Ecological Research, 3：9-20.

Washitani, I. and Masuda, M. (1990) A comparative study of the germination characteristics of seeds from a moist tall grassland community. Functional Ecology, 4：543-557.

Washitani, I. and Saeki, T. (1986) Germination responses of *Pinus densiflora* seeds to temperature, light and interrupted imbibition. Journal of Experimental Botany, 37：1376-1387.

Washitani, I. and Takenaka, A. (1984) Germination responses of a non-dormant seed population of *Amaranthus patulus* Bertol. to constant temperatures in the suboptimal range. Plant, Cell and Environment, 7：353-358.

Washitani, I. and Takenaka, A. (1986) 'Safe sites' for the seed germination of *Rhus javanica*：a characterization by responses to temperature and light. Ecological Research, 1：71-82.

宮脇成生・鷲谷いづみ（1996）土壌シードバンクを考慮した個体群動態モデルと侵入植物オオブタクサ駆除効果の予測．保全生態学研究，1：25-47.

鷲谷いづみ（1987）種子が発芽する環境条件——生育にふさわしい場所と時を選ぶメカニズム．採集と飼育，49：382-384.

鷲谷いづみ（1997）「植生発掘！」のすすめ．保全生態学研究，2：2-7.

## 第2章

# 光環境の調査・評価法

### 野田 響・村岡裕由

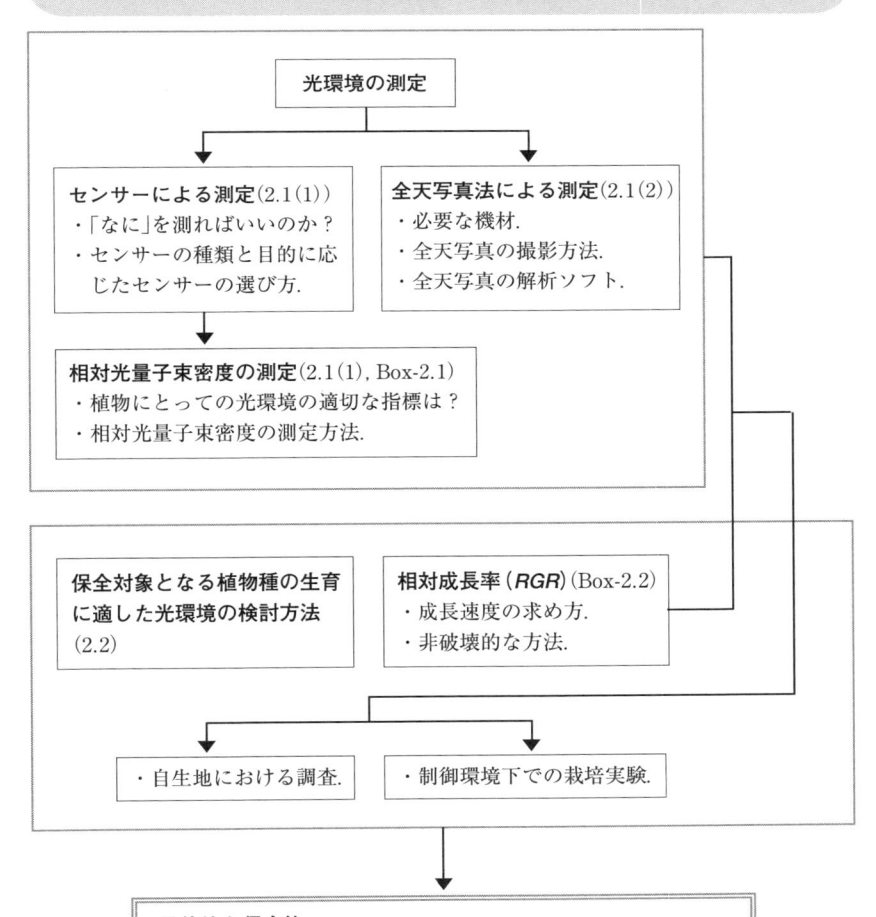

---

**光環境の測定**

↓

**センサーによる測定**(2.1(1))
・「なに」を測ればいいのか？
・センサーの種類と目的に応じたセンサーの選び方.

**全天写真法による測定**(2.1(2))
・必要な機材.
・全天写真の撮影方法.
・全天写真の解析ソフト.

**相対光量子束密度の測定**(2.1(1), Box-2.1)
・植物にとっての光環境の適切な指標は？
・相対光量子束密度の測定方法.

---

**保全対象となる植物種の生育に適した光環境の検討方法**(2.2)

**相対成長率（*RGR*）**(Box-2.2)
・成長速度の求め方.
・非破壊的な方法.

・自生地における調査.
・制御環境下での栽培実験.

---

**具体的な保全策**
・保全対象の植物の自生地保全のための植生管理目標の設定.
・移植先の環境条件の選定.

など

植物は葉で光合成，すなわち光エネルギーを用いた二酸化炭素中の炭素の固定を行うことによって炭水化物を生産する．生産された炭水化物は植物の呼吸や成長，種子生産などに使われる．植物にとって，光合成生産は生存，成長，繁殖の成功を決定するもっとも重要な活動である．

植物の光合成生産量は，その植物の特性（光合成能力や形態的な特性）に加えて，その生育場所の環境条件（光，水分，気温など）によって大きく影響される．とくに光環境は，日本列島の大部分を占める湿潤な温帯地域において，光合成生産の主要な制限要因となっている．

特定の植物種の保全策を立てる際には，個体の成長や繁殖に好適な光環境を把握したり，現地の光条件を適切な手法で評価することが必要なことがある．しかし，野外における光条件は空間的にも時間的にも不均一性が大きく，光環境の簡便な評価が求められる．

本章では，まず，植物個体の生存・成長に大きく影響する光環境の測定方法について述べる．そしてつぎに，対象となる植物の光応答についての実験方法とそれらを用いた実際の研究例について述べる．

## 2.1 光環境の測定

光環境の定量的な評価の際には，光の「強・弱」ではなく光を物理量，すなわちエネルギー（J：ジュール，W：ワット）や光量子量 photon（mol：モル）で表す．光環境の評価のための測定には，以下に述べるようにセンサーによる測定や全天写真の解析などの方法がある．これらの方法を目的に応じて使い分ける必要がある．

(1) センサーを用いた測定

光量を測るセンサーには照度センサーや光量子束密度センサー（以下，光量子センサー）などがある．照度センサーは人間の目からみた「明るさ」(lux)を測るためにつくられている．人間の目が感じる明るさと，光合成に有効な波長における光エネルギーの量は必ずしも一致しない．植物が光合成に利用できるのは，太陽光のうち光合成色素が吸収する 400-700 nm の波長域（光合成有効波長域）の光に限られる．植物の光合成反応は，単位葉面積あたり，単位時

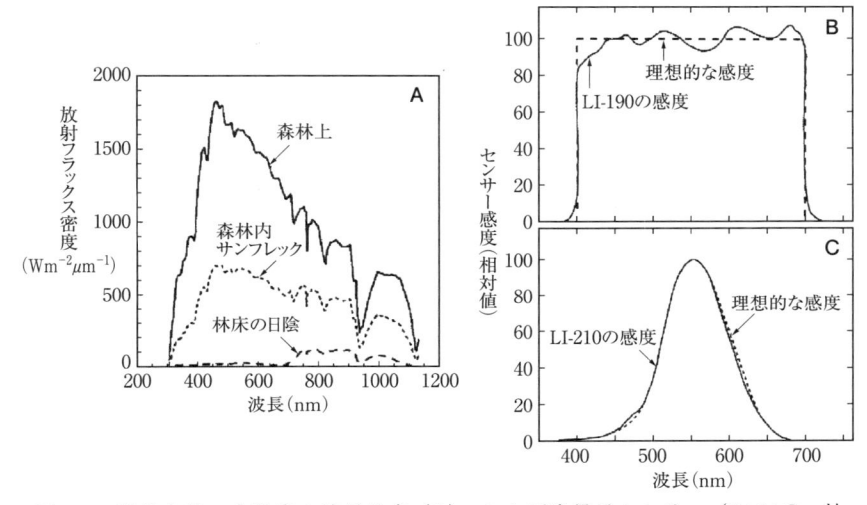

図 2.1 森林内外の太陽光の波長分布（A），および光量子センサー（B; Li-Cor 社 LI-190 型）と照度センサー（C; 同 LI-210 型）の波長感度特性（A：奈佐原顕郎・村岡裕由による未発表データ，B, C：メイワフォーシス株式会社提供）．

間あたりに光合成色素が吸収する光量子量に依存する．光合成色素（クロロフィル）が吸収するのは，400-700 nm の間でもとくに 400-450 nm の青色光と 650-680 nm の赤色光であり，450-650 nm の間にある黄色光や緑色光は青色光や赤色光に比して透過あるいは反射されやすい．そのため，森林の林床のようなほかの植物に覆われた条件では，太陽からの光が植被を透過して届く間に赤色成分の多くが吸収され，緑色成分が相対的に増える．ところが，照度センサーの感度ピークは 550 nm（緑色光）となっているため，植被の下では植物の光合成に有効な光量を過大評価することになる．照度と光合成有効波長域の光量子束密度との値の差は，葉面積指数（単位土地面積あたりの葉面積；植被密度の指標）が高く，緑色光の比率が高くなる（=赤色光の比率が少なくなる）ほど大きくなる（Muraoka *et al.* 2001）．

図 2.1 には，森林内外の太陽光の波長分布とともに，光合成有効波長域での光量子センサーと照度センサーそれぞれの波長感度特性を示した．おおよその明るさを把握するのであれば，照度センサーや写真撮影用の照度計の値も代用できる．しかし，波長組成が異なる多様な光環境下における植物にとっての光環境を評価するには光量子センサーを用いて「光合成有効波長域の光量子束

密度(Photosynthetically Active Photon Flux Density; PPFD, 単位は $\mu$mol photons m$^{-2}$ s$^{-1}$)」を測定する必要がある.

### 相対光量子束密度

ある地点に届く光量は，1日のなかでも太陽の高さや雲の位置・量，周囲の物体の影などに応じて刻一刻と大きく変化する．とくに，晴天時の森林の林床などでは，林冠の小さな隙間(空隙)からサンフレック(sunfleck; 陽斑, いわゆる「木漏れ日」)とよばれる強い光がときおり入射するため(図2.2), 時間的な変動が大きくなる．測定値にこのような時間的変動が大きく影響すれば，光環境の正しい評価はむずかしい．

このような時間的変動に影響されることなく光環境を評価する手法としては，「散乱光条件下における光合成有効波長域の相対光量子束密度の測定」が有効

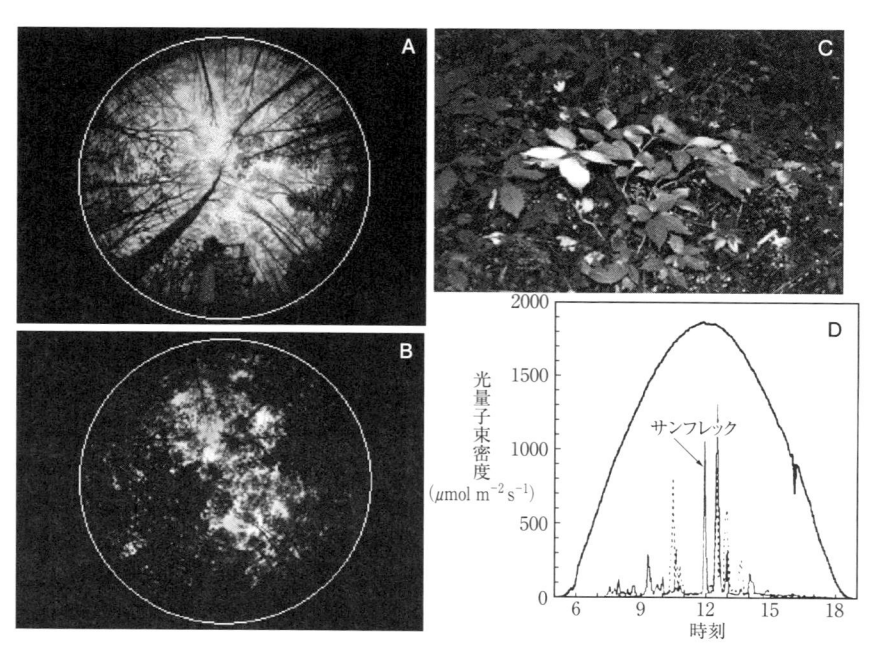

図 2.2 落葉広葉樹林の林冠の全天写真 (A：林冠木の展葉前, B：展葉完了後), 林床に生育する稚樹の葉にサンフレックがあたっている様子 (C：葉が白くなっている部分がサンフレック), およびこの森林内外で測定した光量子束密度の日内変動 (D：太線は森林外, 細い実線と破線は林床での異なる2地点の測定データ).

である．

　太陽から届く光は，直射光，散乱光および半影に分類される．直射光とは，葉などを透過したり反射されたりすることなく，太陽から直接その場に到達する光である（前述のサンフレックはこれにあたる）．散乱光とは，雲や大気，周囲の植物体，地面などで反射されたり，あるいは植物の葉を透過してから到達する方向性をもたない光である．半影は植物体の陰（本影）と直射光の境界域に生じる．これらのうち，直射光や半影の光量は，植物の葉など影をつくる物体のわずかな動きにも影響されるのに対し，散乱光の光量は比較的安定している．太陽から届く光のほとんどが散乱光となる状態，すなわち曇天日や太陽高度の低い早朝または夕方には，植物群落内のある特定の場所に届く光も時間的な変動は小さく安定している．このような条件のときに，測定したい地点の光量子束密度（$I$）と，被陰するものがまったくない場所での光量子束密度（全天からの入射光量；$I_0$）を同時に測ることで，それらの相対値（$I/I_0$）として光環境（相対光量子束密度）を評価できる．この値は日内変動がほとんどないうえ，測定点で得られる1日の積算光量子束密度と高い相関をもつことから，植物の光環境の指標となる（Tang $et\ al.$ 1988；Messier and Puttonen 1995）．相対光量子束密度の測定手法は Box-2.1 に示した．

　図2.4はクヌギやハンノキが林冠をなす落葉広葉樹林の林床での相対光量子束密度の測定例である（Oshima $et\ al.$ 1997）．林床の光環境の季節変化は，林冠や草本層の季節的再生に依存する．林冠木の展葉が始まるころの4月上旬には，林内の相対光量子束密度は草本層直上で80％，地表面付近で20-40％と高いが，林冠の展葉の進行や林床の草本層に生育する植物の成長の進行に伴って，とくに地表面に近い地点ほど暗くなっていく．林冠が成熟した7月でも林内は一様に暗いわけではなく，場所によって相対光量子束密度が異なる．

　この測定結果が示すように，植被下に生育する植物にとっての光環境は季節的にも空間的にも大きく変動する．以上の理由から光環境が植物におよぼす影響をくわしく分析するためには，林内・林外というような見かけ上の大雑把な環境の違いだけでなく，草本層内部での光環境（植物の光合成にとって有効な光の量）の空間的不均一性や季節変化を考慮した評価が必要である．こうした広範な時間的・空間的スケールで光環境を把握し，それを成長量や繁殖成功度などとあわせ解析することによって，生育に適した光環境条件を把握できる．

## Box-2.1 相対光量子束密度の測定手法

相対光量子束密度の測定には2つの光量子センサー（$I$を測定するセンサーと$I_0$を測定するセンサー）と，これらのセンサーを接続して数値を読み記録するためのデータロガーが必要となる．表2.1に示したような，小糸工業株式会社やプリード株式会社が製作，販売しているセンサーや，江藤電気株式会社が製作，販売しているデータロガーが適している．また，Li-Cor社（日本ではメイワフォーシス株式会社が販売）では光量子センサー（LI-190）と専用のデータロガー（LI-1400）を販売している（図2.3A）．

図2.3Bに相対光量子束密度の測定の様子を示した．相対光量子束密度の

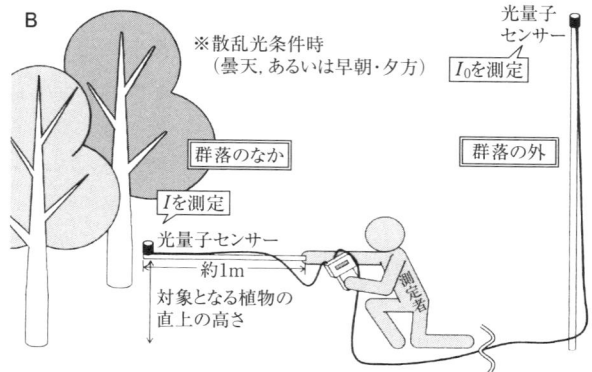

図2.3 相対光量子束密度を測定するための光量子センサー（LI-190）とデータロガー（LI-1400）のセット（A）と相対光量子束密度の測定方法の例（B）（Aの写真はメイワフォーシス株式会社提供）．

測定に適した散乱光条件は、はっきりした輪郭をもつ影ができない状態を目安とする。2個のセンサーのうち、$I_0$ を測定するセンサーは、周囲に影になるものがまったくない開けた場所に数 m のポールを立てた上などに設置する。一方、$I$ の測定に用いるセンサーは、測定者自身の影の影響を避けるために、1 m 程度の棒の先に取り付ける。測定値はセンサー受光面の向きに依存するので、受光面が水平になる（＝真上を向く）ように留意する。そして、$I$ と $I_0$ の値を同時に測定し、相対光量子束密度（$I/I_0$）を求める。

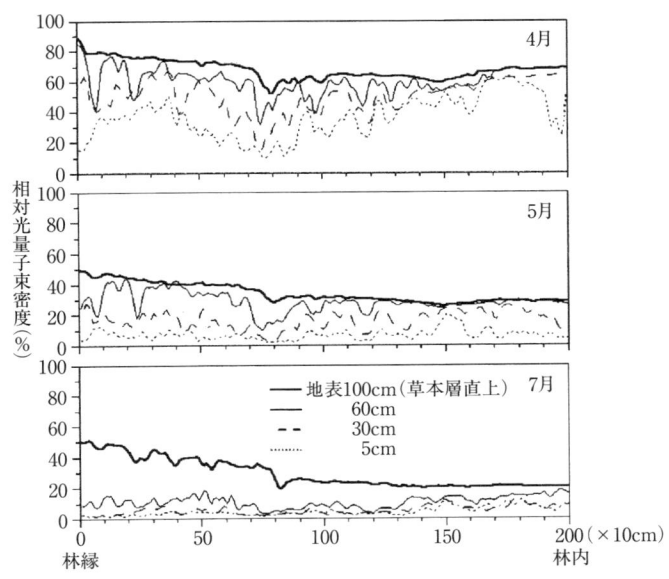

**図 2.4** 落葉広葉樹林の林床の光条件（相対光量子束密度）の空間的不均一性とその季節変化。草本層の直上（太線）、地表 60 cm（細線）、30 cm（破線）、5 cm（点線）において、センサーを 10 cm 間隔で移動させながら測定した。相対光量子束密度は林縁から林内に向かって低下し、また4月から7月にかけて林冠木や林床草本の展葉に伴って変化する様子がわかる（Oshima *et al.* 1997 より改変）。

## （2） 全天写真による測定

ある地点に到達する光の量は、その場所を覆っている植被の性質と光源に依存する。全天写真法は、測定対象となる地点の植被の配置を画像分析すること

により，光環境を評価する方法である（Anderson 1964；Chazdon and Field 1987）．デジタルカメラの普及で比較的手軽になったことや，使いやすい解析ソフトウェアの登場により，全天写真法はいまではもっとも一般的な手法の1つとなっている．前述の光量子センサーによる測定では全方向から到達する光の総量を測定するのに対して，全天写真による測定では入射光量の方向性も評価することができる．したがって保全を目的とした植生管理策において，植生密度の空間分布を考慮することができる．たとえば林床植物の光環境の管理を目的とした植生（森林）管理デザインにおいて，枝葉や幹の空間分布の考慮が可能となる．

　全天写真の撮影は，視野角180度の魚眼レンズをつけたカメラを用いて行う．以前は一眼レフカメラに大型の魚眼レンズをつけて撮影されていたが，現在では，デジタルカメラに魚眼レンズを装着することが一般的である．デジタルカメラであれば，現地で撮影した画像の確認ができるうえ，解析の際に画像をパソコンに容易に取り込むことができる．

　写真は，対象となる植物の直上の高さで，魚眼レンズを真上に向けた状態で撮影する．カメラは三脚や一脚で固定し，レンズの方向は水準器を参照しながら水平になるように決定する．画像の解析時には方位の情報が必要となるため，撮影の際には方位磁石で方位を確認し，方位を示す小さな目印が写真に写り込むようにするなどの工夫をする．後述のように，撮影した全天写真は白黒に2値化して解析を行う．2値化に大きく影響する写真の鮮明さは，撮影時の露出や天候に左右される．たとえば晴れた日に撮影した場合，太陽の周辺が実際の白色部（枝葉の間からみえる空の部分＝空隙）以上に白い部分として撮影されてしまう．最適な画像を得るためには，曇天日に撮影するとともに，露出を変えて3枚程度撮影することが望ましい．

　このようにして撮影した写真には，枝葉のある部分と空がみえる部分（林冠の空隙）が写る．この画像をピクセル単位で白黒に2値化して開空度や散乱光量などの解析をする．ここの段階で注意が必要なのは，枝葉のある部分，すなわち太陽からの光を遮る部分（黒色部）と，林冠の空隙のように光が入ってくる部分（白色部）の境界部分（灰色部）のみきわめである．この灰色部を白にするか黒にするかの判断が直射光や散乱光の推定値に大きく影響するので，もとの写真画像と十分にみくらべながら慎重に判断する必要がある．空の部分と植物によって遮られた部分を区別するための閾値を決めるには，ピクセルの輝度分布（画像解析ソフトを利用）を参考にするとよい．

2.1 光環境の測定　57

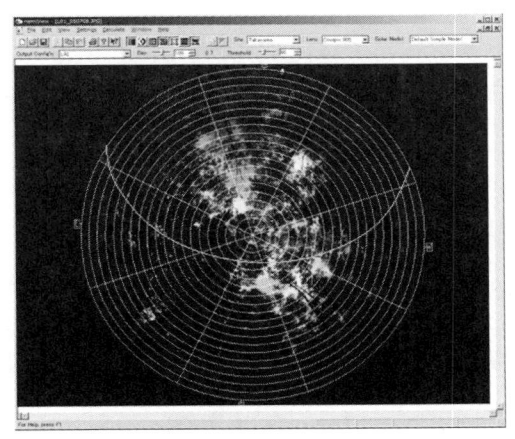

**図 2.5** 全天写真解析用ソフトウェア（Delta-T Devices 社 HemiView）の操作画面．写真全体を天頂角と方位角の組み合せによりグリッドに分割して植生（枝葉）密度の空間分布を推定する．光は枝葉のない空隙（写真の白い部分）から入射する．太陽軌道を想定することにより入射する光量子束密度の推定も可能である．

**表 2.1** 測定機器とソフトウェア一覧．筆者らが使用している測定機器やソフトウェアの例を以下にあげる．なお全天写真解析用のソフトウェアには，市販品のほかに，研究者が自らの研究目的のために開発しフリーソフトとして公開されているものもある．

| | | |
|---|---|---|
| [光量子センサー] | | |
| LI-190 | | Li-Cor（http://www.licor.com/），日本総代理店　メイワフォーシス株式会社（http://www.meiwafosis.com/index-1.htm） |
| IKS-27 | | 小糸工業株式会社（http://www.mmjp.or.jp/koito-environ/） |
| PAR-01 | | 株式会社プリード（http://www.prede.com/） |
| | | |
| [データロガー] | | |
| LI-1400 | | Li-Cor（http://www.licor.com/），メイワフォーシス株式会社（http://www.meiwafosis.com/index-1.htm） |
| サーミック | | 江藤電気株式会社（http://www.etodenki.co.jp/） |
| | | |
| [全天写真解析用ソフトウェア] | | |
| HemiView（市販品） | | Delta-T Devices（http://www.delta-t.co.uk/）日本総代理店　旭光通商株式会社（http://www.kyokko.com/index.html） |
| CanopOn（フリーソフト） | | 竹中明夫氏（国立環境研究所）（http://takenaka-akio.cool.ne.jp/etc/canopon2/index.html） |
| LIA32（フリーソフト） | | 山本一清氏（名古屋大学）（http://www.agr.nagoya-u.ac.jp/%7Eshinkan/LIA32/index.html） |

解析用のコンピュータソフトウェアには数種類ある（図2.5，表2.1）．これらのソフトを用いて、林冠上の光量や太陽の移動を仮想的に組み合わせることで，撮影地点に到達する直達光や散乱光の光量子束密度を推定することができる．

## 2.2 保全対象となる植物の生育に適した光環境の検討方法

光は，光合成を行うすべての植物にとって不可欠な資源であるが，生育に適した光環境は種によって異なる．したがって，保全の対象となる植物種の成長や繁殖に適した光環境が明らかにすることは，適切な保全策を講じるための有用な情報となる．

成長や繁殖に適した光環境の検討には，野外の自生地における環境条件の調査や，温室の制御環境下での栽培実験が有効である．自生地における調査では，生育環境と成長との関係の現状を把握することができる．一方，温室などにおける栽培実験では調査対象種の成長反応のポテンシャルを把握することができる．筆者らは，これまでに植物生理生態学的な視点から，河畔林をおもな生育地とする多年生草本マイヅルテンナンショウ *Arisaema heterophyllum* や，落葉広葉樹林や半湿地をおもな生育地とするサクラソウ *Primula sieboldii* を対象に個体の成長量と光環境との関係について明らかにしてきた（Muraoka *et al.* 1997, 2002；Noda *et al.* 2004；野田ほか 2006）．なお，マイヅルテンナンショウの成長量調査は，河畔林の自生地で実施したものであり，サクラソウについては，温室内の制御環境下における実験である．

図2.6Aには落葉広葉樹林の林床と伐採跡地に生育するマイヅルテンナンショウの個体のRGR（相対成長率；Box-2.2参照）と光環境（相対光量子束密度）の関係を示した．光資源が不足しがちな林床では，明るい地点に生育するマイヅルテンナンショウほど成長がよく，相対光量子束密度が20%を下回ると成長が負に転じる（相対成長速度が負になる＝個体のバイオマスが春より減る）ことがわかる．その一方で伐採跡地における成長量は光環境にはあまり依存しない．これは伐採跡地では葉の光合成速度がその最大値に達しやすいことと，強光に伴う高温や乾燥がストレスとなって光合成速度を制限するためである（Muraoka *et al.* 1997）．

図2.6Bには3つの異なる光条件と2つの異なる土壌水分条件を組み合わせた制御環境下でサクラソウを生育させて，展葉開始時（早春）から落葉開始時

## Box-2.2 相対成長率（RGR）

　植物個体の成長量は，個体のバイオマスの相対成長速度，すなわち「相対成長率」（relative growth rate; RGR）として評価することが一般的である．ある時期 $t_1$ からある時期 $t_2$ までの間の RGR は，$t_1 \cdot t_2$ それぞれの時期のバイオマス（それぞれ $dw_1, dw_2$）から次式を用いて算出する．

$$\mathrm{RGR} = (\ln dw_2 - \ln dw_1)/(t_2 - t_1)$$

　通常，植物の成長過程の解析には，生育期間中に数回にわたって，個体を採集して乾燥させ，葉や茎，根などの器官のそれぞれについてバイオマス（乾燥重量）を測定する方法（成長解析；村岡 2003 参照）を用いる．しかし，絶滅危惧種などの場合，実験に用いることのできる個体数は限られており，破壊的な測定が望ましい．筆者らはサクラソウの RGR を求める際には，まず，数個体について貯蔵器官の湿重（$fw$; 生きている植物体の重量）と乾重（$dw$）を測定して $fw$ から $dw$ を推定するための経験式をつくった．そして，必要に応じて測定した $fw$ から $dw$ を推定した（Noda et al. 2004）．

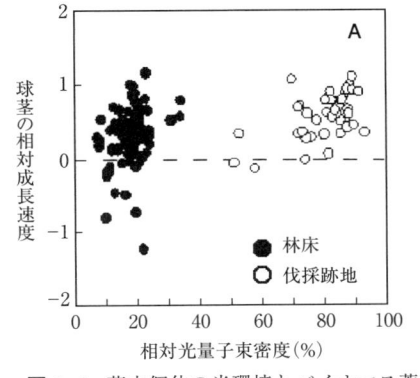

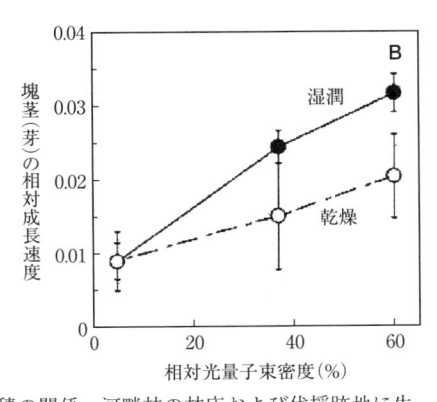

図 2.6　草本個体の光環境とバイオマス蓄積の関係．河畔林の林床および伐採跡地に生育するマイヅルテンナンショウ（A）と，温室内で3つの光条件および2つの土壌水分条件下で育成されたサクラソウ（B）の例．グラフのシンボルは，1個体（A）または数個体の平均値±標準偏差（B）を示す．マイヅルテンナンショウの相対成長速度は一生育期間（春-夏）あたり，サクラソウは1日あたりの値として計算されている．

（初夏）までの個体の RGR を測定した結果を示した．サクラソウの成長量は，光量が多い環境ほど大きく，また，土壌の乾燥により強く制限されている（Noda et al. 2004）．実験期間に限ってみれば，相対光量子束密度が 5％ ほどというかなり暗い条件であっても RGR は正の値をとることが認められた．

これらの研究例が示すように，植物の成長量と光環境との関係を調べることにより，成長や繁殖に好適な光環境とともに，生育光条件の下限を知ることができる．

## 引用文献

Anderson, M. C. (1964) Studies of the woodland light climate 1. The photographic computation of light conditions. Journal of Ecology, 52：27-41.

Chazdon, R. L. and Field, C. B. (1987) Photographic estimation of photosynthetically active radiation：evaluation of a computerized technique. Oecologia, 73：525-532.

Messier, C. and Puttonen, P. (1995) Spatial and temporal variation in the light environment of developing Scots pine stands：the basis for a quick and efficient method of characterizing light. Canadian Journal of Forest Research, 25：343-354.

Muraoka, H., Hirota, H., Matsumoto, J., Nishimura, S., Tang, Y., Koizumi, H. and Washitani, I. (2001) On the convertibility of different microsite light availability indices, relative illuminance and relative photon flux density. Functional Ecology, 15：798-803.

Muraoka, H., Tang, Y., Koizumi, H. and Washitani, I. (1997) Combined effects of light and water availability on photosynthesis and growth of *Arisaema heterophyllum* in the forest understory and an open site. Oecologia, 112：26-34.

Muraoka, H., Tang, Y., Koizumi, H. and Washitani, I. (2002) Effects of light and soil water availability on leaf photosynthesis and growth of *Arisaema heterophyllum*, a riparian forest understorey plant. Journal of Plant Research, 115：419-427.

Noda, H., Muraoka, H. and Washitani, I. (2004) Morphological and physiological acclimation responses to contrasting light and water regimes in *Primula sieboldii*. Ecological Research, 19：331-340.

Oshima, K., Tang, Y. and Washitani, I. (1997) Spatial and seasonal patterns of microsite light availability in a remnant fragment of deciduous riparian forest and their implication in the conservation of *Arisaema heterophyllum*, a threatened plant species. Journal of Plant Research, 110：321-327.

Tang, Y., Washitani, I., Tsuchiya, T. and Iwaki, H. (1988) Spatial heterogeneity

of photosynthetic photon flux density in the canopy of *Miscanthus sinensis*. Ecological Research, 3 : 253-266.
村岡裕由（2003）光をもとめる植物のかたち──枝葉の空間配置と光の獲得．（種生物学会編）光と水と植物のかたち．文一総合出版，東京．
野田響・中村真由美・村岡裕由・鷲谷いづみ（2006）サクラソウの生理生態学．（鷲谷いづみ編）サクラソウの分子遺伝生態学．東京大学出版会，東京．

# 第3章
# 植物の保全遺伝学的解析・評価法
## 本城正憲・北本尚子

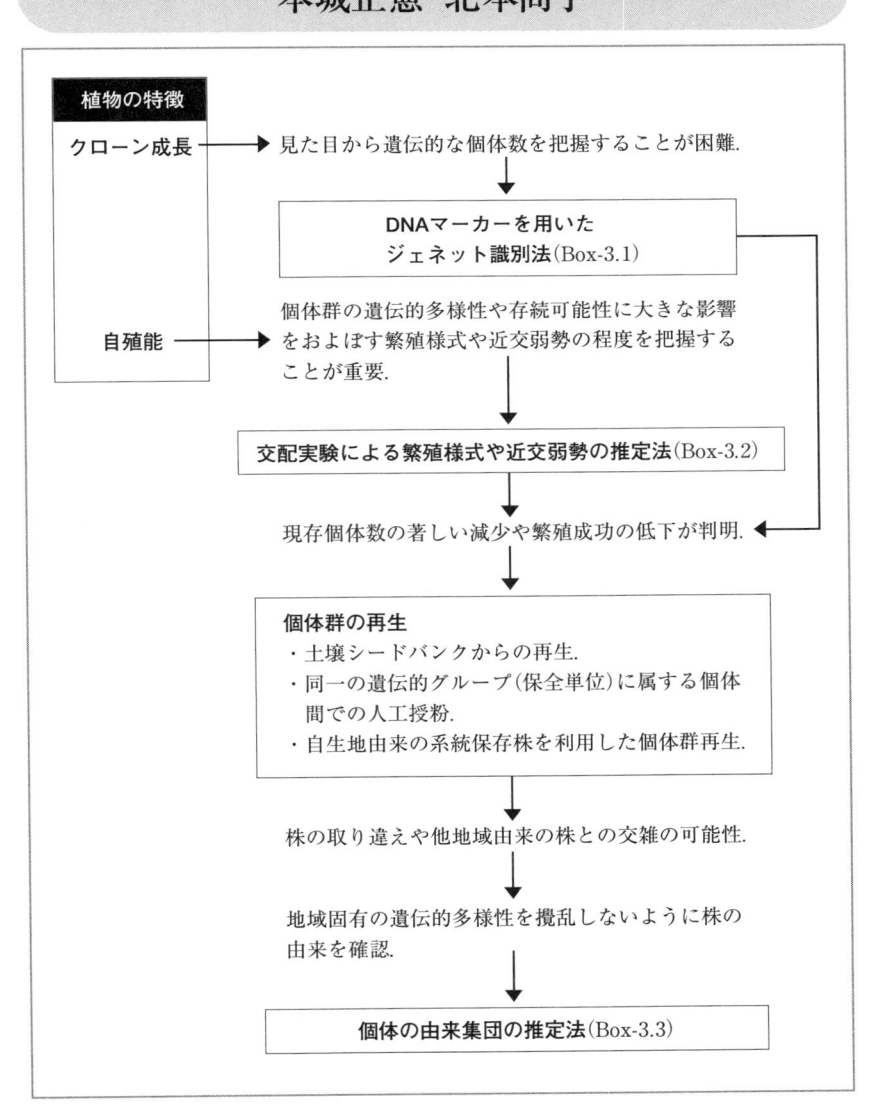

**植物の特徴**

**クローン成長** → 見た目から遺伝的な個体数を把握することが困難.

↓

**DNAマーカーを用いたジェネット識別法**(Box-3.1)

**自殖能** → 個体群の遺伝的多様性や存続可能性に大きな影響をおよぼす繁殖様式や近交弱勢の程度を把握することが重要.

↓

**交配実験による繁殖様式や近交弱勢の推定法**(Box-3.2)

現存個体数の著しい減少や繁殖成功の低下が判明.

↓

**個体群の再生**
・土壌シードバンクからの再生.
・同一の遺伝的グループ(保全単位)に属する個体間での人工授粉.
・自生地由来の系統保存株を利用した個体群再生.

↓

株の取り違えや他地域由来の株との交雑の可能性.

地域固有の遺伝的多様性を攪乱しないように株の由来を確認.

↓

**個体の由来集団の推定法**(Box-3.3)

遺伝的多様性は，生物が環境変動や病害生物に抗して適応するために欠かせないものであり，その保全は重要な目標となる．遺伝的多様性の保全のためには，種や個体群が現有する遺伝的多様性，生殖様式，および遺伝的多様性の維持に重要な健全な繁殖が行われているかどうかなどを把握する必要がある．

一般に生物の種は，自然選択や移住，遺伝的浮動などの進化的プロセスにより，地域ごとに遺伝的に分化している．生物多様性の保全においては，各地域固有の遺伝的変異をもたらした進化的プロセスの尊重ならびに各場所の環境条件に適応した遺伝子組成の保全という観点から，遺伝的に分化したそれぞれの地域個体群を保全していくことが重要である．

保全遺伝学は，生殖様式や遺伝子流動，集団間・集団内における遺伝構造など，遺伝的多様性の保全に必要な情報を得るための研究を実施する．

植物の大きな特徴として，クローン成長および自殖能があげられる．クローン成長がさかんな種では，一見多くの個体（ラメット）が生育しているようにみえても，遺伝的には１個体（ジェネット）しか残存していないこともめずらしくない．一般的には見た目でジェネットを把握することがむずかしい．また，一見多くの種子が生産されているようにみえる場合でも，じつは自殖による種子ばかりで生存力が低いこともある．本来は他殖を行っていた種が，生育地の孤立・縮小などにより自殖や近親交配を行う場合には，次世代において強い近交弱勢が発現する場合もある．したがって，個体群の存続可能性や繁殖成功を予測するうえでは，正確なジェネット数の把握や生殖様式の実態解明がきわめて重要である．繁殖様式の把握には，SSR（Simple Sequence Repeat）などの多型性の高いDNAマーカーを用いて親子鑑定を行う方法や，現存集団の遺伝構造から過去に行われた繁殖様式を推定する方法などがある．一方，繁殖に関する基本的な性質を明らかにする目的であれば，ピンセットや紙袋を使った交配実験からでも多くの知見を得ることができる．

研究の結果，現存個体数の著しい減少や繁殖成功の低下などが明らかになった場合には，土壌シードバンクからの再生や同一の遺伝的グループ（保全単位）に属する個体間での人工授粉などの管理に加え，自生地由来の系統保存株を利用した個体群再生が計画される場合もある．

自生地外保全においては，しばしば株の取り違えや他地域由来の株との交雑が生じている場合もある．したがって，系統保存株を利用する場合には，地域固有の遺伝的多様性を攪乱しないよう，事前に株の由来を確認することが望ま

しい．そのための手法にアサインメントテストがあり，地域や集団ごとに特徴的な対立遺伝子組成にもとづいて，個体の由来集団を推定する．この手法は，違法に採取・捕獲された個体の由来特定や，ある個体が真の自生なのか，それとも移入起源なのかを判断するうえでも有用である．

　植物における遺伝構造や遺伝子流動の把握，各種 DNA マーカーの特性などについては，種生物学会編（2001）などによい解説があるので，そちらを参照されたい．また，近年では，モデル植物や作物を対象として，Genome scan や LD 解析，cDNA ベースマーカーなどによる適応的遺伝子座で遺伝的分化を把握する研究が進んでいる．しかし，費用などの問題から野生植物の保全研究においてはまだ実用段階にないと考えられる．

　本章では，保全の実践現場で直接的に役立ちうる，①ジェネット識別法，②交配実験による繁殖様式や近交弱勢の推定法，既存の解説書であまりふれられていない③アサインメントテストによる個体の由来集団の推定法，について紹介する．

## 3.1　DNA マーカーを用いたジェネットの識別法

　ジェネットの識別には，AFLP（Amplified Fragment Length Polymorphism）や SSR などの多型性の高い DNA マーカーを用いる．SSR は開発に時間とコストがかかるが，近縁種で開発された SSR を適用できることもある．ジェネットを識別するときは，解析対象の株数が少ない場合は全株から葉などを採取し，DNA を抽出して遺伝子型を特定する．全株からの採取がむずかしい場合は，一定間隔でサンプリングしたり，1 パッチあたり 2-3 点などといったルールを決めてサンプリングする．解析したすべての遺伝子座で同じ遺伝子型を示すサンプルが複数みつかった場合，それらは同じジェネットに属すると判断する．しかし，解析サンプル数が多かったり，マーカーの多型性が低い場合には，別のジェネットに属する株どうしが，まったくの偶然で同じ遺伝子型を示すことがある．その影響を考慮するために，Parks and Werth（1993）の方法がよく使われる（Box-3.1）．

　DNA マーカーを用いてジェネットを識別した結果，見た目の生育個体数にもとづく絶滅リスク評価よりも個体群が危機的状況にあることが明らかとなる場合がある．浮葉植物であるアサザ *Nymphoides peltata* は，かつて日本各地

> **Box-3.1 ジェネットの識別法**
>
> この方法では，解析に用いたすべての遺伝子座でまったく同じ遺伝子型を示す株がみつかる可能性（$P_{gen}$）をまず計算する．
>
> $$P_{gen} = (\Pi pi) 2^h \qquad (1)$$
>
> 式中の $pi$ はその株が保有する対立遺伝子の出現頻度を，$h$ はヘテロ接合を示す遺伝子座数を示している．つぎに，遠く離れたところに分布していて異なるジェネットに属する株どうしが偶然に同じ遺伝子型を示す確率（$P_{se}$）を計算する．
>
> $$P_{se} = 1 - (1 - P_{gen})^G \qquad (2)$$
>
> 式中の $G$ は解析サンプル数を表す．遺伝的多様性が低いほど，また解析個体数が多いほど $P_{se}$ は大きくなる．通常，$P_{se}$ がある基準値（0.0001 など）よりも低い場合，同じ遺伝子型を示す個体どうしは同じジェネットに属すると考える．

の湖沼に広く分布していたが現在は絶滅の危機に瀕している．日本最大の個体群がある霞ヶ浦でも，人為的な水位管理により近年急激に個体数が減少した．遺伝的多様性の回復も視野に入れた個体群再生を行うため，残存局所個体群を網羅するにように採取され系統保存されていた 187 のサンプルについて SSR 10 座の遺伝子型を解析した結果，わずか 18 ジェネットのみしかみいだされなかった（Uesugi et al. 2007）．このことは，残存個体の系統保存が行われた時点ですでに，遺伝的多様性が減少していたことを示唆している．Ohtani et al.（2005）は，関東北部の鳴神山のみに分布しているカッコソウ Primula kisoana var. kisoana について，SSR 5 座を用いてジェネットを識別した結果，残存するパッチから網羅的にサンプリングを行ったにもかかわらず，わずか 10 ジェネットのみしかみいだすことができなかった．さらに，アサザやカッコソウは異型花柱性植物であるため，健全な種子生産を行うためには個体群内に異なる花型のジェネットが存在していなければならない．これらのことは，適切な保全管理を行ううえではたんに見た目の個体数（ラメット数）にもとづいてリスク評価を行うだけでは不十分であり，ジェネット識別や繁殖にかかわる遺伝子型の多様性を把握することの重要性を示している．

## 3.2 交配実験による繁殖様式や近交弱勢の推定法

### (1) 繁殖様式の推定法

　植物個体群の維持には，有性生殖によって種子が生産されること，およびその種子から生じた実生が健全に育つことが重要である．両者には，土壌や光などの環境要因だけでなく，遺伝的に和合性のある花粉が受粉されるかどうかや近交弱勢などの遺伝的要因も大きく影響する．とくに生育環境の変化によって，小集団化を余儀なくされている絶滅危惧種では，近親交配の増加，遺伝的多様性の減少などにより，種子生産量や他殖率が低下していることがある．そのような遺伝的要因による繁殖失敗が生じているか否かを把握するためには，繁殖様式や近交弱勢の大きさを明らかにする必要がある（Box-3.2）.

　交配実験により繁殖様式を推定した実践例を紹介する．図3.1は，オーストラリアの絶滅危惧種 *Grevillea repens* を対象とした交配実験の結果を示している（Holmes *et al.* 2008）．図中の縦軸には，5集団（PG, FP, ST, AL, MF）の平均結果率が示されており，Auto. は袋がけして昆虫の訪花を妨げておき人工授粉をせずに放置しておいた花の結果率を表している．Self- と Cross- は，つぼみに袋がけしておいて，開花後自分の花粉か，同じ集団内の他個体からの花粉をそれぞれ人工授粉した花の結果率を表す．Open は袋がけも人工授粉もせ

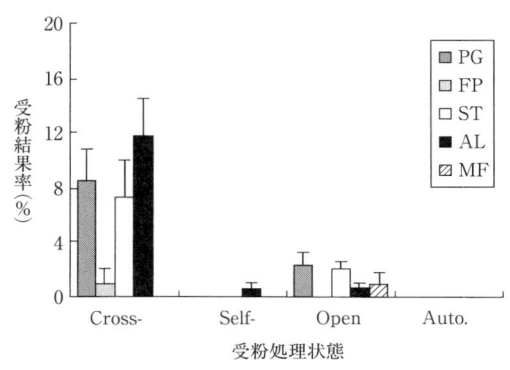

図 3.1　オーストラリアの絶滅危惧種 *Grevillea repens* を対象とした交配実験の結果．図中の縦軸は，5集団（PG, FP, ST, AL, MF）の平均結果率．Cross- が他家授粉処理，Self- が自家授粉処理，Open が放任，Auto. が自動自家受粉能力の推定を意味する（Holmes *et al.* 2008 より改変）.

## Box-3.2 人工授粉実験による繁殖様式の推定方法

　保全対象とする植物の自家和合性の有無や，自生地における種子生産の制限要因としての受粉の重要性は，保全戦略を立案するための基礎的知見として重要である．これらを明らかにするうえでは，人工授粉実験が有効である．実験ではまず，以下の道具を用意する．
　　　調査票，袋，筆記用具，ピンセット，シャーレ
　調査票には，種子親と花粉親の名前や交配日を記録する．開花後日数や授粉の時間帯によって，柱頭の受精能力が異なる場合があるので，授粉する花の開花日・授粉時刻も調査票に記録することが望ましい．ピンセットは除雄や授粉する際に，またシャーレは花粉親として使う花を一時的に保管しておく際にあると便利である．
　つぎに，調査個体群に行って交配実験に供する個体を複数選び，下の処理を行う．
　　　処理1：袋がけし，人工授粉なし．
　　　処理2：つぼみに袋がけし，開花後自家花粉を人工授粉して再度袋をかける．
　　　処理3：つぼみに袋がけし，開花後他家花粉を人工授粉して再度袋をかける．
　　　処理4：袋がけなし，人工授粉なしで放任授粉．
　処理3の場合は，自花花粉の受粉を防ぐため開薬前におしべを取り除いたほうがよい．また，他家授粉では，花粉親によって種子生産への寄与が異なる可能性があるので，複数の個体（ジェネット）から採取した花粉を授粉したほうがよい．処理2と3の間で授粉量に差が出ないように気をつける．さらに，開薬後の時間が経過するほど花粉の発芽・受精能力が落ちることがあるので，開薬してから授粉するまでの時間は処理2と3で異ならないように気をつける．また，柱頭の受精能力も開花後の時間によって変化することがあるので，処理間で授粉のタイミングが異ならないようにする．
　自殖する植物には，昆虫などの訪花がなくても柱頭と薬の接触などによって自動的に自家受粉するものと，自動的な自家受粉能力はもたないが，訪花に伴う振動などによって自家花粉を受粉し，自殖する植物とがある．上記の処理1で十分な種子生産が認められれば，自動自家受粉能力があると推察できるし，処理1で結実が認められないのに，処理2で十分な種子生産が認められる場合には，自動自家受粉能力はないが自家和合性を有すると考えられる．処理1, 2ともに種子生産が認められない場合には，その植物は完全自家

不和合性植物であると考えられる．

　処理2である程度の種子生産は認められるが，処理3よりも種子生産量が少ない場合には，部分自家和合性をもつか受精後の近交弱勢によって種子形成がうまくいかず種子生産量が少なくなっていることが考えられる．この2つの原因を区別することはむずかしいが，後者の場合，処理2において，充実していない種子（しいな）や小さいサイズの種子，いびつな形状の種子が観察されることがある．

　処理4での種子生産量が処理2や3での種子生産量よりも少ない場合には，授粉する花粉量が少ないために自生地での種子生産が低下している可能性が考えられる．自家授粉した処理2では十分自殖種子が得られているのに，処理1や放任区である処理4での種子生産量が少ない場合には，昆虫などの訪花が制限されているために自家花粉すらも受粉されず，自生地の種子生産が制限されていると考えられる．一方，処理1，2の結果から自家不和合性植物であると推察された場合には，他家花粉の受粉量が不足することにより種子生産が低くなっている可能性が考えられる．

ず訪花昆虫に放任授粉させた花の結果率である（それぞれがBox-3.2の処理1-4に対応）．まず，Cross- では結実しているのに Auto. でほとんど結実していないことから，自花の花粉が自動的に柱頭に付着して自殖する能力である自動自家受粉能力をこの植物はもっていないことがわかる．また，自分の花粉を人工的に授粉させた Self- においてもほとんど結実していないことから，自家不和合性植物であることがわかる．さらに，Cross- では十分結実しているにもかかわらず，Open での結実率が低いことから，調査した自生地では和合性のある他家花粉の受粉量が不足しており，それによって野外での結実率が低下していることが推察される．

## （2） 近交弱勢の推定法

　近交弱勢の大きさは，自殖および他殖由来の種子を同一環境で栽培し，子の適応度成分を比較することで推定することができる．自殖がむずかしい種の場合は，きょうだい交配や戻し交配などを行って近交度の高い個体を得る．比較する適応度成分には，発芽率，成長速度，開花までの生存率，開花と非開花個体の割合，第一花開花日，開花数，バイオマス，胚珠数，花粉生産量と花粉の捻性，種子生産量などがある．近交弱勢の大きさ $\delta$ は

$$\delta = (W_O - W_S)/W_O = 1 - W_S/W_O$$

で表される．$W_O$ は，他殖由来個体の適応度成分，$W_S$ は，自殖などの近親交配由来の個体の適応度成分を意味する．$\delta$ の値が大きい場合には，自殖や近親交配によって種子生産できたとしても，次世代が十分に育たず集団の維持がむずかしくなる可能性がある．たとえば，前述のアサザの場合では，播種後 4-9 週目における実生の生存率で $\delta = 0.227$（自殖と他殖由来の実生の平均生存率がそれぞれ 66.3% と 85.7%），バイオマスでは $\delta = 0.632$（自殖；92.60 mg，他殖；251.53 mg）もの大きな近交弱勢が観察されている（Takagawa et al. 2006）．

また，近交弱勢の大きさは，一般に環境ストレスが大きいほど大きくなるので（Lynch and Walsh 1998），形質の評価には温室やバイオトロンだけでなく自生地環境のもとで評価することが望ましい．近交弱勢の程度は，同じ種であっても集団（Karkkainen et al. 1996）や個体間（Takebayashi and Delph 2000）で異なる．自殖と他殖個体で適応度成分を比較する際には，種子親ごとに比較したほうがよい．

## 3.3 個体の由来集団の推定法

(1) アサインメントテスト

"アサイン (assign)" とは，日本語で「割り当てる」という意味であり，アサインメントテストは，由来を調べたい個体のマルチローカス遺伝子型（個々の遺伝子座の遺伝子型の組み合せとしての遺伝子型）が，どこの集団で生じる可能性がもっとも高いのかを，各由来候補集団の遺伝的組成にもとづいて算出する手法である（Manel et al. 2005）．遺伝子型の把握には，多型性の高い SSR マーカーが使われることが多い．これまでに，野生生物の移動分散に関する研究（Paetkau et al. 1995），違法に採取・捕獲された個体の由来推定（Manel et al. 2002），系統保存株の由来確認（Honjo et al. 2008）などに用いられている．アサインメントテストにはいくつかの方法があり，次項では，一番最初に発表された Paetkau et al. (1995) の方法について述べる．なお，以下で紹介するアサイメントテストはフリーのソフトウェアを用いることで実行することができる (Box-3.3)．

3.3 個体の由来集団の推定法　71

> **Box-3.3 フリーソフトウェア GeneClass 2 を用いた解析手順**
>
> 　アサインメントテストはいくつかのソフトウェアで行えるが，Classification 法の解析には，フリーソフトウェア GeneClass 2 ver2.0（Piry *et al.* 2004; http://www.ensam.inra.fr/URLB/）が便利である．以下に解析の概要と，いくつかの注意点について述べる．使用法の詳細は上記 web を参照されたい．
> 　［解析の概要］
> 　① 　SSR マーカーなどによる遺伝子型決定
> 　② 　ソフトウェア GeneClass 2 で解析するための入力ファイルの作成
> 　③ 　尤度の計算（狭義のアサインメントテスト）
> 　④ 　由来の確率的判定（Exclusion test）
>
> 　① 　SSR マーカーなどによる遺伝子型決定
> 　由来を調べたい個体および由来候補集団の各個体の遺伝子型を決定する．アサインメントテストは，SSR のような共優性マーカーだけでなく，AFLP のような優性マーカーにも適用可能である．
> 　② 　入力ファイルの作成
> 　由来を調べたい個体の遺伝子型を記述したファイルと，リファレンスとなる由来候補集団の各個体の遺伝子型を記述したファイルを作成する．これらの入力ファイルは，Gene Pop（Raymond and Rousset 1995）や Fstat（Goudet 2001）などの集団遺伝学解析ソフトのデータシート形式で作成可能である（図 3.2）．表計算ソフトを利用して作成した場合は，タブ区切りのテキスト形式で保存する．
> 　③ 　尤度の計算（狭義のアサインメントテスト）
> 　ソフトウェア GeneClass 2 を立ち上げ，由来候補集団とサンプル集団の入力ファイルを読み込む（図 3.3）．Leave-one-out 法を採用したセルフアサインメントテストを行う場合には，由来候補集団のファイルを "Reference populations" 欄だけに読み込むことに注意する．画面下部のタブシート "1) Computation goal" において "Assign/Exclude population as origin of individuals" を選択し，個体単位またはグループ単位のアサインメントテストを指定する．
> 　つぎに，タブシート "2) Criteria for computation" を開き，尤度の算出法を選択する（図 3.4）．Paetkau *et al.* (1995) の方法の場合には，"Default

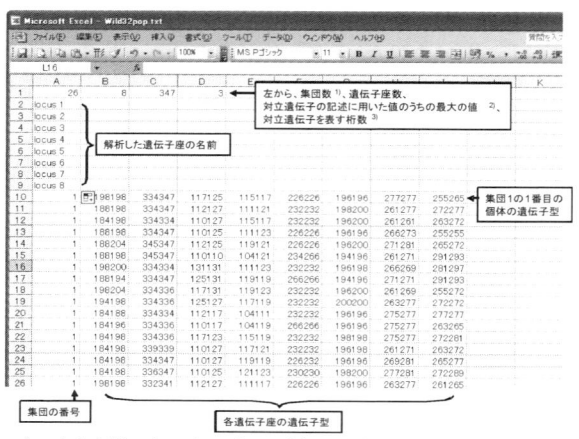

1) 由来を調べたいサンプルの遺伝子型を記述したファイルの場合には，1つのサンプル集団という意味でその値は1でもよい．
2) この値は，Fstatの解析には必須であるが，GeneClass 2 では使用されない．
3) 設定した桁数に達しない場合は，頭に0をつけて記述する（例 096）．欠損値は000000などと記述する．

図 3.2 Fstat形式で作成したソフトウェアGeneClass 2の入力ファイル例．

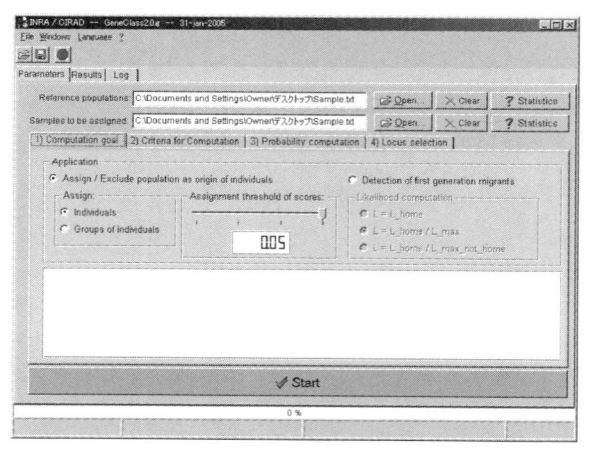

図 3.3 入力シートの読み込み．

frequency for missing allele"のバーを動かして，由来候補集団でみいだされていない対立遺伝子の頻度を設定する（0.01や0.001などに設定可）．由来の確率的判定を行う場合には，下記④の過程に進むが，狭義のアサインメ

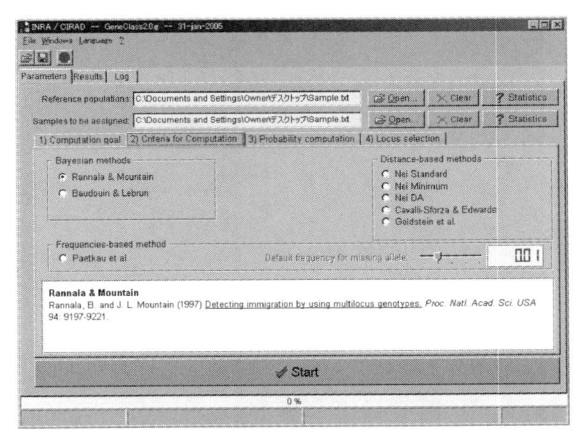

図 3.4 尤度の計算手法の選択.

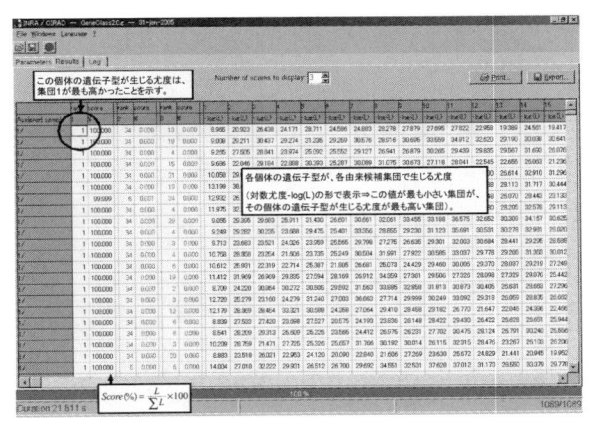

図 3.5 尤度の計算結果.

ントテストまでを行う場合には，ここで画面下部の "Start" ボタンを押す．各個体ごとの解析結果が表示され（図 3.5），左の列に，その個体のマルチローカス遺伝子型が生じる尤度が高かった集団の番号とスコアが表示される．スコアは，各由来候補集団で生じる尤度の総和に占めるその集団での尤度の割合であり，値が大きいほど由来する可能性が相対的に高い．画面右列には，各由来候補集団における尤度 ($L$) が対数尤度 $-\log(L)$ のかたちで表示される．

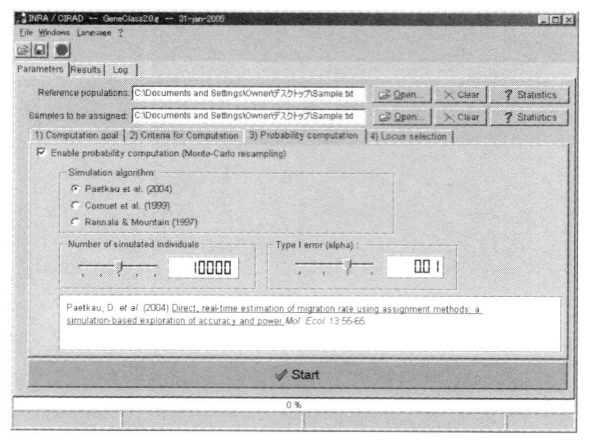

図 3.6 由来の確率的判定手法の選択.

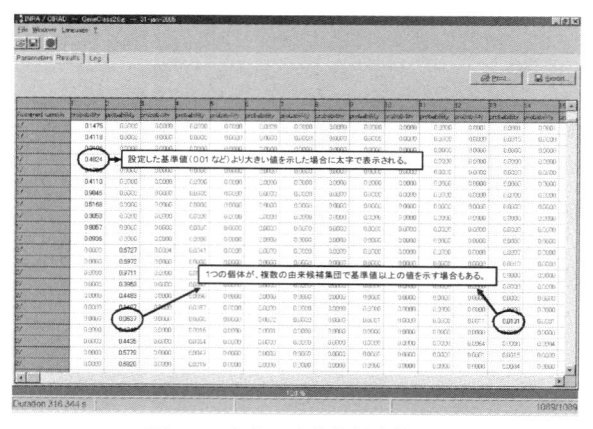

図 3.7 由来の確率的判定結果.

④ 由来の確率的判定 (exclusion test)

由来の確率的判定を行う場合には，タブシート "3) Probability computation" の "Enable probability computation (Monte-Carlo resampling)" のボックスにチェックを入れ，判定方法 (simulation algorithm) を選択する（図 3.6). 仮想的につくりだすマルチローカス遺伝子型の数 (number of simulated individuals) は，データ量にもよるが，1000 以上の値が選択される場合が多い．シミュレーションによりつくりだした尤度の分布のうち，その集団に由来するとはいえない範囲（下位何％であるか）を "Type 1 error"

バーで設定する．画面下部の"Start"ボタンを押すと解析結果が出力され，設定した基準値より大きい値は太字で表示される（図3.7）．1つの個体が複数の由来候補集団で基準値以上の値を示す場合もあるので，注意深く由来を判定する．

### （2） Paetkau et al. (1995) のアサインメント手法
（狭義のアサインメントテスト）

由来を調べたい個体の各遺伝子座の遺伝子型が，ある集団で生じる尤度は以下のように計算される．

遺伝子型がホモ接合の場合　　　$p_i^2$
遺伝子型がヘテロ接合の場合　　$2p_ip_j$

ここで $p_i$ は，由来候補集団（reference population）におけるその対立遺伝子の頻度である．この値を各遺伝子座ごとに算出し，それらを乗じることで，由来を調べたい個体のマルチローカス遺伝子型が各由来候補集団で生じる尤度

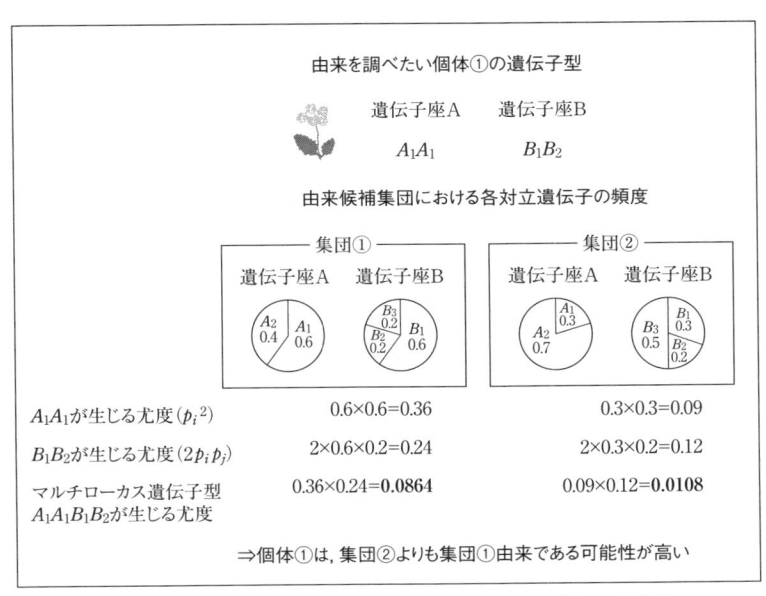

図 3.8　Paetkau et al. (1995) のアサインメント手法の計算例．

> **Box-3.4 グループ単位のアサインメントテスト**
>
> GeneClass 2 で計算されるグループ単位のアサインメントテストは，以下の式による．
>
> $$L = \frac{m!}{m_1! m_2! \cdots m_k!} \times p_1^{m_1} p_2^{m_2} \cdots p_k^{m_k}$$
>
> ここで，$m_1, m_2, \cdots, m_k$ は，それぞれ対立遺伝子1，対立遺伝子2，…，対立遺伝子 $k$ の個数を，$m$ はそれらの総数を表す．2倍体生物10個体について遺伝子型を決定した場合には，$m=20$ であり，このうち各対立遺伝子がそれぞれ何個観察されているかを数えることにより $m_1, m_2, \cdots, m_k$ の値が決まる．$P_1, P_2, \cdots, P_k$ は，由来候補集団における各対立遺伝子の頻度を表す．これを各遺伝子座について計算し，その値を乗じる．
>
> 上記の計算は，個体を区別していない．すなわち，10個体の遺伝子型を決定した場合，全部で20個の対立遺伝子が観察されるが，これらの対立遺伝子を個体を区別せずに20字からなる文字列とみなし，この文字列がそれぞれの由来候補集団で生じる尤度を計算している．個体を区別する場合，たとえば2倍体生物10個体について遺伝子型を決定した場合には，$m=10$ となり，$m_1, m_2, \cdots, m_k$ は，同じ遺伝子型を示した個体の数となる．また，$P_1, P_2, \cdots, P_k$ は，各遺伝子型が由来候補集団で生じる尤度を表し，遺伝子型がホモの場合は $p_i^2$，ヘテロの場合は $2p_i p_j$ で計算する．

を算出する（図3.8）．この計算は任意交配および連鎖平衡（各遺伝子座が独立）を仮定している．この仮定が満たされない場合にも，実用上は問題なく由来集団を推定できる場合がある（Cornuet *et al.* 1999）．また，由来を調べたい個体がもつ対立遺伝子が由来候補集団で観察されていない場合には，由来候補集団に存在するすべての対立遺伝子をサンプリングできていない可能性を考慮して，その集団におけるその対立遺伝子の頻度を任意に設定して計算する．アサインメントテストはグループ単位でも行うことができ，たとえば，同じ集団に由来することはわかっているが由来集団がわからない複数のサンプルの起源を推定したい場合などに有効である（Box-3.4）．

Paetkau *et al.*（1995）以降，尤度の計算過程においてベイズ推定を用いる方法や（Rannala and Mountain 1997；Baudouin *et al.* 2004），由来を調べたい個体と由来候補集団との間の遺伝距離を計算する方法（Cornuet *et al.* 1999）

なども提案されているので，各手法の詳細については原著論文や総説などを参照されたい（Piry *et al.* 2004；Manel *et al.* 2005）．

（**3**）　由来の確率的判定（Exclusion Test）

　尤度の計算方法について述べてきたが，ある個体の生じる尤度がある集団で一番高くなったとしても，それは，解析した由来候補集団のなかでは相対的に高かったということであり，その集団が必ずしも真の由来集団であるとは限らない．アサインメントテストでは，真の由来集団が解析に含まれていることが前提条件となるが，実際の場面では必ずしも含まれていないこともある．

　そこで，各集団について由来集団と考えてよいかを確率的に判定する手法（Exclusion Test）が提唱されている（Rannala and Mountain 1997；Cornuet *et al.* 1999；Paetkau *et al.* 2004）．この手法は，「由来集団ではない」ことを証明したい場合にも有効である．現在では，上述の尤度の計算（狭義のアサインメントテスト）だけでなく，由来の確率的判定（Exclusion Test）までを含めて行うことが多い．

　Exclusion Test の基本的な考え方は以下のようなものである．まず，各由来候補集団の遺伝子頻度にもとづいて，Monte-Carlo resampling 法により，それぞれの集団で生じうるマルチローカス遺伝子型を 1000-10 万個程度仮想的につくりだす．これらの各マルチローカス遺伝子型がその集団で生じる尤度を計算し，尤度の分布を作成する．由来を調べたい個体の尤度が，この分布のどこに位置するかを調べる．もし，分布の下端（5%, 1%, 0.1% 以下など任意に決定）に位置する場合は，その個体はその集団に由来するとはいえないと考える．Piry *et al.*（2004）は，ほんとうはその集団に由来するのに由来しないと判定してしまう過誤が少ないことから，Paetkau *et al.*（2004）の手法を推奨している．Cornuet *et al.*（1999）は，Exclusion Test において算出された確率の値がもっとも大きかった集団にその個体が由来すると考えることもできると述べている．

　アサインメントテストは確率的な判別手法であり，実際の由来推定の場面では，必ずしも単純な計算結果とはならないので結果を注意深くみる必要がある．たとえば，尤度の計算において，1番目と2番目の値が近似していた場合には，もっとも尤度が高かった集団ではなく2番目に高かった集団が由来集団である可能性も考えられる．同様に，同判定において複数の由来候補集団で基準値以上の確率値を示した場合には，もっとも値が大きかった集団だけでなく，それ

以外の集団やその確率の値の大きさにも注意する必要がある．

### （4） アサインメントテストの精度

アサインメントテストの精度は，解析した遺伝子座数や個体数，由来候補集団間の遺伝的分化程度などに影響される（Cornuet *et al.* 1999）．実際にアサインメントテストを行ううえでは，手持ちのデータセットでどの程度の判定精度が得られるかをあらかじめ把握しておくとよい．そのための手法の1つとして，由来候補集団のデータセットを用いてアサインメントテストを行い，どの程度の個体が所属集団に正しく割り当てられるかを算出するセルフアサインメントテストがあげられる（図3.9）．この際には，"leave-one-out 法"，すなわち，ある個体について自身が所属する集団に由来する尤度を計算する際に，その集団から自身の遺伝子型を抜いた状態で対立遺伝子頻度を算出し尤度の計算に用いるという手法が採用されることが多い．これは，自身の遺伝子型データが入った状態で対立遺伝子頻度を算出すると，その分だけその集団に由来すると判定される可能性が高くなることを避けるために行われる．

| Source population | n* | Assigned population | | | | | | | | | | | | | | | | | | | | | |
|---|---|---|---|---|---|---|---|---|---|---|---|---|---|---|---|---|---|---|---|---|---|---|---|
| | | 1-6 | 7 | 8 | 9 | 10 | 11 | 12 | 13 | 14 | 15 | 16 | 17 | 18-21 | 22 | 23 | 24 | 25 | 26 | 27 | 28 | 29 | 30 | 31 | 32 |
| 1-6 | 176 | 175 | 1 | 0 | 0 | 0 | 0 | 0 | 0 | 0 | 0 | 0 | 0 | 0 | 0 | 0 | 0 | 0 | 0 | 0 | 0 | 0 | 0 | 0 | 0 |
| 7 | 29 | 0 | 29 | 0 | 0 | 0 | 0 | 0 | 0 | 0 | 0 | 0 | 0 | 0 | 0 | 0 | 0 | 0 | 0 | 0 | 0 | 0 | 0 | 0 | 0 |
| 8 | 25 | 0 | 0 | 25 | 0 | 0 | 0 | 0 | 0 | 0 | 0 | 0 | 0 | 0 | 0 | 0 | 0 | 0 | 0 | 0 | 0 | 0 | 0 | 0 | 0 |
| 9 | 28 | 0 | 0 | 0 | 28 | 0 | 0 | 0 | 0 | 0 | 0 | 0 | 0 | 0 | 0 | 0 | 0 | 0 | 0 | 0 | 0 | 0 | 0 | 0 | 0 |
| 10 | 44 | 0 | 0 | 0 | 1 | 43 | 0 | 0 | 0 | 0 | 0 | 0 | 0 | 0 | 0 | 0 | 0 | 0 | 0 | 0 | 0 | 0 | 0 | 0 | 0 |
| 11 | 18 | 0 | 0 | 0 | 0 | 0 | 18 | 0 | 0 | 0 | 0 | 0 | 0 | 0 | 0 | 0 | 0 | 0 | 0 | 0 | 0 | 0 | 0 | 0 | 0 |
| 12 | 49 | 0 | 0 | 0 | 0 | 0 | 0 | 49 | 0 | 0 | 0 | 0 | 0 | 0 | 0 | 0 | 0 | 0 | 0 | 0 | 0 | 0 | 0 | 0 | 0 |
| 13 | 30 | 0 | 0 | 0 | 0 | 0 | 0 | 0 | 30 | 0 | 0 | 0 | 0 | 0 | 0 | 0 | 0 | 0 | 0 | 0 | 0 | 0 | 0 | 0 | 0 |
| 14 | 27 | 0 | 0 | 0 | 0 | 0 | 0 | 0 | 0 | 27 | 0 | 0 | 0 | 0 | 0 | 0 | 0 | 0 | 0 | 0 | 0 | 0 | 0 | 0 | 0 |
| 15 | 10 | 0 | 0 | 0 | 0 | 0 | 0 | 0 | 0 | 0 | 10 | 0 | 0 | 0 | 0 | 0 | 0 | 0 | 0 | 0 | 0 | 0 | 0 | 0 | 0 |
| 16 | 34 | 0 | 0 | 0 | 0 | 0 | 0 | 0 | 0 | 0 | 0 | 34 | 0 | 0 | 0 | 0 | 0 | 0 | 0 | 0 | 0 | 0 | 0 | 0 | 0 |
| 17 | 30 | 0 | 0 | 0 | 0 | 0 | 0 | 0 | 0 | 0 | 0 | 0 | 30 | 0 | 0 | 0 | 0 | 0 | 0 | 0 | 0 | 0 | 0 | 0 | 0 |
| 18-21 | 119 | 0 | 0 | 0 | 0 | 0 | 0 | 0 | 0 | 0 | 0 | 0 | 0 | 118 | 0 | 1 | 0 | 0 | 0 | 0 | 0 | 0 | 0 | 0 | 0 |
| 22 | 24 | 0 | 0 | 0 | 0 | 0 | 0 | 0 | 0 | 0 | 0 | 0 | 0 | 0 | 24 | 0 | 0 | 0 | 0 | 0 | 0 | 0 | 0 | 0 | 0 |
| 23 | 30 | 0 | 0 | 0 | 0 | 0 | 0 | 0 | 0 | 0 | 0 | 0 | 0 | 0 | 0 | 30 | 0 | 0 | 0 | 0 | 0 | 0 | 0 | 0 | 0 |
| 24 | 28 | 0 | 0 | 0 | 0 | 0 | 0 | 0 | 0 | 0 | 0 | 0 | 0 | 0 | 0 | 0 | 28 | 0 | 0 | 0 | 0 | 0 | 0 | 0 | 0 |
| 25 | 38 | 0 | 0 | 0 | 0 | 0 | 0 | 0 | 0 | 0 | 0 | 0 | 0 | 0 | 0 | 0 | 0 | 38 | 0 | 0 | 0 | 0 | 0 | 0 | 0 |
| 26 | 38 | 0 | 0 | 0 | 0 | 0 | 0 | 0 | 0 | 0 | 0 | 0 | 0 | 0 | 0 | 0 | 0 | 0 | 38 | 0 | 0 | 0 | 0 | 0 | 0 |
| 27 | 17 | 0 | 0 | 0 | 0 | 0 | 0 | 0 | 0 | 0 | 0 | 0 | 0 | 0 | 0 | 0 | 0 | 0 | 0 | 17 | 0 | 0 | 0 | 0 | 0 |
| 28 | 14 | 0 | 0 | 0 | 0 | 0 | 0 | 0 | 0 | 0 | 0 | 0 | 0 | 0 | 0 | 0 | 0 | 0 | 0 | 1 | 13 | 0 | 0 | 0 | 0 |
| 29 | 28 | 0 | 0 | 0 | 0 | 0 | 0 | 0 | 0 | 0 | 0 | 0 | 0 | 0 | 0 | 0 | 0 | 0 | 0 | 0 | 0 | 28 | 0 | 0 | 0 |
| 30 | 10 | 0 | 0 | 0 | 0 | 0 | 0 | 0 | 0 | 0 | 0 | 0 | 0 | 0 | 0 | 0 | 0 | 0 | 0 | 0 | 0 | 0 | 10 | 0 | 0 |
| 31 | 35 | 0 | 0 | 0 | 0 | 0 | 0 | 0 | 0 | 0 | 0 | 0 | 0 | 0 | 0 | 0 | 0 | 0 | 0 | 0 | 0 | 0 | 0 | 35 | 0 |
| 32 | 39 | 0 | 0 | 0 | 0 | 0 | 0 | 0 | 0 | 0 | 0 | 0 | 0 | 0 | 0 | 0 | 0 | 0 | 0 | 0 | 0 | 0 | 0 | 0 | 39 |

\* Numbers of samples examined in each population

**図 3.9** 野生サクラソウ集団におけるセルフアサインメントテストの結果．Rannala and Mountain（1997）の方法を用いて，日本全国の32集団から採取したサクラソウ920ジェネットを対象にセルフアサインメントテストを行った結果，全体の99.6%の個体が由来する（＝葉を採取した）集団で，その遺伝子型が生じる尤度が最大となった（Honjo *et al.* 2008）．

判別精度を上げるための対策としては，解析遺伝子座数を増やしたり，ベイズ推定を用いた尤度の計算方法を選択することで高い判別精度が得られることが報告されている（Cornuet *et al.* 1999; Kubik *et al.* 2001）。由来集団は特定できていないが，同じ由来であることがわかっているサンプルが複数ある場合には，グループ単位での由来推定を行うと判別精度が上がることがある。また，由来候補集団について，採取場所にもとづくグルーピングではなく，ストラクチャー解析（Pritchard *et al.* 2000）などにより遺伝的に近い個体をグルーピングしたものをリファレンスとして用いることで，より詳細な推定が行える場合もある（Caldera *et al.* 2008）。

## （5）　その他のアサインメント法

　Manel *et al.*（2005）は，遺伝的情報を用いて個体またはグループを集団に割り当てる統計手法を総じてアサインメント法とよび，さらにそれを classification 法と clustering 法に大別している。Classification 法は，上述した方法のように事前に定義された集団に個体を割り当てる方法である。一方，clustering 法は，事前に定義された集団に個体を割り当てるのではなく，個体のもつ遺伝子型情報にもとづいて新たにグループ（クラスター）を再編し，それらのクラスターに各個体がどのように割り当てられるのかを分析する手法であり，代表的なものに Bayesian clustering 法または解析ソフトウェアの名前からストラクチャー解析とよばれる手法（Pritchard *et al.* 2000; Falush *et al.* 2003; Hubisz *et al.* 2009）がある。この手法は，事前にはわかっていなかった遺伝構造の把握や，また，ある1個体のゲノムが各クラスターからどの程度の割合で由来しているのかを調べることができるので，浸透交雑の検出などに役立つ。目的に応じた手法の選択が有効である。

### 参考図書

種生物学会（編）（2001）森の分子生態学．文一総合出版，東京．

### 引用文献

Baudouin, L., Piry, S. and Cornuet, J. M.（2004）Analytical Bayesian approach for assigning individuals to populations. Jounal of Heredity, 95：217–224.

Caldera, E. J., Ross, K. G., DeHeer, C. J. and Shoemaker, D. D.（2008）Putative native source of the invasive fire ant *Solenopsis invicta* in the USA. Biologi-

cal Invasion, 10 : 1457–1479.
Cornuet, J. M., Piry, S., Luikart, G., Estoup, A. and Solignac, M. (1999) New methods employing multilocus genotypes to select or exclude populations as origins of individuals. Genetics, 153 : 1989–2000.
Falush, D., Stephens, M. and Pritchard, J. K. (2003) Inference of population structure using multilocus genotype data : linked loci and correlated allele frequencies. Genetics, 164 : 1567–1687.
Goudet, J. (2001) FSTAT, a program to estimate and test gene diversities and fixation indices (version 2. 9. 3). Available from http://www.unil.ch/izea/softwares/fstat.html.
Holmes, G. D., James, E. A. and Hoffmann, A. A. (2008) Limitations to reproductive output and genetic rescue in populations of the rare shrub *Grevillea repens* (Proteaceae). Annals of Botany, 102 : 1031–1041.
Honjo, M., Ueno, S., Tsumura, Y., Handa, T., Washitani, I. and Ohsawa, R. (2008) Tracing the origins of stocks of the endangered species *Primula sieboldii* using microsatellites and chloroplast DNA. Conservation Genetics, 9 : 1139–1147.
Hubisz, M. J., Falush, D., Stephens, M. and Pritchard, J. K. (2009) Inferring weak population structure with the assistance of sample group information. Molecular Ecology Resources, 9 : 1322–1332.
Karkkainen, K., Koski, V. and Savolainen, O. (1996) Geographical variation in the inbreeding depression of Scots pine. Evolution, 50 : 111–119.
Kubik, C., Sawkins, M., Meyer, W. A. and Gaut, B. S. (2001) Genetic diversity in seven perennial Ryegrass (*Lolium perenne* L.) cultivars based on SSR markers. Crop Science, 41 : 1565–1572.
Lynch, M. and Walsh, B. (1998) Genetics and Analysis of Quantitative Traits. Sinauer, Sunderland, MA.
Manel, S., Berthier, P. and Luikart, G. (2002) Detecting wild life poaching : identifying the origin of individuals with Bayesian assignment tests and multilocus genotypes. Conservation Biology, 16 : 650–659.
Manel, S., Gaggiotti, O. E. and Waples, R. S. (2005) Assignment methods : matching biological questions with appropriate techniques. Trends in Ecology and Evolution, 20 : 136–142.
Ohtani, M., Terauchi, T., Nishihiro, J., Ueno, S., Tsumura, Y. and Washitani, I. (2005) Population and genetic status of *Primula kisoana* var. *kisoana*, a local endemic of the northern Kanto region, Japan. Plant Species Biology, 20 : 209–218.
Paetkau, D., Calvert, W., Stirling, I. and Strobeck, C. (1995) Microsatellite analysis of population structure in Canadian polar bears. Molecular Ecology, 4 : 347–354.
Paetkau, D., Slade, R., Burden, M. and Estoup, A. (2004) Genetic assignment methods for the direct, real-time estimation of migration rate : a simulation

based exploration of accuracy and power. Molecular Ecology, 13 : 55-65.
Parks, J. C. and Werth, C. R. (1993) A study of spatial features of clones in a population of bracken fern, *Pteridium aquilinum* (Dennstaedtiaceae). American Journal of Botany, 80 : 537-544.
Piry, S., Alapetite, A., Cornuet, J. M., Paetkau, D., Baudouin, L. and Estoup, A. (2004) GENECLASS2 : a software for genetic assignment and first-generation migrant detection. Journal of Heredity, 95 : 536-539.
Pritchard, J. K., Stephens, M. and Donnelly, P. (2000) Inference of population structure using multilocus genotype data. Genetics, 155 : 945-959.
Rannala, B. and Mountain, J. L. (1997) Detecting immigration by using multilocus genotypes. Proceedings of the National Academy of Sciences USA, 94 : 9197-9201.
Raymond, M. and Rousset, F. (1995) GENEPOP (version 1.2) : population genetics software for exact tests and ecumenicism. Journal of Heredity, 86 : 248-249.
Takagawa, S., Washitani, I., Uesugi, R. and Tsumura, Y. (2006) Influence of inbreeding depression on a lake population of *Nymphoides peltata* after restoration from the soil seed bank. Conservation Genetics, 7 : 705-716.
Takebayashi, N. and Delph, L. F. (2000) An association between a floral trait and inbreeding depression. Evolution, 54 : 840-846.
Uesugi, R., Nishihiro, J., Tsumura, Y. and Washitani, I. (2007) Restoration of genetic diversity from soil seed banks in a threatened aquatic plant, *Nymphoides peltata*. Conservation Genetics, 8 : 111-121.
種生物学会編 (2001) 森の分子生態学. 文一総合出版, 東京.

# 第4章
# 外来魚の保全遺伝学的解析・評価法
## 馬渕浩司

### ミトコンドリアDNA塩基配列にもとづく調査法

- 先行研究の調査
- サンプリング戦略の立案.
- サンプルの収集
  ↓
- サンプルの調整とDNA抽出 (4.2(1))
  ↓
- PCRによる増幅 (4.2(2))  ← 増幅領域の選択.
  ↓
- 塩基配列の決定 (4.2(3))
  → データベース検索 (4.2(4))
  ↓
- 系統学的解析 (4.2(5))
  - ハプロタイプの認識.
  - ハプロタイプ系統樹の構築.
  ↓
- ハプロタイプの頻度と系統情報の検討 (4.2(6))
  ↓
- 参考情報との照合 (4.2(7))  ← 地史や移植放流などの情報.
  
「見えない外来魚」のハプロタイプの検出.
  ↓
- 核ゲノムマーカーによる交雑の有無と程度の解析

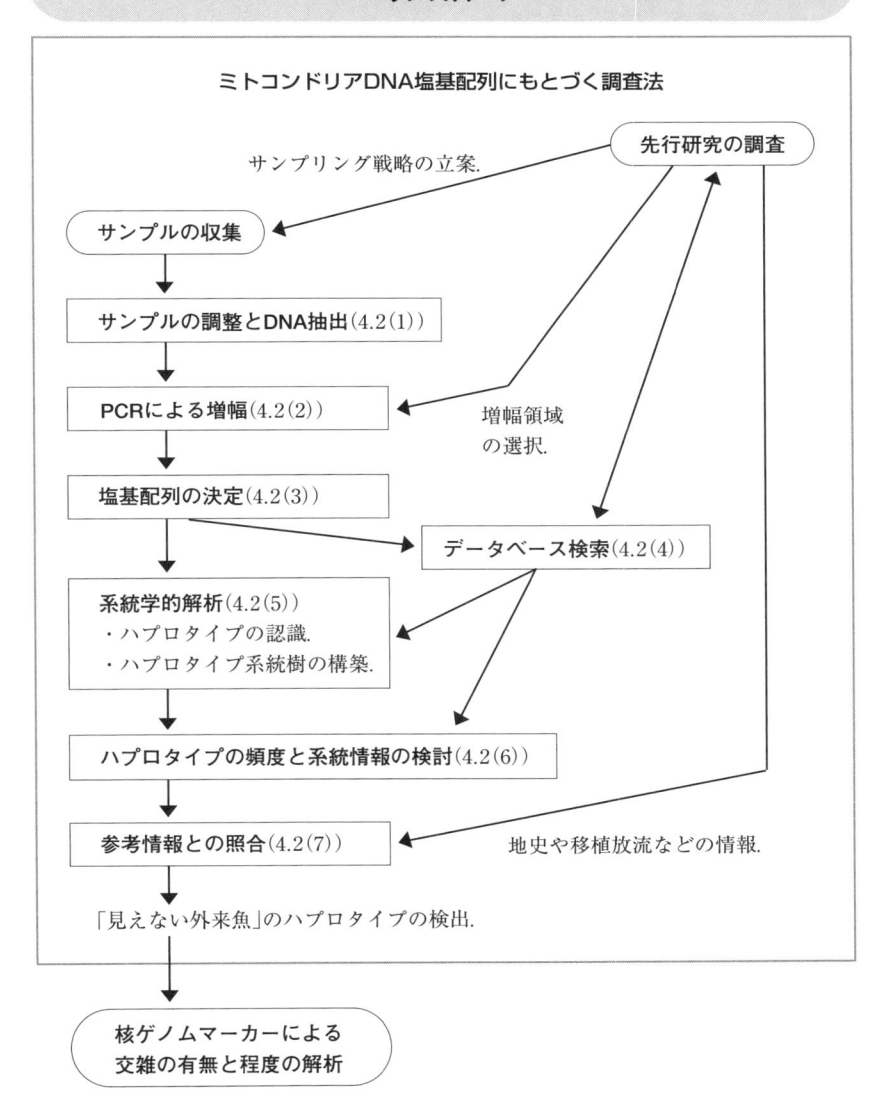

地球上のあらゆる生物は，山や川などの地理的な障壁，温度などの物理的な障壁，競合種の存在などの生物的な障壁によって，分布域の自由な拡大を制限されている．このため，どんな種であれ，その分布域は地球上の一部分に限定されている．また多くの種において，種内にも地理的障壁によって隔離された「地域系統」が存在する．

　これら種や地域系統は，自らがその一員である地域生態系に適応して進化しており，共存する他種と安定した関係を築き上げている．しかし，本来の生息地の外へ人為的にもちだされた一部の種や地域系統は，移入先で同種あるいは他種の生物と安定した関係を保たないことがあり，対抗手段をもたない在来の種や地域系統を絶滅に追い込んだり，生態系や生息地を改変したりする．これがいわゆる「外来種問題」である（鷲谷・村上 2002）．

　「外来種」のなかには，日本におけるオオクチバスなど，明らかにそれとわかるものもあるが，外見からは判別しにくいものも存在する．上述のように「外来種問題」は，オオクチバスのような外来の「種」がもちこまれたときだけでなく，外来の「地域系統」がもちこまれたときにも起きうるからである．このため，保全生物学上の「外来種」という用語には，自然分布域の外に導入された「種」のほかに，「亜種，あるいはそれ以下の分類群」が含まれる（村上・鷲谷 2002）．一般的に地域系統間の形態的差異は不明瞭なため，この広義の「外来種」が「それ以下の分類群」に相当する「外来の地域系統」である場合，ある個体が「外来種」かそうでないかは，遺伝的な解析を行わないと判定できない．

　外見から判別しにくい外来種（以下「見えない外来種」）は，そうでない外来種がもたらす被害に加え，在来種との交配を介した被害ももたらすことがある．すなわち，地域に存在する「純粋な在来系統」を，交雑によって消失させる可能性がある．この「消失」には，交雑した系統自体は残る場合のほか，交雑した系統さえも適応度の低下によって消滅してしまう場合も含まれる．どちらにしても地域固有の系統が失われ，種内の遺伝的多様性の保全という観点から大きな問題である．じつは，この「消失」の被害は交雑した系統だけにとどまらない．在来系統の生態的機能が交雑により変化したり，交雑系統自体が消失したりすることなどによって，地域の生態系全体に甚大な影響をおよぼす可能性もある（たとえば，Neira *et al.* 2005）．交雑は一度起こったらもとに戻せないことも考慮すると，「見えない外来種」は生物多様性に対する非常に大き

な脅威であるといえる．したがって，みわけにくいからといって放置せず，交雑が進行する前にできるだけ早く検出し，除去するなどの対策が必要である．

近年，日本の陸水域では，遺伝的調査にもとづく系統地理学的研究の進展（渡辺 2010）に伴って，魚類の「見えない外来種」（以下，「見えない外来魚」）の事例がつぎつぎと明らかになっている（向井 2007）．この「見えない外来魚」が生じる原因の1つとして，琵琶湖産のアユ種苗の他水系への導入が知られている．種苗にさまざまな種が混入して放流されるのである（松沢・瀬能 2008）．このようなことを考慮すると，「見えない外来魚」は，これまでに知られている地域や種以外にも広く存在し，その影響も，多岐にわたっている可能性がある．そのような状況から，日本の淡水魚に関しては，より広い範囲の地域や種について，早急に遺伝的調査を行う必要がある．

本章では，日本の淡水魚における「見えない外来魚」の遺伝的検出法について紹介する．とくに，現在もっともよく用いられているミトコンドリア DNA の塩基配列にもとづく調査法に関して，ほかの方法と比べたときの長所と短所，および実際に利用する際の手順の概要と注意点を解説する．なお，ここで紹介する「見えない外来魚」の検出法は，遺伝的データにもとづいて外来個体の「由来する地域」を推定するものなので，オオクチバスなどの「見える外来魚」（松沢・瀬能 2008 に多くの実例）の起源や導入経路を調べる際にも有効である（向井 2007）．

## 4.1 「外来魚」の遺伝学的調査

### （1）「見えない外来魚」の遺伝的手法による検出

「見えない外来魚」を在来系統と区別するにあたって，遺伝学的調査は非常に有効である．その判別では，個体の「系統」が問題となるが，系統の情報を直接保持しているのは，形態形質ではなく遺伝情報だからである．これに対して，形態形質は，系統だけでなく個体の発生・生育環境にも影響される．さらに，遺伝情報は根本的には文字列（DNA の塩基配列）なので，その多くが量的なものである形態形質とは異なり，質的な「違い」が明瞭に把握できる．とくに塩基配列の変異は，適切なゲノム領域を選べば個体ごとの識別が可能なほど大きいので，形態的にはまったく区別できない外来個体でも在来個体と区別

> ### Box-4.1 「見えない外来種」検出のためのマーカー選択戦略
>
> 　本文中で紹介した4つのDNAマーカー（①マイクロサテライト多型，②SNP，③AFLP，④ミトコンドリア（mt）DNA多型）のうち，「見えない外来魚」を検出する際に現在もっともよく利用されているのはmtDNAの塩基配列多型である．これは「最初に」使用すべきマーカーとしてはもっとも優れている（本文4.2節（2）項参照）．しかし，このマーカーのみでは，交雑の情報は得られない．一方，ほかの3つのマーカーは，データを得る前の下準備（プライマーの設計や，適切なプライマーの選択など）にかなりの時間と労力を要するものの，どれも高感度の核ゲノムマーカーであり，高い感度で交雑の検出ができる．そこで「見えない外来魚」の調査は，まずmtDNAの塩基配列解析で「見えない外来種」の存在を検出し，もしそれが検出されれば，交雑の状況を調べるために3つの核ゲノムマーカーのどれかを利用するのが得策である．

できる可能性が高い．

　ある個体が「見えない外来魚」であるかどうかを判断するときには，それが，どの地域の個体と近縁であるかを判定することが必要であり，このために，その種の系統地理学的な情報が必要となる．そのためのDNAマーカーとしては，少なくとも地域集団を区別できる程度の変異性をもつものであることが必要だ．候補としてはつぎの4つのタイプのマーカー，すなわち①マイクロサテライト多型（繰り返し配列の繰り返し数の多型：井鷺2001にくわしい解説），②SNP（Single Nucleotide Polymorphism；一塩基多型：たとえば，Morin *et al.* 2004を参照），③AFLP（Amplified Fragment Length Polymorphism：陶山2001にくわしい解説），および④ミトコンドリア（mt）DNA多型，がある．これらは解析の目的や状況によってそれぞれ一長一短があるが，「見えない外来魚」の検出に「最初に」使用するDNAマーカーとしては，最後のmtDNA多型のマーカーがもっとも優れている（Box-4.1を参照）．

### （2）　ミトコンドリアDNAの塩基配列データの利点と限界

　ミトコンドリア（mt）DNAの塩基配列多型が，「見えない外来魚」の検出に「最初に」使用するDNAマーカーとして優れている理由は，主として以

下の3つである．まず，①mtDNAの塩基配列は先行研究によるデータの蓄積がデータベースとして利用できること，つぎに，②塩基配列データは，先行研究のデータとの比較が行いやすいデータ形式であること，そして，③母系遺伝のmtDNAの塩基配列は交雑に影響されないこと，である．

　系統地理学的な解析の際にもっとも手間と時間がかかるのは，分布域各地からサンプルを集めることである．基本的には，自分で採集するか，依頼して採集してもらうことになるが，もし先行研究のデータが利用できれば，それだけ手間と時間が省ける．①および②はこの点とかかわる利点である．

① 集団解析に用いるような高い変異性をもつ塩基配列データは，核DNAに関しては十分に蓄積していない．しかし，mtDNAならさまざまな種についてデータがある．幸いなことに，日本の淡水魚に関しては，1990年代以降，mtDNAの塩基配列を用いた研究がさかんになり（渡辺・西田 2003），現在ではそれらのデータがデータベースGEDIMAP（http://gedimap.zool.kyoto-u.ac.jp/）として整理されており，種によっては，手持ちの塩基配列データに対して，これと一致あるいは類似した配列をデータベース上で検索（ホモロジー検索）するだけで，その個体が外来種起源かどうかを判定できる（4.2節（4）項参照）．

② 既存のデータが存在しているとしても，比較が容易なのは，現在のところ塩基配列データだけである．塩基配列は，塩基の並び順という文字列なので，曖昧な部分がまったくなく，このため異なる方法・機器で解析したデータであっても容易に比較できる．これに対し，マイクロサテライト多型やAFLPなどDNA断片のサイズのみに依存するマーカーでは，異なる方法・機器で得られたデータを単純に比較することがむずかしい．なぜなら，DNA断片のサイズの推定値は，電気泳動の条件によって変わる可能性があるからである．

　外来魚の検出にあたっては，交雑を検出する前にまず，どのような外来系統が侵入しているのかをできるだけ確実に知りたい．③はそのようなときに役立つ利点である．

③ 組換えがある核DNAでは，複数の系統間でかなり交雑が進行していると，解釈がむずかしい複雑なデータしか得られず，どのような外来系統が関与しているのかさえ判然としないこともある．しかし，組換えのないmtDNAでは塩基配列は交雑に影響されないので，どんなに交雑が進行していてもmtDNAが残ってさえいれば，外来魚として侵入した系統を明

白に把握できる.

なお，mtDNA のデータには，このような利点と表裏一体の限界もある．すなわち，mtDNA は基本的に母親からしか受け継がれないため（エイビス 2008），それがもつ情報は母系のものに限られるという点である．片親からしか DNA を受け取らないため，交雑についての情報は一切得られない．また，極端な場合，外来個体がすべてオスだったり，交雑が進行しているにもかかわらず mtDNA ではすべて在来系統のものだけが残った場合には，mtDNA の解析だけでは，外来系統の関与はまったく検出できない．しかし，このような極端な状況は，通常は想定しなくてよいであろう．

## 4.2　ミトコンドリア DNA 塩基配列にもとづく調査法

mtDNA の塩基配列データを用いて，個体レベルで「見えない外来魚」を検出する際の初歩的な方法について紹介する．なお，塩基配列決定までの実験手法の詳細や，データの一般的な解析手法については，すでに多くの解説書が出版されているので，くわしくはそちらを参照してほしい（以下で適宜引用する）．また，解析結果の解釈には，系統地理学や保全遺伝学の知識が必要だが，これもよい解説書（フランクハムほか 2007；エイビス 2008）が出版されているので，そちらを参照することをお勧めする．ここではむしろ，そのような解説書には記されていない解析上の注意点や，「見えない外来魚」の検出時に特有の事情に焦点をあてる．

### （1）　サンプル調整と DNA 抽出

#### サンプル調整

魚類の DNA 解析用サンプルは，鰭の端の 2–3 mm をハサミで切って採取する（図 4.1）．少量で十分なため，ごく小さな弱い魚でない限り殺さずに採取できる．しかし，形態の解析用に，それに十分な個体数を液浸の魚体標本にすることが望ましい．また，色彩斑紋（近縁種間で微妙に異なることがある）の記録のため，生鮮時の魚体写真を撮っておくと有益である（魚体標本の作成法や写真の撮影法は，岸本 2006 などを参照）．形態や色彩斑紋の特徴は，DNA の解析結果と比較することにより，交雑や遺伝子浸透の検出に利用できる（向井 2001）．このような比較のため，個体には番号をつけて，魚体標本と写真，DNA サンプルが正しく対応するようにしておく必要がある．なお，魚体標本

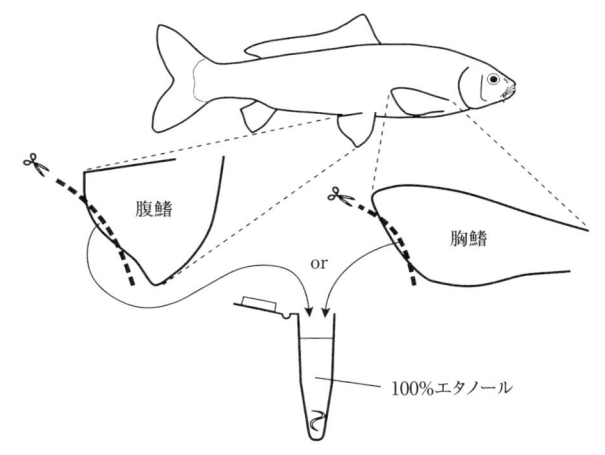

**図 4.1** 魚類の DNA 解析用サンプルの採取法.

にする場合,サンプルとして切り取る鰭は,右の腹鰭か胸鰭がよい(図 4.1).これは,魚類の標本は一般的に左の体側が表で,写真でも左体側を撮影するからである.採取する鰭はごく少量なので,1.5 ml のプラスチックチューブに 100% エタノールを 1.2 ml ほど満たしたなかに沈めて保存する.常温での保存も可能だが,長期保存の場合は冷蔵庫やフリーザーを用いる.

### DNA の抽出

動物細胞からの一般的な抽出法を用いる(たとえば,中山・西方 1995).また,各種の抽出キットが市販されているので,それを使用すると便利である.抽出 DNA の純度はそれほど気にする必要はないが,サンプル間のコンタミには十分に気をつける必要がある.

### (2) PCR による増幅

#### PCR

DNA の PCR(Polymerase Chain Reaction)による増幅も,一般的なプロトコルで行ってよい(PCR の原理も含め,中山 1999 にくわしい解説).ただし,mtDNA のどの領域を増幅のターゲットとするかは(図 4.2),慎重に選ぶ必要がある.まずは,調べようとしている種や近縁種について,mtDNA にもとづく先行研究を調べることが重要である.先行研究があれば,それと同じ

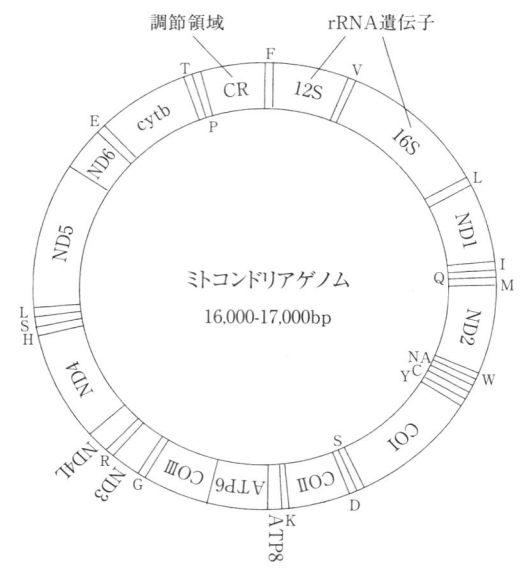

図 **4.2** 魚類のミトコンドリアゲノムに含まれる遺伝子と，その一般的な配置．

領域を分析対象とすべきである．そうすれば，プライマー（後述）も同じものを用いればすむし，なにより，その塩基配列データが利用できるからである．

　先行研究がない場合は，理想的には，もっとも進化速度が速い領域として知られる調節領域を対象にするのがよいであろう．この領域なら，解析に必要なだけの変異が得られる可能性が高い．mtDNA を用いた魚類の系統学的解析には，これまで，cyt b 遺伝子領域，16S または 12S rRNA 遺伝子領域を対象にした研究が多かった（Miya et al. 2006）．また，種同定のツールとして，COI 領域を用いる国際的なプロジェクト（Barcode of Life：http://www.barcoding.si.edu/）が進行しているので，この領域のデータは今後ある程度増えると予想される．しかし，生物によっては，特定の遺伝子領域で塩基の置換に特殊な癖があることもあるので，これらの領域がいつでも系統解析に向いているとは限らない（たとえば，Miya et al. 2006）．これは，系統地理学的な解析によく用いられる調節領域も同様である（Takeshima et al. 2005）．どの領域が解析に向いているかは，事前には判断できないので，できるだけ複数の領域を解析することが望ましい．なお，どの領域を解析するにしても，領域の長さは，ある程度の変異を得るため 1000 bp 程度はあったほうがよい．

> ### Box-4.2 プライマーの設計
>
> 　プライマーを設計するときには，対象とする種にできるだけ近縁な種の塩基配列を複数用意し，配列の比較を行う．これらを比較することによって，目的の領域（800-1000 bp．多くの変異を含むのが望ましい）の両端に位置し，かつ変異の小さい領域（20塩基前後）を特定して，その部分に対してプライマーを設計する（具体的な方法は，中山 1999 を参照）．参考とする塩基配列としては，目的の領域を含む部分塩基配列で十分である．しかし，mtDNA の全塩基配列の情報があれば，任意の領域に対してプライマーの設計ができる．魚類の mtDNA の全長塩基配列と部分塩基配列については，DDBJ（DNA Data Bank of Japan：http://www.ddbj.nig.ac.jp/index-j.html）から検索可能であるが，魚類の mtDNA に絞ったデータベース MitoFish（http://mitofish.ori.u-tokyo.ac.jp/）も便利である．

プライマー

　プライマーとは，PCR による DNA 断片の増幅の際に，その足がかりとなる 1 本鎖 DNA のことである．解析対象種やそれに近縁な種について，PCR を用いた先行研究がある場合は，それと同じプライマーを用いるべきである．ない場合には，「魚類汎用プライマー」（たとえば，Miya and Nishida 1999, 2000）を試す．mtDNA の全領域をカバーする多くのプライマーセットが用意されているので，任意の領域について試すことが可能である．しかし，すべての魚種の，すべてのゲノム領域について有効なわけではないので，目的の領域を増幅できるプライマーがない場合は，自分で設計しなければならないが，その概要は Box-4.2 に示した．

(3) 塩基配列の決定

　mtDNA の場合は，PCR 産物をそのままシーケンス反応にかけて塩基配列を決定するダイレクトシーケンス法が可能である．塩基配列決定の作業は，現在では，シーケンス反応産物を，キャピラリー式のオートシーケンサーにかけて行うことが多い．シーケンス反応には，蛍光標識したプライマーを用いる「ダイプライマー方法」と，蛍光標識したジデオキシヌクレオチドを用いる「ダイターミネーター法」があるが，後者のほうが，PCR で用いたプライマー

がそのまま使えるなどして手軽である．塩基配列を読むことは，DNA の相補的な2本鎖のどちらに対しても行うことができるが，とくに電気泳動で得られた波形図（フェノグラム）に不明瞭なところがある場合は，両方の鎖を読み，それらを照合させて塩基配列を確定する必要がある．また，オートシーケンサーにはフェノグラムの読み間違い，とくに，連続した同じ塩基の読み飛ばしや読み過ぎがときどきあるので，ほかの多くの個体と異なった塩基配列が得られた場合は，フェノグラムまで立ち戻って確認をする．「見えない外来魚」の検出においては，ハプロタイプの多様性も重要な指標（4.2 節（6）項参照）となるため，1塩基の違いもおろそかにできない．

（4） データベース検索

系統地理学的な研究が進んでいる魚種であれば，種によっては手元の塩基配列データをデータベース上でホモロジー検索するだけで，その mtDNA が「外来種」起源であるかどうか判定可能である．たとえばメダカの場合，cyt $b$ 遺伝子の全長塩基配列（1141 bp）にもとづく網羅的な系統地理学的研究がすでに行われているので（Takehana *et al.* 2003；竹花 2010），手持ちのデータを検索するだけで，その mtDNA がどの地域に起源するかを知ることができる．このようなことができるのは，系統地理学的研究が十分に行われていて，地域ごとに mtDNA ハプロタイプが明瞭に異なっていることが前提となる．

したがって，実際にホモロジー検索を行う際には，先行研究の内容をよく理解し，データベース中のデータの充実度と，地理的な系統構造の強弱を考慮したうえで，検索結果を評価する必要がある．十分に地域系統が網羅されていない状況のもとで検索を行っても，真に該当する地域系統はみつからないし，地理的な構造が不明瞭な種（通し回遊魚に多い．4.2 節（6）項参照）や，地理的な違いが観察されない遺伝子領域で検索を行っても，問題の mtDNA の起源地はわからない．なお，ホモロジー検索は，上述の DDBJ でももちろん行えるが，日本に分布する淡水魚のデータに絞り込んだ GEDIMAP（前出）のほうが，採集地の情報などが充実していて使いやすい．後者は，先行研究の文献を検索する際にも有用である．

（5） 系統学的解析

十分な先行研究が行われていない魚種や，ホモロジー検索では十分に類似した塩基配列がみつからない魚種の場合，さらなる解析が必要となる．すなわち，

すでに報告されているデータを活用しながらも，それを補完するデータ（Box-4.3 を参照）を加えた以下のような系統学的解析を行うことになる．なお，ここではくわしくふれないが，近縁種からの遺伝子浸透の可能性がある場合は（向井 2001），近縁種のデータも含めて解析すべきである．

> ## Box-4.3 サンプリングにおける留意事項
> 
> 「見えない外来魚」を検出するための系統解析では，問題となる種（と近縁種）のサンプルを，自然分布域をできるだけ網羅するように集めておく必要がある．網羅の程度は理想をいえばきりがない．しかし，サンプリングの際には，日本の淡水魚に関するこれまでの研究から魚類相や地域系統の境界として，また，独自の系統が生息する地域として認識されている場所は（Watanabe 1998 や，渡辺ほか 2006 を参照），必ず考慮すべきである（図4.3）．たとえば，日本の魚類相を大きく二分するフォッサマグナを超えて分布する種（近縁種群）であれば，ぜひともその両側の地域からサンプルを集める必要があるし，日本本土と琉球列島に分布する種であれば（向井 2003），両方の地域から収集すべきである．また，北日本に分布する種であれば，複数の魚種において独自の種内系統の存在が知られている山形地域のサンプルは解析に加えたいし，西日本に分布する種であれば，琵琶湖・淀川水系のサンプルは必ず解析に加えるべきである．とくに琵琶湖は，アユ種苗への混入によって多くの国内外来魚の起源地となっているので（松沢・瀬能 2008），解析からは絶対に外せない．以上のほかに，国外にも自然分布する魚種の場合は，そのサンプルも可能な限り集めたい．これには種々の困難が伴うが，少数の塩基配列データならすでにデータベース上にあることも多い．なお，あらかじめ移植放流の影響が大きいと考えられる種については，本来の地理的構造をできるだけ正確に検出するため，自然分布域を網羅するばかりでなく，1 つの地点からの個体数も，最低でも 30 以上となるようにしたい．
> 
> 図 4.3 日本産淡水魚の系統地理学的な研究において，とくに注意すべき境界と地域．

### ハプロタイプの認識と頻度の把握

塩基配列にもとづく系統解析の第一歩は，塩基配列の整列（アラインメント）である．これは，種々のソフト（CLUSTAL W など）で行えるが，結果は，MACCLADE などを使って目視で確認したほうがよい．明らかな整列の間違いが存在する場合があるからである．タンパク質のコード領域の場合は，アミノ酸へ翻訳して確認するとよい．読み枠のズレ（フレームシフト）による塩基の読み飛ばしなどが検出できるからである．整列ができたら配列の両端を切りそろえ，配列間の差異を算出する．塩基配列が100%同じものは，同一のハプロタイプとなる．ただしこのとき，塩基の挿入・欠失が変異としてカウントされているかどうかに注意する必要がある．変異としてカウントされていなければ，「類似度100%」でも，挿入・欠失の違いのある別のハプロタイプである可能性があるからである．ハプロタイプの認識ができたら，それぞれの頻度を表などにまとめる．ハプロタイプの頻度は，それ自体重要な情報だからである（4.2節（6）項参照）．データの整理ができたら，それぞれのハプロタイプに名前をつけ，今後の研究に資するため，必要なデータ（個体の採集地など）とともにデータベース（DDBJ や GEDIMAP）に登録する．

### 系統樹の構築

塩基配列データにもとづいて系統樹を構築する方法にはさまざまなものがある（根井・クマー 2006）．しかし，同種内の系統樹のように，多くの近縁な塩基配列を用いた系統樹では，「$p$ 距離にもとづく近隣結合法」が，計算時間もかからず，かつ，よい結果が得られる方法として推奨されている（根井・クマー 2006）．実際の計算は，さまざまなソフトを用いて行えるが（PAUP, MEGA, PHYLIP など），塩基配列の挿入・欠失情報の扱いを含めて，方法の詳細はマニュアルなどを十分に参照して行う．

### 実際の解析例

図4.4の系統樹は，実際の「見えない外来魚」の研究において，上述の方法で描かれたものである．解析の対象種は，日本を含む東アジアからヨーロッパにかけて自然分布する，いわゆる普通のコイ *Cyprinus carpio* である．この研究はそもそも，日本の自然水域における「見えない外来コイ」を検出するために行われた（Mabuchi *et al.* 2008）．そのためこの系統樹には，日本の自然水域から検出されたハプロタイプ（図中の矢印）のほかに，先行研究で報告され

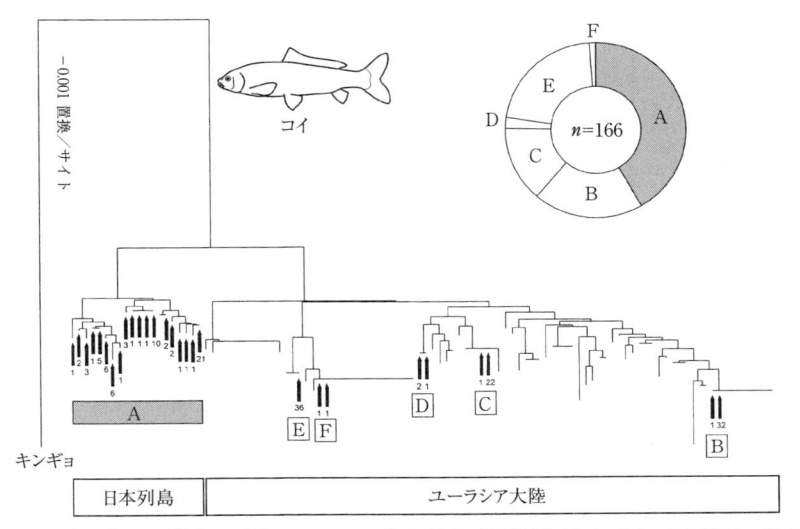

**図 4.4**　「見えない外来コイ」の mtDNA 塩基配列（調節領域）にもとづく解析．樹形図は，日本の自然水域から採集されたコイ（矢印，数字はそのハプロタイプをもっていた個体の数）とユーラシア大陸産コイの mtDNA 系統樹．パイグラフは，日本の自然水域から採集された 166 個体のコイから検出されたハプロタイプの頻度を表す．ハプロタイプグループの名前（A–F）は，系統樹のそれと対応している．「見えない外来コイ」と判定された個体のハプロタイプ（B–F に含まれているもの）は，ユーラシア大陸のクレードに含まれ，それぞれ極端に遺伝的多様性が少ない（なお，B，C，D，F に含まれる，それぞれ 2 つのハプロタイプの間の違いは，2 塩基の繰り返し配列の繰り返し数のわずかな違いのみ）．くわしくは本文と Mabuchi *et al.*（2008）を参照．

ている（データベース上にすでにある）ユーラシア大陸のハプロタイプが含まれている．また，系統樹に根をつけるため，コイに比較的近縁なキンギョのハプロタイプも含まれている．なお，この研究例において，166 個体のコイを用いて日本の自然水域で検出された調節領域のハプロタイプは 28 個であった．各ハプロタイプの頻度には図 4.4 のパイグラフに示したように大きなかたよりが認められた．このハプロタイプの頻度分布と系統樹とから，日本の自然水域に生息するコイには，日本在来系統のハプロタイプをもつ個体のほかに，大陸から養殖系統として導入された系統のハプロタイプをもつ個体（つまり「見えない外来魚」）がかなりの率で存在することがはじめて確認された．このような結論に至った考察の過程をつぎに記す．

### （6） ハプロタイプの頻度と系統情報の検討

ハプロタイプ間の系統関係は，保全上重要な「進化的に重要な単位（Evolutionary Significant Unit；ESU)」（フランクハムほか 2007），すなわち，「保全上異なる単位として管理する必要があると考えられる遺伝的に分化した集団」を認識するうえで，その根拠の 1 つとなる情報である（Moritz 1995）．また，問題のハプロタイプの起源地を推定する際に，もっとも重要な情報でもある．一方，ハプロタイプの頻度からわかる遺伝的多様性は，それが著しく低い場合，個体群になんらかの強い圧力（個体群の大幅な縮小や強い選択）がかかったことをうかがわせる．「外来魚」との関連でいうと，自然水域における極端に低い遺伝的多様性は，放流された養殖系統の圧倒的な優占を疑わせる．養殖系統は，少数の親に由来するうえに，育種過程での強い選択圧がかかるため，変異が著しく小さい．上述のコイの研究例では，これらの点に留意して，以下のようにしてハプロタイプの由来の検討が行われた．

図 4.4 のコイの解析結果でまず注目されるのは，ユーラシア大陸のハプロタイプが形成する大きなクレード（単系統群）と，日本列島のハプロタイプのみを含む小さなクレードの 2 つが存在する点である（図 4.4 の系統樹）．この樹形にもとづくと，ユーラシア大陸のコイと，日本列島のコイは，元来，別々の「進化的に重要な単位」であったと推定される．つぎに注目されるのは，日本の自然水域から得られたハプロタイプ（矢印）のなかには，ユーラシア大陸のクレードの内部に，たがいに離れて位置するもの（B-F の矢印）が存在する点である．これを素直に解釈すると，これらのハプロタイプは，ユーラシア大陸から日本列島へ，たがいに別々に侵入してきたものであると考えられる（よって，以下では導入型ハプロタイプとよぶ）．「進化的に重要な単位」の一方に属するものが，他方の生息場所へ移動しているので，これらが人為的理由により起こったのであれば，導入型ハプロタイプは「見えない外来種」に起源するものと考えられる．

一方，ハプロタイプの頻度にも注目すべき点がある（図 4.4 のパイグラフと樹形図中の矢印についた数字）．それは，多くの個体を調べたにもかかわらず，それぞれの導入型ハプロタイプには，1 塩基だけの置換があるようなごく近縁なハプロタイプでさえほぼまったく存在しないことである（とくに B, C, E に含まれるハプロタイプの頻度に注目）．各導入型ハプロタイプのこのように極端な遺伝的単一性から，これらは，地質学的な過去に侵入したものでも，どこ

かの自然集団が移殖されたものでもなく，人為的に導入された養殖系統に由来すると解釈すべきである．

なお，このコイのmtDNA系統樹では，地理的な分布域とほぼ対応するクレードが認識されたが，このように単純な対応構造が，mtDNAの解析でいつでも観察されるとは限らない．極端な場合，両側回遊性アユの基亜種のように，分布域の全域にわたって連続した集団にみえることもある (Iguchi *et al.* 1999)．一般に，アユのように陸水と海を回遊する「通し回遊魚」では，生涯陸水に生息する「純淡水魚」に比べて，海を通じた遺伝子流動によって，地域間の遺伝的な分化が起こりにくい（エイビス 2008）．したがって，この両側回遊性アユの結果は，ある程度納得できるものだが，このような場合は，mtDNAから「見えない外来魚」を認識することは不可能である．

(7) 参考情報との照合

ハプロタイプの解析結果を解釈するにあたっては，その解釈の内容を，人為的な移殖（種苗放流や観賞魚としての流通など）の記録や，地域の地質学的な歴史などの参考情報と照合することが重要である．この作業を行うことにより，mtDNAの解析から得た解釈を，別の側面から検証できるからである．

一般に，「見えない外来魚」の問題では，人為的な移殖と，地質学的な過去における自然な移動を区別することは容易ではない．上のコイの研究例においては，導入型ハプロタイプに見られる極端な遺伝的単一性から，人為的な影響を推測できた．しかし，いつもこのようなデータが得られるわけではない．たとえば，種苗に混じって自然個体群の一部が導入された場合は，遺伝的な多様性は少ないながらも存在するので，人為の関与を推定するのはそれほど簡単でない．しかし，「どこの種苗がどれだけ放流されたか」といった情報や，地域の地質学的な歴史の情報（これに照らして，地質学的にありえる移動かを検討する）があれば，それを考慮したうえで，より可能性の高い結論を導くことができる（たとえば，堀川ほか 2007）．こういった意味で，「見えない外来種」の遺伝的な解析結果は，できるだけ多くの参考情報と照らし合わせて，総合的に検討する必要がある．なお，上のコイの研究例では，明治時代以降の外国からの魚類の導入記録が（丸山ほか 1987），上の解釈を確証する重要な情報となった（くわしくは，Mabuchi *et al.* 2008）．

## 参考図書

エイビス,J. C.(2008)生物系統地理学(西田睦・武藤文人監訳,馬渕浩司・向井貴彦・野原正広訳).東京大学出版会,東京.

フランクハム,R.,バロウ,J. D.,ブリスコ,D. A.(2007)保全遺伝学入門(西田睦監訳,高橋洋・山崎裕治・渡辺勝敏訳).文一総合出版,東京.

## 引用文献

Iguchi, K., Tanimura, Y., Takeshima, H. and Nishida, M.(1999)Genetic variation and geographic population structure of amphidromous ayu *Plecoglossus altivelis* as examined by mitochondrial DNA sequencing. Fisheries Science, 65：63-67.

Mabuchi, K., Senou, H. and Nishida, M.(2008)Mitochondrial DNA analysis reveals cryptic large-scale invasion of non-native genotypes of common carp (*Cyprinus carpio*) in Japan. Molecular Ecology, 17：796-809.

Miya, M. and Nishida, M.(1999)Organization of the mitochondrial genome of a deep-sea fish *Gonostoma gracile*(Teleostei：Stomiiformes)：first example of transfer RNA gene rearrangements in bony fishes. Marine Biotechnology, 1：416-426.

Miya, M. and Nishida, M.(2000)Use of mitogenomic information in teleostean molecular phylogenetics：a tree-based exploration under the maximum-parsimony optimality criterion. Molecular Phylogenetics and Evolution, 17：437-455.

Miya, M., Saito, K., Wood, R., Nishida, M. and Mayden, R. L.(2006)New primers for amplifying and sequencing the mitochondrial ND4/ND5 gene region of the Cypriniformes(Actinopterygii：Ostariophysi). Ichthyological Research, 53：75-81.

Morin, P. A., Luikart, G., Wayne, R. K. and the SNP workshop group(2004)SNPs in ecology, evolution and conservation. Trends in Ecology and Evolution, 19：208-216.

Moritz, C.(1995)Uses of molecular phylogenies for conservation. Philosophical Transactions of Royal Society of London, Series B, 349：113-118.

Neira, C., Levin, L. A. and Grosholz, E. D.(2005)Benthic macrofaunal communities of three sites in San Francisco Bay invaded by hybrid *Spartina*, with comparison to uninvaded habitats. Marine Ecology Progress Series, 292：111-126.

Takehana, Y., Nagai, N., Matsuda, M., Tsuchiya, K. and Sakaizumi, M.(2003)Geographic variation and diversity of the cytochrome *b* gene in Japanese wild populations of medaka, *Oryzias latipes*. Zoological Science, 20：1279-1291.

Takeshima, H., Iguchi, K. and Nishida, M.(2005)Unexpected ceiling of genetic differentiation in the control region of the mitochondrial DNA between different subspecies of the ayu *Plecoglossus altivelis*. Zoological Science, 22：401-410.

Watanabe, K.（1998）Parsimony analysis of the distribution pattern of Japanese primary freshwater fishes, and its application to the distribution of the bagrid catfishes. Ichthyological Research, 45：259-270.

エイビス，J. C.（2008）生物系統地理学（西田睦・武藤文人監訳，馬渕浩司・向井貴彦・野原正広訳）．東京大学出版会，東京．

フランクハム，R.，バロウ，J. D.，ブリスコ，D. A.（2007）保全遺伝学入門（西田睦監訳，高橋洋・山崎裕治・渡辺勝敏訳）．文一総合出版，東京．

堀川まりな・中島淳・向井貴彦（2007）九州北部のゼゼラにおける在来および非在来ミトコンドリア DNA ハプロタイプの分布．魚類学雑誌，54：149-159.

井鷺裕司（2001）マイクロサテライトマーカー分析法．（種生物学会編）森の分子生態学．文一総合出版，東京．

岸本浩和（2006）液浸標本の作り方．（岸本浩和・鈴木信洋・赤川泉編）魚類学実験テキスト．東海大学出版会，秦野．

丸山為蔵・藤井一則・木島利通・前田弘也（1987）外国産新魚種の導入経過．水産庁研究部資源課，水産庁養殖研究所．

松沢陽士・瀬能宏（2008）日本の外来魚ガイド．文一総合出版，東京．

向井貴彦（2001）魚類の種分化プロセスにおける交雑と遺伝子浸透．魚類学雑誌，48：1-18.

向井貴彦（2003）汽水魚・通し回遊魚における地理的分化と生殖隔離の維持機構．生物科学，54：196-204.

向井貴彦（2007）DNA から見た外来種研究――どこまで"犯人"を追えるのか？ 生物科学，58：192-201.

村上興正・鷲谷いづみ（2002）外来種と外来種問題．（日本生態学会編）外来種ハンドブック．地人書館，東京．

中山広樹（1999）新版バイオ実験イラストレイテッド3$^+$　本当にふえる PCR．秀潤社，東京．

中山広樹・西方敬人（1995）バイオ実験イラストレイテッド2　遺伝子解析の基礎．秀潤社，東京．

根井正利・クマー，S.（2006）分子進化と分子系統学（根井正利監訳・改訂，大田竜也・竹崎直子訳）．培風館，東京．

竹花佑介（2010）メダカの高精度系統地理マップをつくる．（渡辺勝敏・高橋洋編）淡水魚類地理の自然史．北海道大学出版会，札幌．

陶山佳久（2001）AFLP 分析法．（種生物学会編）森の分子生態学．文一総合出版，東京．

鷲谷いづみ・村上興正（2002）外来種問題はなぜ生じるのか――外来種問題の生物学的根拠．（日本生態学会編）外来種ハンドブック．地人書館，東京．

渡辺勝敏（2010）日本産淡水魚類の分布とその研究史．（渡辺勝敏・高橋洋編）淡水魚類地理の自然史．北海道大学出版会，札幌．

渡辺勝敏・西田睦（2003）淡水魚類．（小池裕子・松井正文編）保全遺伝学．東

京大学出版会，東京.
渡辺勝敏・高橋洋・北村晃寿・横山良太・北川忠生・武島弘彦・佐藤俊平・山本祥一郎・竹花佑介・向井貴彦・大原健一・井口恵一朗（2006）日本産淡水魚類の分布域形成史——系統地理学的アプローチとその展望．魚類学雑誌，53：1–38.

# II
# 種・個体群の評価と保全

# 第5章
# 生物多様性情報の整備法

三橋弘宗

---

生物多様性情報の必要性

**目的：**
安価で簡便にだれもが整備できて、情報が広く流通すること

●データ整備の技法：とくに地理情報の扱いを中心に

- 地理情報の整備技法 (5.1)
- 生物多様性データの標準フォーマット (5.3)
- 地理情報の記述様式 (5.2)

個別の技法

全体の枠組み → データスキーマ/Darwin Core/メタデータ (5.3)

●データ発信の技法

**生物多様性情報の発信** (5.4)
→地球規模・地域規模でのネットワーク
→発信者となるための方法

●ビジョン

**まとめ：生物多様性情報学の再構築** (5.5)
→人材育成、多様なセクターの参画、中核的機関の設置

土地の改変を伴う地域計画は，必ず地図の上に表現される．したがって，地域計画の一環として，生態系の保全・管理を実践するためには，地図化の手法を用いて生態系の評価を行うことが必須である（三橋 2002）．空間的な視点から生態系を評価する方法は，ここ10年で大幅に進歩した．かつては，希少動植物の分布を表示するだけの事例が多かったが，最近では，分布情報を活用した潜在的生息適地の推定，外来種の侵入リスク評価，ホットスポット解析，優先保護区の設定など，多様な試みがなされている（Graham *et al.* 2004; Pressey *et al.* 2007; Margules and Sarkar 2007）．

　こうした評価が発展しつつある背景には，生物多様性情報の蓄積と情報技術の飛躍的な進展がある．保全計画を作成するには，生態系を広域的にとらえることが必要であり，膨大な生物多様性に関する情報と膨大な量の計算が要求される．情報技術の発展は，自然史博物館の標本目録や環境行政資料の電子化を促進することで，生物多様性情報の蓄積と利用を容易にした．世界各地で整備された生物多様性情報は，GBIF（Global Biodiversity Information Facility）などの国際的なネットワークを通じて一大メディアとして流通し始めている（Guralnick *et al.* 2007）．他方，生物多様性情報を基盤とした保全生態学は，2010年を前にして，ようやくだれもが参画できる研究分野として確立されつつある新興領域であるが，国土の健全な利活用や失われた自然の再生など，社会的な要請に応えるためには，なくてはならない研究分野となっている（Kerr *et al.* 2007; Scholes *et al.* 2008）．

　この研究基盤の中核となるのは，地域で蓄積されてきた自然史資料にもとづく生物多様性情報である．つまり，ある地点に，ある生物がいた，という素朴な情報の集積だ．たとえば，2008年にScience誌において，ヨセミテ国立公園における小型哺乳類に対する地球温暖化の影響を示す証拠となったのは，生態学者Grinnelが克明にノートに記していた1910年代の分布記録である（Moritz *et al.* 2008）．2004年にScience誌において，世界の両生類の危機を具体的なかたちとして提示したStuart博士らの研究は，世界各地の両生類研究者から提供された各地域の詳細な生物多様性情報に準拠したものである（Stuart *et al.* 2004）．メキシコでは，生態系保全だけでなく，農業被害の抑制に博物館が過去に蓄積してきた標本データが活用されている（Sánchez-Cordero and Martiïnez-Meyer 2000）．Sánchez-Corderoらの研究では，17種のネズミ類の分布データ，作物種ごとの分布と農業被害の関係性が解析され，その結果

が有害鳥獣対策に活かされた．過去の分布情報が重要な役割を果たした国内の事例もある．東京都のヒバリの分布域が縮小した要因の解明と，将来的に存続可能な場所が河川敷の草地に限定されることを示す研究に活用されたのは，1970年代に実施された日本野鳥の会によるセンサス記録である（図5.1；荒木田・三橋2008）．

　生物多様性情報を紡ぎ合わせることで，優先保護区や管理目標の設定など，生態系の保全計画に寄与する情報への統合が可能となる．しかし，急速に生物多様性情報の整備が進んでいるものの，現在はまだ参照したい時期と場所を選択すれば十分な情報が簡単に入手できる状態にはなっていない．生物多様性情報を活用した保全計画論や生態系評価の手法開発は，さまざまな学会誌上で活発に議論されているが，基盤となる生物多様性情報そのものの創出については，その技法や体系が十分には確立していない．

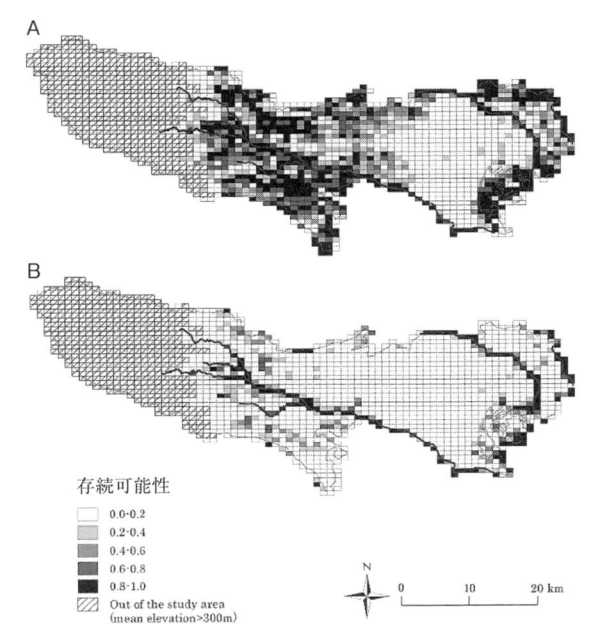

図5.1　東京都におけるヒバリの潜在的繁殖分布の推定図．A：1970年代の繁殖適地の推定．B：1970年代から1990年代にかけての繁殖地の存続可能性に関する推定．過去の鳥類センサスデータを活用することで，近年では河川と海岸沿いにしか繁殖適地が残されていないことがわかる（荒木田・三橋2008より改変）．

生物多様性情報の創出とは，野外の観察記録や書籍，博物館などの標本の記録をより汎用的な形式としてデータ整備し，より多くの人が，より多くの用途に利用できるように公開することである．この章では，保全生態学に活用できる生物多様性情報の整備について概説する．まず，位置情報，とくに生物多様性情報の地図化を目的とした空間情報の整備技法を中心に解説する．つぎに，記述形式に関する共通フォーマットや国際的な取り組みを紹介し，膨大な情報を発信流通させる方法と課題について論じる．

## 5.1 地理情報の整備技法

### (1) 位置情報の必要性

過去の採集記録の印刷物やインターネット上の情報には，生物分布情報として有益なものも少なくない．しかし，こうした記録を世界中のデータと統合して分析するには，統一的な形式でデータを再整備する必要がある．とくに，研究に活用するためには，種名や日付，内容の精査はもちろんのこと，位置情報の整備が不可欠である．生物多様性情報と気候などの環境情報を地図上で重ね合わせて解析するには，位置情報が不可欠となる．個々のデータに位置情報を付与することは，手間がかかるため，現在公開されているさまざまなデータベースにおいても，位置情報が付されていない場合が多い．実際に，生物多様性情報の整備における大きな障害の1つは，この位置情報の整備にあると考えられている（Chapman and Wieczorek 2006）．そこで，データを生息適地モデルなどに活用するうえで欠かせない位置情報の入力方法について以下に解説する．

### (2) GIS による位置情報の取得

GIS ソフトを用いることで，地形図をはじめ航空写真や自作地図などの背景地図（ベースマップ）を利用した入力が可能である．そのようなデータからは，分布図の作成や集計が容易である．一般的に，分布情報の整理には，国土地理院の2万5000分の1地形図もしくは5万分の1地形図が背景地図として用いられる．これらの地図は，日本国内全域が統一的な地理精度で整備されており，電子化された地図画像は財団法人日本地図センターが販売している．2008年からは「基盤地図情報」として地形図の整備が行われ，海岸線や行政界，道路，

河川，池沼，等高線，10 m メッシュ標高などの 13 項目が GIS で利用可能な形式で公開されている（国土地理院；http://www.gsi.go.jp/kiban/index.html）．GIS を利用すれば，これらの背景地図に限らず，オリジナルの紙地図であっても，スキャナーで読み込み，位置座標を付与しさえすれば，どのような地図でも利用できる．

　GIS ソフトを利用した調査データの入力は，汎用性が高く正確な入力が可能であるが，市販の GIS ソフトの多くは，高価であることに加えて，各種データを加工して利用するには，多少の操作技術の習得が必要となる．一般に，カスタマイズされた高度な入力方法をとる場合や大容量データベースの利用を考える場合には，ArcGIS（http://www.esrij.com）や MapInfo（http://alpsmap.yahoo.co.jp/mapinfo/）などの GIS ソフトがよく利用される．これらは，豊富なライブラリーの利用や空間解析が手軽に実現できるなど，応用範囲は広い．

　しかし，最近では実用的な無償ソフト（フリーソフト）が登場している．おもな国産ソフトは，「MANDARA（http://ktgis.net/mandara/）」や「カシミール 3D（http://www.kashmir3d.com/）」がある．これらのソフトには，各種 GIS フォーマットの自動読み込み，国土地理院の基盤地図との連携など，データ整備に便利な機能が含まれる．また，背景地図の整備が不要という点では，世界中の空撮画像が充実している「GoogleEarth（http://earth.google.co.jp/）」の利用も便利である．

　さらに，最近では，海外の無償 GIS ソフトも機能が充実している．解析処理を得意とする「DIVA-GIS（http://www.diva-gis.org/）」やユーザーフレンドリーな画面で機能面が充実している「QuntamGIS（http://www.qgis.org/）」の評価が高い．QuntamGIS では，幾何補正などの基本的な機能に加えて，Web Mapping Service（WMS）とよばれる WEB 上に公開された地図データを背景地図として利用する機能もある（Box-5.1）．

　位置情報の付与だけが目的であれば，GIS ソフトを活用するまでもない．先述したように，あらゆる人々が特別な投資なしに，手軽にかつ多数の協力者と一緒に生物多様性情報を整備することを重視するならば，単純な操作性と経済性が求められる．つぎに説明する位置入力に特化したツールは，そのような目的における利用に推奨しうるものである．

（3） GoogleMaps の活用

　筆者は，大量の位置情報を処理する際に，以下の 3 つの方法を用いている．

## Box-5.1 手軽に位置情報を入力する方法

　電子地図の普及によって，位置情報の取得は大幅に向上したが，地図や関連情報を参照しながら位置情報を取得するためのツールは少ない．このため，筆者はエクセルと電子地図の昭文社スーパーマップルデジタルを組み合わせたツールを開発し，入力に活用している（図5.2A）．仕掛けは，エクセル上のボタンを押すと，地図上の中心座標値（十進経緯度の値）をエクセル上のカーソルで選択された特定セルに自動取得するだけである．図5.2Bにあるように，データは1行を1つのレコードとして取り扱い，位置情報はエクセルシートの左側5列に格納される．6列目以降については，自動的に利用者が適宜指定することができる．ここで入力されたシートは，図5.2Aの右側画面に反映され，指定した行の位置を電子地図に表示することができる．利用者は，エクセル上にあらかじめ文字入力しておいたデータと地図をみながら，位置を選定してボタンをクリックするだけで，データに位置情報を付与することができるため，きわめて効率的に空間情報を取得することができる．

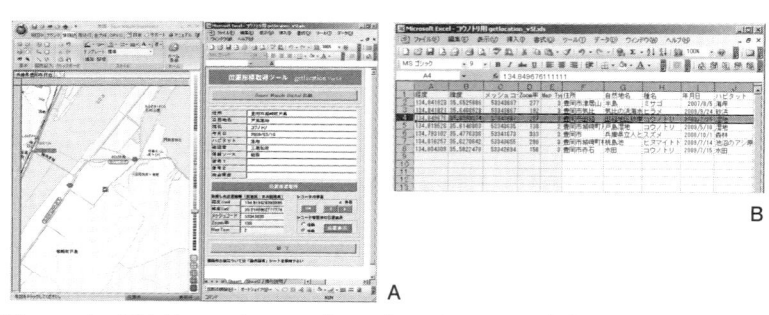

図 5.2　A：昭文社スーパーマップルデジタルとエクセルを連動させた位置情報入力ソフト「getlocation」，B：位置情報入力ソフト「getlocation」の入力データの一覧．http://museinfo.hitohaku.jp/loc/ からダウンロードできる．

1つめは，GoogleEarthおよびインターネット上のGoogleMapsの「マイ・マップ機能」の利用である．特別にベース地図を用意する必要がないので，すぐにでも始めることができる．また，入力情報がインターネット上に保管されるため，どこでも分布図を介して情報を共有でき，複数の研究機関で共同作業を

5.1 地理情報の整備技法　109

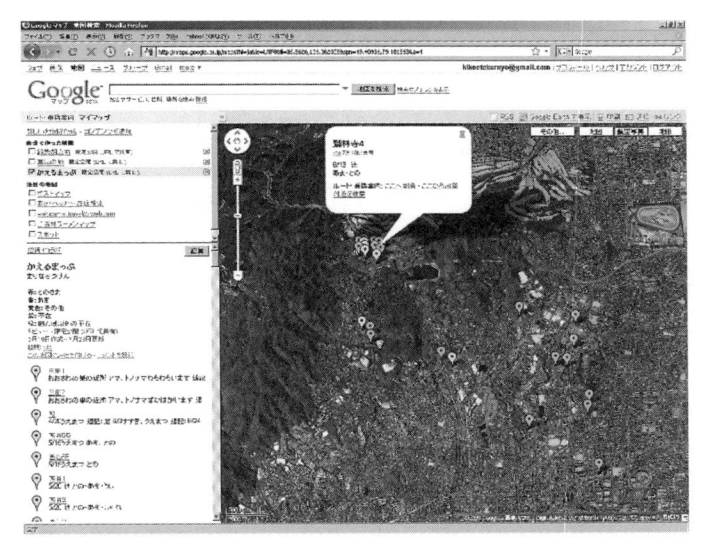

**図 5.3** GoogleMaps のマイマップ機能による位置情報の共有．神戸大学と人と自然の博物館とのカエル共同調査において活用．

進める際に効果的である（図 5.3）．こうして整備したデータは，Google のオリジナル形式である「.kml 形式」のファイルとして出力できるため，このまま多くの GIS ソフトで利用できる．しかし，GoogleMaps および GoogleEarth にも課題がある．インターネット接続が必要条件となるほか，航空写真と地図が一致しない場所があること，航空写真の撮影情報などのメタデータが開示されていない場合があること，仕様の変更によって位置管理の方式や基本機能が変容する可能性があることなどである．粗いスケール（約 200 m 以上）のデータ整備の場合には問題とならないが，数 m の精度といった詳細スケールの正確な位置情報が必要な場合には注意が必要である．ただし，このような精度上の問題は，近い将来には改善されると思われる．

（4） 電子地図帳ソフトの活用

　筆者らの研究グループにおいて，データベースを構築する際に，もっとも頻繁に利用しているのが，昭文社の電子地図帳「スーパーマップルデジタル」である．その利点は，①全国的に約 2 万 5000 分の 1 スケールの地形図と標高等高線データが網羅されていること，②主要都市部においては 2500 分の 1 地形

図が用意されていること，③位置情報や投影情報が正確であること，④地図のスクロールや移動といった操作性に優れていること，⑤地名や住所の検索ができること，⑥インターネット接続が不要なので，山中の現場で入力できること，などである．筆者は，この地図ソフトとマイクロソフトエクセルを連動させるマクロプログラムによって，位置情報入力に特化した独自のソフト「getlocation」(http://www.naturemuseum.net/blog/getlocation) を利用している (Box-5.2)．多くの人になじみあるエクセルを利用することで入力したいデータ項目やならび方などを調整できるため，作業効率が高い．

(5) アドレスマッチングによる方法

アドレスマッチングとは，住所だけが記録された大量のデータに対して，座標値を自動で付与する手法である．この作業は，ジオコーディングともよばれ，ここでは「CSVアドレスマッチングサービス」の名称で知られる東京大学空間情報科学研究センターが提供する変換プログラム (http://newspat.csis.u-tokyo.ac.jp/geocode/) を利用する方法を紹介する．この方法は，住所情報が「県」「郡市町村」「大字」に区別して記入されたCSV形式ファイルをサーバーに送信すると，自動で位置座標が付与される．このため，地点精度は粗いが，作業効率が高く，大量のデータを扱う際に好都合である．もともと地点精度が粗いデータや詳細な精度が不要な場合に適している．しかし，あらかじめ地点の住所データが正確に入力されていることが要件となる．

(6) 分布図の作成

これまで説明した方法で得られた位置座標を含む表形式データ (CSV形式やエクセル形式の表) は，そのままでは分布図の作成に利用できない．いくつかのソフトウェアを利用して，GISで読み込み可能な空間データに変換する必要がある．この作業は，すでに紹介したフリーソフトの「QuantamGIS」や「DIVA-GIS」でも容易に対応できる．これらのソフトは，GISの実質的な世界標準フォーマットであるシェイプ形式やテキスト形式のファイルを読み込むことができる．DIVA-GISでは，同サイトから，シェイプ (Shape) 形式の世界各国の海岸線データや地形，気候データをダウンロードできる (Box-5.3)．さらに，生物多様性データの空間解析機能やモデリングツールも充実しており，生物多様性ホットスポットの解析や保護区選定の研究にも利用されている (Murray-Smith *et al.* 2008)．このように，無償あるいは安価で提供される技

## Box-5.2 オープンソース GIS の利用

近年になってオープンソース版の GIS が急速に普及している．オープンソース GIS とは，無償でソフトを利用できるだけでなく，プログラムの中味であるソースコードが公開されていて，機能の提供や改良，再配布が自由なものを指す．その代表的なものが QuantumGIS（QGIS）である（図 5.4；http://qgis.org/）．QGIS では，わかりやすい直感的なインターフェイスに加えて，各種フォーマットのデータ表示やベクトルデータの入力と編集，CSV データの読み込み，幾何補正，測地系や投影法の変換などの基礎的な機能のほか，空間解析に関する拡張機能などを利用できる．さらに，同じくオープンソース GIS の GRASS（http://grass.itc.it）の機能を QGIS から利用できるため，高度な空間解析ができる．

なかでも，位置情報の確認や背景地図の表示の際に便利なのが，WMS（Web Mapping Service）である．WMS とは，インターネット上に公開された各種地図を GIS 上に重ね合わすことが可能な形式で公開するサービスであり，QGIS を用いることで世界中の数多くの空間データを参照することができる．右下図にあるように，参照したい地図が公開されている URL を入力し，投影法を指定するだけで，GIS に背景画像として追加できる．現在，国内においては，基盤地図情報 25000（独立行政法人農業・食品産業技術総合研究機構）のほか，オルソ化空中写真（国土交通省国土計画局）や 50 m 標高データ（Geography Network Japan）など多数の地図が公開されている．

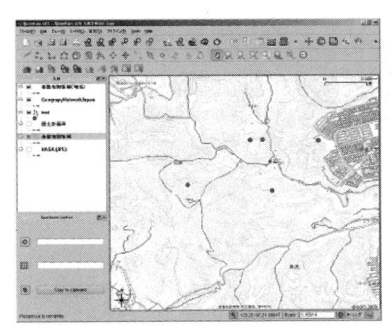

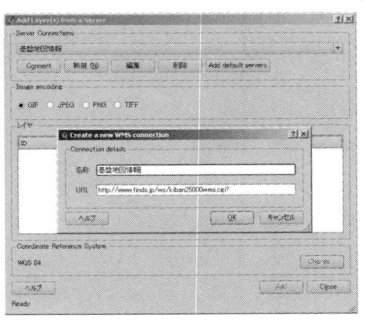

**図 5.4** QuantumGIS（version 1.0.2 Kore）による基盤地図 25000 の表示（左）および WMS により利用する地図の選択画面（右）．

## Box-5.3 生物多様性情報の集計解析と豊富なデータセットを提供する DIVA-GIS

　DIVA-GIS は，生物の分布情報や各種環境情報図とのオーバーレイによる集計・解析を行うための無償ソフトである（http://www.diva-gis.org/）．このソフトの特徴は，生物多様性に特化した解析機能が充実している点にあり，ラスターデータの再分類や近傍集計などの演算処理，2つのレイヤー間の統計処理をはじめ，多様性指数の計算，保護区選定の解析，気候変動による生息地予測などの機能を有している．シェイプ（Shape）形式など読み込み可能なデータ形式も多い．とくに便利な点は，ラスターデータに関する DIVA-GIS の独自形式（.grd）が用意されており，生息適地モデルの構築においてもっとも評価が高いソフトウェアの1つ「Maxent」（http://www.cs.princeton.edu/~schapire/maxent/）でも，直接読み込みが可能であり，全球的な気候変動モデルをパソコンで取り扱う際に，大規模データを効率的に扱うことができる．

　もう1つの優れた点は，この DIVA-GIS サイト内に利用可能な空間データが豊富にある点だ．サイト内には，「Free Spatial Data」のダウンロードページが用意されており（図5.5右），国名とデータ名を選ぶだけで，標高や海岸線，土地利用などの基本的なデータセットをダウンロードすることができるほかに，全球的な気候データも入手することができる．これらのデータ操作方法は，マニュアルのほか，Hijimans（2008）にくわしく紹介されている．

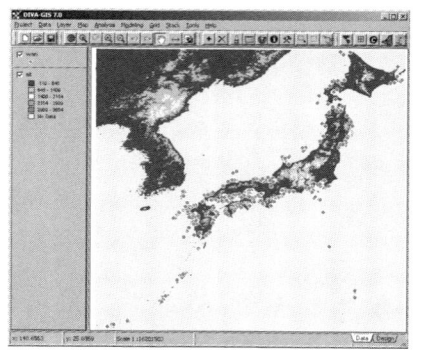

図 **5.5** DIVA-GIS（version 7.1.5）による地図の表示画面および空間データのダウンロード画面．

## 5.2 地理情報の記述様式

### （1） 自然地名と住所

　位置を特定するために，データに記述すべき属性情報は座標値だけでは不十分な場合が多い．住所，自然地名，地点精度，メッシュコード，領域形状，緯度経度，座標系，測地系といった情報も必要である．国内の生物多様性情報に関するデータベースでは，地名の記述の不備が多くみられる．その理由は，「住所」と「地名・自然地名」が明確に区別されていないためであり，重要な情報が追跡不能となることは少なくない．たとえば，博物館の収蔵品や郷土誌資料には，「兵庫県六甲山」や「兵庫県千種川安室橋上流」といったタイプのデータがよくみられる．これらは，「兵庫県神戸市北区有馬町瑞宝寺谷／六甲山」「兵庫県上郡町山野里／千種川水系安室川安室橋上流側」といったように，住所と地名を分けて記述することが地理情報の汎用的な記述方法である．もちろん，採集したハビタットが明らかになれば，「水田」「スギ植林内　標高450m」「○○川高水敷内のワンド」といった記述も，住所や地名とは区別して記載しておくことが望ましい．

### （2） 地点精度と形状の記述

　生物多様性データの解析を進めるにあたっては，地点精度が重要である．コンピュータで位置座標を特定すると，過剰に詳細な数字まで取得するため，実際には小数点以下3桁の精度しかないにもかかわらず，あたかも10桁の精度で整備されているような誤解を与える場合もある．したがって，あらかじめ緯度経度の値自体を適当な桁数にするか，地点精度として座標値の中心からの範囲（m）を，半径や矩形サイズとして記述しておくことが多い．国内では，標準地域メッシュコード（昭和48年行政管理庁告示第143号）を利用することで，座標情報と地点精度を合わせて表現する方法がよく用いられる．このメッシュは，一定の緯経度線を基準として機械的に分割して作成される．緯度経度の値からの計算が容易なので，このメッシュ体系は，環境省の生物調査データの整備や博物館の標本管理などにも利用されている（二次メッシュ，三次メッ

シュとよばれている）．取得したデータの位置情報と地点精度を1つの数字で記述できるため，国内では利用者が多い．

　ポイントやメッシュデータではなく，複雑な形状をそのまま記述せざるをえない場合には，ポリゴンなどのベクトルデータを取り扱うことができるGISソフトを用いる．動物の行動圏データのように形状をもったデータは，ポリゴンの中心座標や領域範囲だけを指定しておき，詳細については別途GISのデータファイルをリンク指定しておく方法が現実的な対応であろう．

### （3）　座標系と測地系

　地理情報の入力において，初心者が混同しやすいのは，座標系と測地系である（赤坂2007）．座標系とは，原点の位置，単位，読み取り方向などの，格子の区切り方を示すもので，もっとも有名なものが「経緯度座標系」である．測量などに用いられる「平面直角座標系」や「UTM座標系」など数多くの座標系が存在する．測地系とは，地球全体を回転楕円体として，中心位置と赤道半径，扁平率を規定して近似する方法であり，「日本測地系（TOKYO Datum）」や「世界測地系（Japanese Geodetic Datum）」「WGS 84」などがある．緯度経度などの座標値についても，測地系が異なれば位置がずれることになるため，参照している測地系などに関する情報が必要となる．得られたデータの測地系や座標系の変換は，さきに紹介したQuantumGISにて処理することができる．

　最近では，GPS（Global Positioning System）を利用して野外調査データを取得する機会が多くなっているが，海外製の機器を購入したそのままの設定で利用すると，測地系の既定値が「WGS 84」になっている場合が多く，日本測地系で指定される位置と大きく異なる．世界測地系とWGS 84は，位置的にほぼ重なっているが，日本測地系とは約450 mのずれがある．

### （4）　絶滅危惧種に関する地理情報の公開

　レッドデータブック掲載種の産地公開の可否は各地で問題となっている．種によっては，公開することで乱獲や盗掘が生じるリスクが増加する一方で，開発に対する抑止力になる場合もある．同種であっても，地域や自治体組織が違えば状況も異なり，公開する媒体によっても判断は異なる．多くの場合は，公開の際には，県名や市町村名までにしぼって公開するケースや，座標値を秘匿とするなどの工夫がなされる．このように公開には事情に応じてさまざまな配慮が必要であるが，位置情報の精度を劣化させて，なんらかのかたちで情報公

開することで，情報の死蔵が回避できる．この方法の一例としては，ピンポイントの座標値とせず，一次もしくは二次メッシュコードなどの粗い単位を指定することや，市区町村の役場位置に地点を振り替える（明らかに野生生物が生息しない場所を指定する）方法がある．

なお，希少種情報に対して，一般からの情報公開請求があった場合，公共事業や公的機関の整備データであっても，保全上の理由からデータ公開を拒否することが多い．各自治体が定める情報公開条例にもとづく公開請求であったとしても，これまでの各地の実績をみる限り，第三者審議により情報の非開示が妥当と判断されている．

## 5.3 生物多様性データの標準フォーマット

### (1) データスキーマ

位置情報の記載だけではなく，生物多様性情報の記載項目やその留意点についても，世界中で通用する標準フォーマットが必要である．世界各地で行われているインベントリーでも，データを記述するフォーマット（データスキーマとよばれる）の統一は重要事項として認識されている．調査目的によって整備する項目は大きく異なるため，万能のデータスキーマは存在しないが，世界的にもっとも標準的なものは，GBIF が採用している Darwin Core（DwC）および Access to Biological Collection Data（ABCD）である．ここでは，より簡便で扱いやすいスキーマであり，国内でも使用実績のある DwC version 1.4 を例として紹介したい（表 5.1 参照）．

### (2) Darwin Core version 1.4

DwC は，標本や観察データ，動画などを対象とし，哺乳類（MaNIS；Mammal Networked Information System），両生類・爬虫類（Herp-NET），魚類（FishNET2）などの国際的な生物多様性情報の発信ネットワークにおいて採用されている．DwC は，現在では Biodiversity Information Standards（TDWG; http://www.tdwg.org）とよばれる国際的な生物多様性データベースの標準化を検討するグループでも認証されており，現時点ではもっとも標準的なスキーマの1つと考えられる．

詳細については，ここでは逐一紹介することはしないが，内容については，

表 5.1 Darwin Core 1.4 および Spatial Extention の要素についての解説.

| データ要素 | 説　　明 | 形　式 | 例 |
|---|---|---|---|
| **記録に関する要素** | | | |
| グローバルユニーク値<br>Global Unique Identifier<br>【必須項目】 | 各記録に対するユニーク値．機関コード，コレクションコード，カタログ番号を足し合わせて生成する． | 文字型 | FMNH：Mammal：1 457 32 |
| データ最終更新日<br>Date Last Modified<br>【必須項目】 | データ公開して以降の最終更新日を記入する．GBIF では自動的に追記される． | 日付型 | "November 5, 1994, 8：15：30 am, US Easte Standard Time" の場合には，"1994-11-05T 13：15：30Z" と表現する． |
| 記録の種別<br>Basis Of Record<br>【必須項目】 | 記録の根拠となるもの．標本 (S), 化石 (F), 生存 (飼育) 個体 (L), 人による観察記録 (O), 機械観測記録, 静止画像, 遺伝資源, 動画, 音声, その他が選択肢となる. 頻出するカテゴリーは, ( ) 内の略号を用いてもかまわない． | 文字型 | "specimens", "s", "observation", "o", "fossile", "f" |
| 機関コード<br>Institution Code<br>【必須項目】 | 情報提供機関のコード名．国際的なルールは存在しないので，スタンダードな略号を適用し，重複しないよう注意する必要がある． | 文字型 | 兵庫県立人と自然の博物館の場合 "MNHAH", 国立科学博物館の場合 "NSMT" |
| コレクションコード<br>Collection Code<br>【必須項目】 | コレクションの種別を定めるコード．分類群や収集者，調査プロジェクトごとにまとめる． | 文字型 | "Herp"（両生類のデータの場合によく使われる） |
| カタログ番号<br>Catalog Number<br>【必須項目】 | 調査記録や標本などの各レコードごとに割り振る番号．重複しないように番号を振ること．必ずしも数字だけで構成される必要はないので，わかりやすい接頭記号をつけてもよい． | 文字型 | "2847", "8000012", "Lep4781", "Odo1478" |
| 情報公開に関する付帯情報<br>Information Withheld | 公開に関する制約事項や直接コンタクトをとることで提供できる情報などに関する記述． | 文字型 | "DNA・SI 用のサンプルあり", "国内のみ詳細な位置情報を公開" など． |
| 特記事項 Remarks | 自由記述 | 文字型 | |
| **分類に関する要素** | | | |
| 学　名<br>Scientific Name<br>【必須項目】 | 学名．下位分類名まで記述すること．命名者，命名年，不確実性に関する略号（cf. など）を含めてもかまわない．ただし，同定者や同定日を入れてはならない． | 文字型 | *Stegnogramma pozoi* K. Iwats. subsp. mollissima K. Iwatsuki, *Osmunda* × *intermedia* (Honda) Sugimoto |
| 高次分類群の情報<br>Higher Taxon | 高次分類群に関する分類名について，カンマで区切って列挙する．高次分類群情報について，あいまい検索によってヒットする可能性を生み出すことが目的． | 文字型 | "Animalia, Chordata, Vertebrata, Mammalia, Theria, Euthena, Rodentia, Hystricognatha, Hystricognathi, Ctenomvidae, Ctenomyini, Ctenomys" |

## 5.3 生物多様性データの標準フォーマット

| データ要素 | 説　　　明 | 形　式 | 例 |
|---|---|---|---|
| 界　名　Kingdom | 文字どおり，界名を入力 | 文字型 | |
| 門　名　Phylum | 文字どおり，門名を入力 | 文字型 | |
| 綱　名　Class | 文字どおり，綱名を入力 | 文字型 | |
| 目　名　Order | 文字どおり，目名を入力 | 文字型 | |
| 科　名　Family | 文字どおり，科名を入力 | 文字型 | |
| 属　名　Genus | 文字どおり，属名を入力 | 文字型 | |
| 種小名<br>Specific Epithet | 文字どおり，種小名を入力 | 文字型 | |
| 種小名以下の単位<br>Infraspecific Rank | 種小名以下の分類単位を入力<br>(subspecies, variety, forma) | 文字型 | "subsp.", "var", "forma" など |
| 種小名以下の名称<br>Infraspecific Epithet | 種小名以下の下位分類名を入力 | 文字型 | |
| 命名者と命名年<br>Author Year Of Scientific Name | 命名者と命名年を入力 | 文字型 | "(Temminck et Schlegel, 1838)", "Kitakami, 1938" |
| 命名の規約コード<br>Nomenclatural Code | 学名に採用した学名命名法 | 文字型 | "ICBN", "ICZN", "BC", "ICNCP", "BioCode" |

### 同定レベルに関する要素

| | | | |
|---|---|---|---|
| 同定精度<br>Identification Qualifer | 同定結果に対する不確実性や暫定的な扱いに関する情報について，「aff.（近似のグループであること）」「cf.（同じと思われるが比較検討が必要)」などの略号を適用して，同定精度に関する注釈を記入． | 文字型 | *Quercus* aff. *agrifolia* var. *oxyadenia*<br>*Quercus agrifolia* cf. var. *oxyadenia* |

### 地名に関する要素

| | | | |
|---|---|---|---|
| 広域地理情報<br>Higher Geography | 地名に関する各要素を列挙して，複合的な地理情報を生成し，あいまい検索においてヒットする可能性を高める． | 文字型 | "South America, Argentina, Patagonia, Parque Nacional Nahuel Huapi, Neuauén, Los Lagos"（大陸名＋国名＋州名＋町名といったように組み合わせる) |
| 大　陸　Continent | 大陸名を入力 | 文字型 | ASIA, Oceania, Europe |
| 水域名<br>Water Body | 水域の名称を入力．海域や湾，水系，湖沼名などが対象となる． | 文字型 | Lake Biwa, Mukogawa River, Balt Sea |
| 列島名<br>Island Group | 列島あるいは島嶼群の名称を入力 | 文字型 | Aleutian Islands, Ryukyu Islands |
| 島嶼名<br>Island | 単一の島の名称を入力 | 文字型 | Chichi-jima Island, Borneo Island, Shikoku |
| 国　名<br>Country | 国名のフルネームもしくは略式名称を入力 | 文字型 | Germany, United States, USA, UK |
| 州・県名<br>State Province | 州や県などの国より小さい単位を入力 | 文字型 | Texas, Tokyo, Queensland |
| 市町以下の名称<br>Country | 市や町，村，字名などの「州や県」より小さい単位を入力 | 文字型 | "Sanda City Yayoigaoka", "Taiji-cho, Moriura", "Sanagochi-Mura" |

118　第5章　生物多様性情報の整備法

| データ要素 | 説　明 | 形　式 | 例 |
|---|---|---|---|
| 詳細地名<br>Locality | 自然地名などの詳細な採集地名. 他の要素と重複してもかまわない. | 文字型 | "Mt. Rokko (Gorogoro-iwa)", "Hokkaido Univ. Tomakomai Experimental Forest, headstream of Horonai River" |
| 最低標高 (m)<br>Minimum Elevation In Meters | 標高の最低値を入力. 平均的な標高が100 mで, ±50 mのレンジがある場合には, 最低標高に50 mを, 最高標高に150 mを入力. 海面よりも低い場合には, マイナスの値を入れる. | 倍精度実数型 | 150, -12, 268.6 |
| 最高標高 (m)<br>Maximum Elevation In Meters | 標高の最高値を入力. 詳細は上記に同じ. | 倍精度実数型 | 50, -40, -0.9 |
| 最浅水深 (m)<br>Minimum Depth In Meters | 水深の最浅値を正の値で入力する. 平均的な水深が80 mで, ±10 mのレンジがある場合には, 最浅水深に70 mを, 最深水深に90 mを入力. 海面よりも低い場合には, マイナスの値を入力. | 倍精度実数型 | 0, 56, 120.9 |
| 最深水深 (m)<br>Maximum Depth In Meters | 水深の最深値を正の値で入力する. 詳細は上記に同じ. | 倍精度実数型 | 1.5, 129, 2456.8 |

**採集に関する要素**

| 採集方法<br>Collecting Method | 採集方法について, 自由形式で記述する. ただし, 表記については統一するほうが望ましい. | 文字型 | "UV light trap", "mist net", "beach seining" |
|---|---|---|---|
| 地点情報の有効性<br>Valid Distribution Flag | 地点情報の有効性について記入する. 飼育個体や植物園など, 野外の自然産地から採集されていない場合には, "false" とする. | ブーリアン | "true" or "false" |
| 採集日 (開始時)<br>Earliest Date Collected | 採集を開始した日を入力. | 日付型 (ISO) | "19340209" "Day：4, Month：12, Year：1950" "1950/12/04" |
| 採集日 (終了時)<br>Latest Date Collected | 採集を終了した日を入力. 海洋での数日間にわたる網漁によるサンプルや詳細な日付がわからない場合に入力. 1980年代といった不明瞭な日付の場合, 採集日 (開始時) に1980年1月1日を, 採集日 (終了時) に1980年12月31日を入れる. 採集日が複数日にわたらなければ入力不要. | 日付型 (ISO) | |
| ユリウス日<br>Day of Year | ユリウス日を入力. 1月1日を「1」とし, 12月31日を「365」とする. 閏年の場合は12月31日が「366」となる. | 整数型 | |
| 採集者<br>Collector | 採集者ならびに観察者などを入力. 複数名を記入してよいが, 第1採集者を先頭に記すことが望ましい. | 文字型 | |

## 5.3 生物多様性データの標準フォーマット

| データ要素 | 説明 | 形式 | 例 |
|---|---|---|---|
| **生物学的な要素** | | | |
| 性別<br>Sex | 記録対象となった個体の性別を入力する．male, female だけでなく，中間体となる "transitional" や，判別不能 "indeterminate" など，自由に記述してよい． | 文字型 | "male", "female", "hermaphrodite", "gynandromorph", "monoecious", "dioecious", "not recorded" |
| 生活史の段階<br>Life Stage | 年齢や生活史のステージなど，自由に記述してよい． | 文字型 | "adult", "mature", "juvenile", "eft", "nymph", "seedling", "seed", "egg" |
| 形質などに関する付帯情報<br>Attributes | 形質や個体の特徴などについて，追加で記しておく情報について，自由に記述してよい． | 文字型 | "Tragus lenght：14 mm；Weight：120 g", "Height：1-1.5 meters tall; flowers yellow, uncommon" |
| **参照情報に関する要素** | | | |
| 画像へのリンク<br>Image URL | 対象となった記録に関する証拠標本の画像や野外での撮影写真がある場合には，リンク先の URL を入力． | URL 型 | |
| 関連情報<br>Related Information | 関連する情報について自由に記述してよい．当該する記録が引用されている文献名などについて参照情報を入力． | 文字型 | |
| **地理情報に関する要素（Geospatial Extension）** | | | |
| 十進緯度<br>Decimal Latitude | 十進法による緯度の値を入力すること．北緯については正の値，南緯については負の値とする（−90 から 90 までで値をとる）． | 倍精度実数型 | "10.85104", "54.1298" |
| 十進経度<br>Decimal Longitude | 十進法による経度の値を入力すること．東経については正の値，西経については負の値を入力． | 倍精度実数型 | "158.3", "48" |
| 基準測地系<br>Geodetic Datum | 緯度経度の記述で採用した測地系を入力． | 文字型 | "WGS 84", "JGD 2000" |
| 地理的範囲（m）<br>Coordinate Uncertainty In Meter | 地点の正確性について，中心点からの半径距離を m 単位で入力．値は必ず正の値とすること． | 倍精度実数型<br>（正の値） | "1000", "25.4" |
| 円形との形状比<br>Point Radius Spatial Fit | 適切な半径を指定して中心点から発生させた円と対象とする領域とのオーバーラップ率を計算して入力． | 0-1 | 詳細は Chapman and Wieczorek (2006) を参照 |
| 直接観測した座標値<br>Verbatim Coordinates | 直接観測した座標値．緯度経度などに変換する前の生の値を入力する．オリジナルの座標であってもかまわない． | 文字型 | "470999 1234300" |
| 直接観測した緯度<br>Verbatim Latitude | 直接観測した緯度に関する座標値．いわゆる観測時の生データの値． | 文字型 | "47d09' 99" N" |
| 直接観測した経度<br>Verbatim Longitude | 直接観測した経度に関する座標値．いわゆる観測時の生データの値． | 文字型 | "-122.43254" |
| 直接観測した測地系<br>Verbatim Coordinate System | 直接観測した測地系に関する記述．いわゆる観測時の生データの値を取得する際に参照したもの． | 文字型 | "decimal degrees", "degrees minutes seconds", "UTM" |

| データ要素 | 説　明 | 形　式 | 例 |
|---|---|---|---|
| ジオリファレンスの手法<br>Georeference Protocol | 測地系や地点精度などのジオリファレンスに用いた方法を入力. | 文字型 | "http://manisnetorg/GoerefGuide.html"（参照ページ） |
| ジオリファレンスのソース<br>Georeference Sources | ジオリファレンスの際に参照した地図などの種類を入力. | 文字型 | "USGS 1:2400 Florence Montana Quad", "Terrametrics 2008 on Google" |
| ジオリファレンスの確認状況<br>Georeference Verification Stat | ジオリファレンスによって得られた値の検証状況を入力. | 文字型 | "requires verification", "verified by collector", "verified by curator" |
| ジオリファレンスの特記事項<br>Georeference Remarks | ジオリファレンスに関する各種コメントや特記事項について入力. | 文字型 | |
| WKT形式による領域記述<br>Footprint WKT | A Well-Known Text 形式（WKT: see http://en.wikipedia.org/wiki/Well-known_text）による幾何形状の記述. | 文字型 | 緯度10-11，経度20-21の長方体ポリゴンの場合の記述では，"POLYGON ((10 20, 11 20, 11 21, 10 21, 10 20))" となる. |
| 形状比による領域記述<br>Footprint Spatial Fit | データベース上にて記述した領域と実際に観測した領域とのオーバーラップの程度を0から1の値（0-100％）で入力. | 0-1 | 詳細はChapman and Wieczorek（2006）を参照 |

表5.1をみていただきたい．このなかでいくつか解説しておく．

### （3） Darwin Coreにおける採集日の記述

データ項目のなかでも実務的に重要なのが，日付の記述である．鳥や植物の観察のように，その日のうちにデータの取得が完了するものばかりでなく，延縄漁による魚類の捕獲，マレーゼトラップによる昆虫の捕獲といったように，採集日に幅が生じるデータもある．こうした場合には，採集の開始日と終了日の2つの要素を入力する．不明瞭な採集日についても，採集日の開始日と終了日があることで，対処できる．たとえば，1930年代という記述であれば，採集の開始日を1930年1月1日とし，終了日を1939年12月31日とすればよい．もちろん，正確にこの期間にわたって採集していたわけではないので，特記事項に「日付不明瞭，原記載では『1930年代』と記載」とメモしておく．コンピュータによる年代検索を可能にするためには，こうした工夫が不可欠である．

### （4） Darwin Coreの必須項目と拡張項目

DwCの必須項目は，わずかに7要素であり，極端にいえば，学名と自分の所属，通し番号さえあれば公開用のファイルが完成する．しかし，実際に生態学の研究者が利用するデータとしては必須項目だけでは不十分である．本章で

はくわしい内容は省略するが，DwC にはいくつかの拡張スキーマが用意されている．地理情報に関する拡張スキーマ "Geospatial Extension" では位置情報に関する詳細を，博物館の標本管理に関する "Curatorial Extension" とよばれる拡張スキーマでは，タイプ標本の種別や遺伝子情報との関連などの要素も用意されている．今後，さまざまな生態情報や遺伝情報をデータに追記する必要性が生じた際には，新たな要素を拡張できる柔軟な構造をとることになる．したがって，データ入力者は，すでに DwC で定義された要素と，オリジナルに整備する部分をあらかじめ切り分けて入力要素を検討しておけば，将来の情報公開を効率的に進めることができる．

(5) メタデータの整備

標準フォーマットにてデータベースを作成すると同時に，メタデータを作成することも流通の促進に役立つ．メタデータとは，データそのものではなく，データの性質や品質，記述ルール，作者などの情報を記したもので，「データのデータ」ともよばれる．位置情報をはじめ各種データ項目などの概要を的確に第三者に伝達するために，データのタイトル，概要，制作者，問い合せ先，地理的範囲，利用条件，記述のルールなどを記録する．メタデータは，標準化フォーマットにもとづいて，インターネット上に公開されているクリアリングハウスメカニズム（CHM）とよばれるメタデータ専用のデータベースに登録することにより，当該情報の流通が促進される．国内では，環境省生物多様性センターにおいて，生物多様性情報クリアリングハウスメカニズムが運用されている．ここでは，生物多様性情報標準メタデータの形式が定義されており，規定の形式にデータを編集するためのツールが公開されている（http://www.biodic.go.jp/chm/index.html）．

## 5.4 生物多様性情報の発信

(1) GBIF とサイエンスミュージアムネット

これまで説明してきたように，一定のルールに則って，生物多様性情報を整備・蓄積したとしても，効果的な発信には工夫がいる．生態学の研究成果をはじめ自然史に関する記録を生物多様性情報として広く流通させるためには，生物多様性情報に特化した「メディア」と関係者のネットワーク体制が必要とな

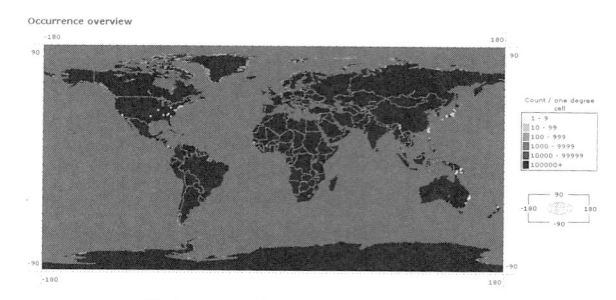

図 5.6 GBIF データにて検索したクズ（*Pueraria lobata*）の分布図．(http://data.gbif.org/species/13653491/)．日本固有種の海外への広がりを確認することができる．

　る．そのようなネットワークとしては，すでに紹介してきた GBIF (Global Biodiversity Infomation Facility；地球規模生物情報機構) が国際的にもっとも浸透性が高い (Edwards 2004)．GBIF は，2001 年に設立された組織であり，デンマークのコペンハーゲン大学の一角に事務局があるだけで，その実体は生物多様性情報を提供するサーバーを有する複数の組織（データプロバイダー）をインターネットで結合した巨大情報ネットワークである．現在（2012 年 7 月）では，約 3 億 8000 万件のデータが検索可能であり，57 カ国と 47 国際機関が参加して，419 のサーバーが分散ネットワークを形成しており，10028 件のデータセットが公開されている．GBIF では，データポータルとよばれる検索窓口が用意されており，国や地域別の検索，分類群単位での検索など，さまざまな方法を適用することができる．特筆すべき点は，検索結果を一覧表として出力するだけでなく，GoogleEarth で利用可能な「.kml 形式」のデータをダウンロードできること，および検索結果をオンライン上の地図として表示することである（図 5.6）．GBIF の中期計画では，2011 年までに 10 億件の分布情報の整備を目標としているほか，莫大な記録をもとに，「スピーシーズ・バンク」とよばれる生物名情報に関するデータベースの構築が進められており，遺伝配列情報などとの連携が予定されている（伊藤 2007）．

　海外では，イギリスにおけるネットワーク組織 "National Biodiversity Network" (http://www.nbn.org.uk/) やオランダの生物多様性情報のネットワーク "Netherlands Biodiversity Information Facility" (http://www.nlbif.nl/)，アメリカの自然史系博物館を中心としたネットワークである "Encyclopedia of Life" (http://www.eol.org/) でも生物多様性情報の蓄積と発信が進められて

いる.また,両生類・爬虫類（HerpNET）や魚類（FishNet）といった分類群単位での取り組み,海洋生物に関する世界最大規模のデータベースである"Ocean Biogeographic Infomation Sysytem; OBIS"（http://www.iobis.org/）のように対象とする生態系タイプを限定した国際的なネットワークも存在する.さまざまなネットワークがGBIFなどのより巨大ネットワークと連携することで,地球規模のデータベース構築が指向されている（Guralnick *et al.* 2007）.

　国内においても,GBIFへの情報提供と日本語による生物多様性情報の発信ネットワークの構築のため,国立科学博物館とNPO法人西日本自然史系博物館ネットワークが事務局を担い,2006年から「サイエンスミュージアムネット」の運営が開始されている.現在（2012年7月）では,全国の56館の自然史博物館が参加し,約250万件の標本情報が公開されている（http://www.kahaku.go.jp/research/specimen/index.html）.さらに,GBIFなどにおいて生物多様性情報が集積されたことで,これらを基盤とした地球規模での生物多様性観測に向けた統合システム（Group on Earth Observations Biodiversity Observation Network; GEOBON）の構築と利活用のフレームワークが提案されている（Scholes *et al.* 2008）.

### （2） 情報発信の方法

　国土交通省や環境省,地方自治体では,公共事業として実施した自然環境に関する調査結果の一部を,ホームページなどで公開している.研究者が生物多様性データを発信しようとする際には,とりうる手法は,概ね2つある.1つは,自前のサーバーを設置して,GBIFなどの情報提供者（データプロバイダー）になることである.これは少々大げさに聞こえるかもしれないが,GBIFの参加者には,大学の研究室単位でサーバーを用意して,データプロバイダーとなっている場合が少なくない.GBIFの場合,専用のソフトウェアやツールキット,トレーニングコースが用意されており,サーバー運用に関する簡単な知識があれば,プロバイダーとなることはそれほどむずかしいものではない.しかし,自前のサーバーにて,情報発信のページを運用し,多くの人にみてもらうためには,魅力的で操作性の高いページ構成にする必要がある.さらに,サーバーの運用に要する資金や開発労力,保守労力が甚大となる.

　もう1つの方法は,国内もしくは国際的なネットワークに参画して公開する方法である.これは,分野や組織によっても異なるが,門戸は比較的開かれている.たとえば,国内で標本情報を発信したい場合,所定の形式に変換したデ

ータと標本を博物館に寄贈すれば，その博物館を通じて，日本語のデータはサイエンスミュージアムネット（S-net）から，英語のデータは GBIF に公開される．各地の自然史博物館で構成されるサイエンスミュージアムネット（S-net）は，現時点では標本データだけを対象としている．日本生態学会では，各種観測データだけの記載を目的とした「データペーパー」枠を Ecological Research 誌に設けることが予定されており，メタデータとともに，電子データをインターネットにて公開することが計画されている．

### （3） 自然史博物館や研究機関の役割

生物多様性情報の流通を促進するために，博物館が果たす役割は大きい（Shaffer *et al.* 1998；Graham 2004；Davy 2005）．たとえば，兵庫県立人と自然の博物館では，「自然環境モノグラフ」と称する自然環境情報に関するデータ集をシリーズで発行している（図 5.7；兵庫陸水生物研究会編 2008）．第 4 号の「兵庫県の淡水魚」では，県内で地道な調査を継続している兵庫陸水生物研究会が中心となって，研究会の調査成果，博物館の標本，行政資料，過去の文献，あるいは自然愛好家や漁業協同組合からの聞き取り情報など，各種記録を可能な限り集約して，詳細な位置情報を付与したデータベースを構築している．

こうした取り組みは，各地の自然史博物館や大学研究機関でも行われている．滋賀県立琵琶湖博物館には，標本や観察記録などをとりまとめた「琵琶湖博物

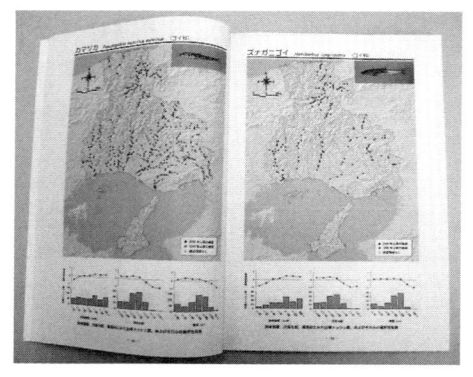

図 5.7　兵庫県立人と自然の博物館で発行する「自然環境モノグラフ」．兵庫県内における淡水魚のあらゆる記録を集約し，位置情報付きのデータベースとしてとりまとめ，種ごとの分布図や環境に対する選好性に関する情報を掲載．

館研究調査報告」がある．この 23 号では，「みんなで楽しんだうおの会——身近な環境の魚たち」と題するもので，膨大な数の市民参加による調査結果がとりまとめられており，県内の詳細な魚類相がよくわかる（琵琶湖博物館うおの会編 2005）．大阪市立自然史博物館では，月刊で発行される "Nature Study" において，身近な自然環境に関するさまざまな記録が掲載されている．

　大学研究機関においても，地域との連携によって生物多様性情報を集積することが進められている．東京大学の保全生態学研究室では，関連機関との協力体制をもとに，侵略的外来種であるセイヨウオオマルハナバチの市民参加型モニタリングを展開し，その情報はホームページ「セイヨウ情勢」（http://dias.tkl.iis.u-tokyo.ac.jp/seiyou/）において公開されている．それらの調査で得られた広域的な分布情報は，外来種の侵入リスクの評価にも活用されている（Kadoya *et al.* 2009）．

　自然史博物館をはじめとする研究機関は，地域との連携体制を構築することで多様な自然史資料，各地に散在する情報を集約し，生物多様性情報の整備や流通に貢献することができる拠点である．機関誌や冊子の発行，展示などの多様な公開媒体による情報提供をはじめ，その礎となる寄贈標本の管理，観察会や普及教育などを通じた生涯学習プログラムや行政と連携したシンクタンク活動といった取り組みも生物多様性情報の創出の一環となる．情報の発信を検討する場合，近くの自然史博物館を活用することも有効な手法となるだろう．生物多様性の危機に直面している現在，博物館を生物多様性情報の図書館，未来をつくる開かれた施設として活用することは意義が大きい．

## 5.5　生物多様性情報の創出に向けた課題

　わが国の第三次生物多様性国家戦略以降の生物多様性戦略では，生物多様性の保全はもちろん，それを支える環境情報の整備の重要性が明示され，多様な主体が協働して事業を進めることが盛り込まれている．これまで述べてきたように，生物多様性情報の整備は，各自が自由な形式で情報を入力するだけではなく，将来的な活用の幅を広げ，流通させる努力が必要とされる．これには，位置情報や分類情報など，標準的なデータスキーマとの整合性を図り，国際ネットワークなどへの参画を図ることが有効な方法であろう．すでに述べたように，位置情報の入力や各種デジタル化の技術は，低コストでさまざまなツールが利用可能となり，多くの人が情報を簡単に取り扱うことができるようになっ

た．生物多様性情報を活用した保全計画の事例も増えている．生物多様性情報の整備や活用は，もはや技術的にもむずかしいことではない．

　現在の課題は，技術的な面よりも，むしろより多くの参画者や多様なセクターからの協力を得ることにある．生物多様性は，あまりに膨大で，一部の研究者の努力だけで十分な生物多様性情報を取得することはできない．生物多様性情報の創出に関する取り組みは，各地で展開されているが，この情報を流通させるためのイニシアチブと方法論が決定的に不足している．この課題を解決するためには，生物多様情報を創出する新たな「担い手」の育成と中核的機関の設置が重要である．

　生物多様性情報の新たな「担い手」とは，研究者だけでなく，自然愛好家や自然保護団体，そして一般市民や公共事業の実施者など，あらゆるセクターを含むものである．生物多様性に開かれた社会を形成するためには，各地域，できれば各市町村と県に1つずつ，生物多様性保全の拠点として，自然史系博物館などの開かれた研究機関を設け，地域に根ざした取り組みを展開することが重要となる．従来からの博物館像を発展させて，生物多様性情報の整備だけでなく，その活用や人材育成を担う役割を期待したい．

　その一方で，国家の社会資本整備の一環として，日本国内の生物多様性情報を集約し，イニシアチブを発揮する中核的な研究機関が必要となる．その役割は，省庁間はもちろん産官学民の境界を超えたポータルサイトの運営および総合データセンターの機能，生物多様性情報に対する質の精査，行き場をなくしたコレクションの受け入れ（セーフティーネット），分類学に関する情報集約，公共事業で得られた標本や資料の保管と活用，国際ネットワークへの参画，生物多様性情報の解析と政策提言といったさまざまな機能が考えられる．生物多様性情報の整備や活用は，きわめて学際的かつ博物学的であり，各種の実践スキルが要求される．生物多様性情報の「収集」「整備」「発信」「流通」「活用」，そして「教育と人材育成」といった，一連の関連性をもった体系を「生物多様性情報学」としてとらえ，実践的に再構築することが喫緊の課題といえるだろう．

## 引用文献

Chapman, A. D. and Wieczorek, J.（eds.）（2006）Guide to Best Practices for Georeferencing. Global Biodiversity Information Facility, Copenhagen.

Davy, A. J. (2005) Museum specimens breathe life into plant conservation ? Trends in Ecology and Evolution, 20 : 286–287.

Edwards, J. L. (2004) Research and societal benefits of the Global Biodiversity Information Facility. Bioscience, 54 : 485–486.

Graham, C. H., Ferrier, S., Huettman, F., Moritz, C. and Peterson, A. T. (2004) New developments in museum-based informatics and applications in biodiversity analysis. Trends in Ecology and Evolution, 19 : 497–503.

Guralnick, R. P., Hill, A. W. and Lane, M. (2007) Towards a collaborative, global infrastructure for biodiversity assessment. Ecology Letters, 10 : 663–672.

Hijmans, R. J. (2008) GIS for conservation : mapping and analyzing distributions of wild potato species for reserve design. In Problem-Solving in Conservation Biology and Wildlife Managemnet (eds. J. P. Gibbs, J. P. Hunter, Jr. and E. J. Sterling), pp. 221–232. Blackwell Publishing, Oxford.

Kadoya, T., Ishii, H. S., Kikuchi, R., Suda, S. and Washitani, I. (2009) Using monitoring data gathered by volunteers to predict the potential distribution of the invasive alien bumblebee *Bombus terrestris*. Biological Coservation, 142 : 1011–1017.

Kerr, J. K., Kharouba, H. M. and Currie, D. J. (2007) The macroecological contribution to global change solutions. Science, 316 : 1581–1584.

Margules, C. R. and Sarkar, S. (2007) Systematic Conservation Planning. Cambridge University Press, New York.

Moritz, C., Patton, J. L., Conroy, C. J., Parra, J. L., White, G. C. and Beissinger, S. R. (2008) Impact of a century of climate change on small-mammal communities in Yosemite National Park, USA. Science, 322 : 261–264.

Murray-Smith, C., Brummitt, N. A., Oliveira-Filho, A., Bachman, S., Moat, J., Nic-Lughadha, E. M. and Lucas, E. J. (2008) Plant diversity hotspots in the Atlantic coastal forests of Brazil. Conservation Biology, 23 : 151–163.

Pressey, R. L., Cabeza, M., Watts, M. E., Cowling, R. M. and Wilson, K. A. (2007) Conservation planning in a changing world. Trends in Ecology and Evolution, 22 : 1583–592.

Sánchez-Cordero, V. and Martínez-Meyer, E. (2000) Museum specimen data predict crop damage by tropical rodents. Proceedings of the National Academy of Sciences USA, 97 : 7074–7077.

Scholes, R. J., Mace, G. M., Turner, W., Geller, G. N., Jürgens, N., Larigauderie, A., Muchoney, D., Walther, B. A. and Mooney, H. A. (2008) Toward a global biodiversity observing system. Science, 321 : 1044–1045.

Shaffer, H. B., Fisher, R. N. and Davidson, C. (1998) The role of natural history collections in documenting species declines. Trends in Ecology and Evolution, 13 : 27–30.

Stuart, S. N., Chanson, J. S., Cox, N. A., Young, B. E., Rodrigues, A. S. L., Fischman, D. L. and Waller, R. W. (2004) Status and trends of amphibian declines and extinctions worldwide. Science, 306 : 1783–1786.

赤坂宗光 (2007) 紙地図，文献などアナログ情報からのデータ収集．(長澤良太・原慶太郎・金子正美編) 自然環境解析のためのリモートセンシング・GIS ハンドブック．古今書院，東京．

荒木田葉月・三橋弘宗 (2008) 大都市圏におけるヒバリの繁殖適地と経年変化からみた存続可能性の評価．保全生態学研究，13：225-235．

琵琶湖博物館うおの会 (編) (2005) みんなで楽しんだうおの会——身近な環境の魚たち．琵琶湖博物館研究調査報告，23：75-223．

兵庫陸水生物研究会 (編) (2008) 兵庫県の淡水魚 (兵庫県立人と自然の博物館自然環境モノグラフ4)．兵庫県立人と自然の博物館，兵庫県．

伊藤元巳 (2007) 生物多様性インフォマティクスとその活用．BIO-City, (38)：82-85．

三橋弘宗 (2002) 生息環境を地図化して隣接関係を評価する．遺伝，56：75-79．

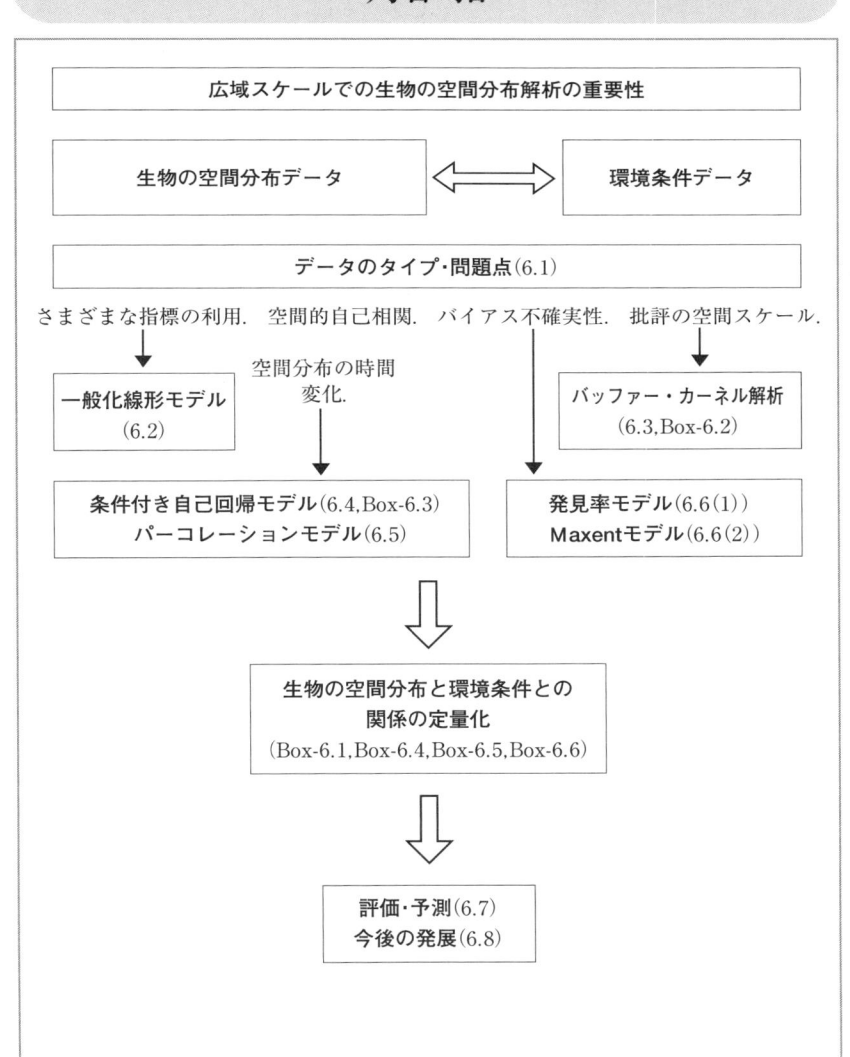

# 第6章
## 広域スケールでの生物空間分布解析法
### 角谷 拓

```
広域スケールでの生物の空間分布解析の重要性

    生物の空間分布データ  ⇔  環境条件データ

    データのタイプ・問題点(6.1)

さまざまな指標の利用．空間的自己相関．バイアス不確実性．批評の空間スケール．

    一般化線形モデル         バッファー・カーネル解析
       (6.2)                    (6.3, Box-6.2)

        空間分布の時間
           変化．

    条件付き自己回帰モデル(6.4, Box-6.3)    発見率モデル(6.6(1))
    パーコレーションモデル(6.5)             Maxentモデル(6.6(2))

              ⇩

    生物の空間分布と環境条件との
          関係の定量化
    (Box-6.1, Box-6.4, Box-6.5, Box-6.6)

              ⇩

        評価・予測(6.7)
        今後の発展(6.8)
```

人類が将来にわたって持続的な社会活動を営むためには，生態系の健全性を維持することが欠かせない．生物多様性は，人間社会の基盤となる生態系サービスの源泉であるとともに生態系の健全性の指標でもあり，その現状を的確に把握・監視（モニタリング）することは，生態系の健全性の変化や悪化をいちはやく察知し，適確な対策をとるために必要不可欠である．モニタリングでは，しばしば指標となる生物種の空間分布とその時間変化を把握することが求められる．しかし，生物種の広範囲における空間分布の直接的な調査には困難が伴う．そのため，近年では，リモートセンシング技術や地理情報システムの発展とあいまって，統計モデルを用いて環境要因から間接的にその生物の空間分布を推定・予測する手法が急速に発展している．

生物の空間分布を予測するための第一歩としては，環境条件と生物の生息に関する指標との関係性を定量化することが必要となる（図 6.1）．この手法の背景にある基本的な考え方は，それぞれの生物は，生育・生息（以下，生息と略す）に適した環境条件（ニッチ）が決まっているというものである．このため，環境条件にもとづいて生物の潜在的な生息適地を推定する統計学的手法はエコロジカルニッチモデリングともよばれる．

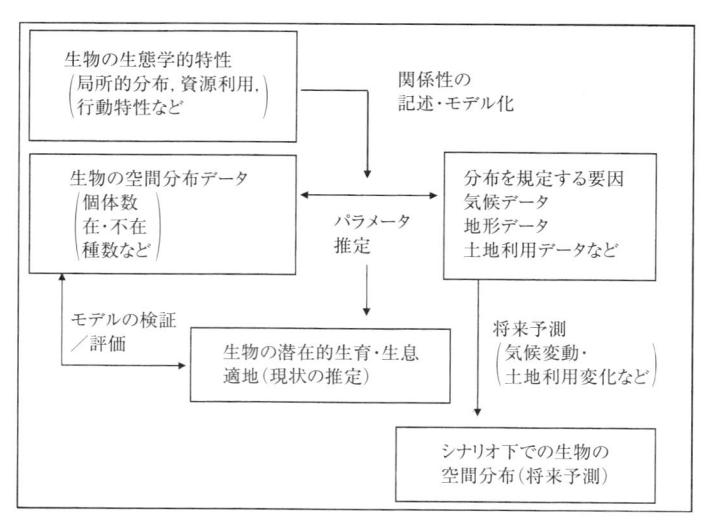

図 6.1　生物の空間分布解析の概念図．本章ではおもに関係性の記述・モデル化に焦点をしぼって解説を行う．

統計モデルを用いた生物の空間分布と環境条件との関係の定量化は，①観察されたデータと環境条件との関係を数式を用いて記述する（モデル化），②関係の強さを決める数式のパラメータ（回帰係数）を観察されたパターンから推定する（パラメータ推定），という手順で行われる（図6.1）．本章では，おもに①の部分を中心に解説する．実際に自ら分析を行う際に必須となるパラメータ推定の方法・理論的背景の理解については，一部Boxで解説したほか，参考となる文献・資料を章末に紹介した．

## 6.1 空間分布解析における問題

野外で得られる生物の空間分布データを統計学的に解析する際には，生息個体数，在・不在，種数など，生物の生息状況を表すさまざまなタイプの指標が使われるため，それぞれに適切な手法を用いて環境要因との関係をモデル化する必要がある．その際，限られた環境要因で本来多くの要因に規定される生物のニッチを把握しなければならないという限界が生じる．また，環境条件を測定する適切な空間スケールが対象生物によって変わる，生息に適した環境条件の場所すべてに生物が生息しているわけではない，といった問題も解析の過程で考慮する必要が生じる．

適切な空間スケールを選択するという問題は，対象が動物の場合に顕著となる．たとえば広い行動圏をもつ大型哺乳類の場合は，調査を実施した地点内だけでなく，その外の環境も調査場所での分布に影響する．

生息に適した場所に必ずしも当該種が分布しているとは限らないことは，生物の移動分散に制約があることを考えれば当然といえる．これがとくに顕著となるのは，過去からの環境変化に生物が追いついていない場合，本来は持続的な個体群を維持することができない環境に一時的に残存している場合（絶滅の負債（extinction debt）とよばれる（Hanski and Ovaskainen 2002））や，新たな場所に侵入した生物が分布拡大の途上にある場合などである（空間分布の非平衡状態）．生物の移動分散の制約が主要な要因となる場合（すべての適地に生物が到達できない場合）には，空間的に近い場所間で生物の分布状態が類似する「空間的自己相関」が生じやすい．このような空間的自己相関は対象生物の生息に必要な環境条件とは無関係に生じるので，生物と環境条件との関係の定量化をむずかしくする要因となる．

さらに，データ自体に含まれるバイアス（かたより）や不確実性（ばらつき）も，生物と環境条件との関係の定量化をむずかしくする要因となる．広域スケールでの生物の空間分布のデータには，欠損や見落とし，同定の間違いにもとづく誤ったデータが含まれている可能性があり，適切な対処が必要である．

このように，広域スケールでの生物の空間分布解析にあたっては，それぞれの問題に適切に対応する必要がある．いまだコンセンサスのとれた手法が確立されていない問題も含め，いくつかの課題がある．以降では，生物の空間分布解析の主要なツールとなる統計モデルの基本的な仕組みを説明したうえで，生物の空間分布データを扱う際に生じるいくつかのとくに重要な問題に関して，現時点でもっとも代表的と思われる統計学的手法を紹介する．

## 6.2 生息の指標と環境条件――一般化線形モデル

生物の生息の指標としては，個体数や在・不在，種数などがよく用いられる．これらの指標と環境要因との関係を分析するための代表的な統計モデルが一般化線形モデル（Generalized Linear Model；GLM）である．GLM は，個体数のように正の整数値のみをとる変数から，在・不在のように2値のみをとる変数までさまざまなタイプの目的変数を扱うことのできる汎用性の高い手法である．本節では，生物の空間分布の指標として利用されることが多い在・不在データを例に，GLM の考え方を紹介する．

在・不在データを扱う GLM は，生物の出現確率と環境条件との関係をロジスティック関数でモデル化するため，ロジスティック回帰ともよばれる．生息の可否がその地点の標高の影響を受けている生物を対象に，在・不在を1回の広域調査で評価した場合を例に考えてみよう．ある地点 $i$ において，対象生物の出現確率 $\phi_i$ は，

$$\phi_i = \frac{1}{1+\exp(-(b_0+b_1 標高_i))} \tag{1}$$

となり，標高の関数としてモデル化できる．ここで標高 $i$ は調査地点 $i$ における標高であり，$b_0$ は定数項，$b_1$ は標高に対する回帰係数である．ここで重要なのは，ロジスティック関数を用いることで，環境要因（この場合は標高）がどのような実数値をとっても，$\phi_i$ は0から1までの値をとるように調整されている点である．観察された生物の在・不在が，式（1）でモデル化された出現確率をもつ二項分布にしたがうと仮定し，最尤法とよばれる手法を用いて観

## Box-6.1 統計モデルのパラメータ推定
###  ――ロジスティック回帰と最尤法

**在・不在データと二項分布**

生物の在・不在データを例に,生物の空間分布を扱う統計モデルの考え方をみてみよう.一般に統計モデルでは,在・不在などの観察されたデータは,ある確率分布から発生した乱数であると考える.統計モデルの構築には,①観察データがしたがう確率分布を定義し,②その確率分布のかたちを決めるパラメータを観察データにもとづいて推定する,という手順が必要になる.ある地点における生物の在・不在というタイプのデータは通常,二項分布という確率分布にしたがうと仮定されることが多い.二項分布は,結果が成功か失敗のいずれかである $n$ 回の独立な試行を行ったときの成功数で表される離散確率分布であり,二項分布の下で $k$ 回の成功が得られる確率は以下のような式で表現することができる.

$$P[Y=k]=\frac{n!}{k!(n-k)!}\phi^k(1-\phi)^{n-k} \quad (1)$$

ここで,$n$ は全試行回数,$k$ はそのうちの成功回数,また,$\phi$ は各試行における成功確率である.成否を生物の在・不在に置き換えてみよう.ある地点 $i$ における1回の生物の調査(試行)の結果,生物が出現する確率は,式(1)において $n=1, k=1$ の場合に相当するので,

$$P[Y_i=1]=\phi^1(1-\phi)^0 \quad (2)$$

と表現することができる.同様に,生物が出現しない確率は $n=1, k=0$ の場合に相当するので,

$$P[Y_i=0]=\phi^0(1-\phi)^1 \quad (3)$$

と表される.式(2)(3)から,種の在・不在が二項分布にしたがうと仮定すれば,その確率分布のパラメータである出現確率 $\phi$ が決まれば任意の場所 $i$ について種が出現するか($Y_i=1$)しないか($Y_i=0$)を予測することができるようになるのがわかるだろう.

**最尤法によるパラメータ推定**

つぎに,二項分布のパラメータ $\phi$ を観察された在・不在データにもとづいて推定する方法をみてみよう.直感的には,$\phi$ を推定するにあたっては,観察されたデータからしてもっとも妥当そうな値に決めるのがよさそうだと考えられるだろう.これを実現するのが最尤法とよばれる手法である.最尤法では,まず観察データが得られる確率を推定したいパラメータで記述する.

その上でその確率（尤度）を最大化するパラメータの値を特定するという方法をとる．

10地点で調査を1回ずつ行った結果，4地点で対象生物が出現した場合を考えてみよう．それぞれの調査地点でのデータ（在・不在）が得られる確率はそれぞれ式（2）（3）を用いて表現することができる．各調査地点での結果は独立であり，どの地点でも出現確率 $\phi$ は一定であるとすると，$\phi$ が与えられた下での観察データが得られる確率，すなわち尤度は［式（2）］$^4$×［式（3）］$^6$ で与えられるから，

$$P(D|\phi) = \phi^4(1-\phi)^6 \qquad (4)$$

と表される．この尤度 $P(D|\phi)$ の値をもっとも大きくする $\phi$ の値（最尤推定値）を特定するのが最尤法である．式（4）は非常に単純なかたちであるので，微分法を使って簡単に最尤推定値を計算することができる（粕谷1998）．式（4）を $\phi$ について微分すると，

$$4\phi^3(1-\phi)^6 - 6\phi^4(1-\phi)^5 \qquad (5)$$

となり，極値を知るためにこれを0とおいて整理すると，

$$\phi^3(1-\phi)^5(4-10\phi) = 0 \qquad (6)$$

であるから，式（6）を満たす $\phi$ はそれぞれ，$\phi=0$，$\phi=1$，$\phi=4/10=0.4$ となる．そのうち $\phi$ が0および1の場合は $P(D|\phi)=0$ となり尤度は極小値をとることから，$P(D|\phi)$ を最大とする $\phi$ の値，すなわち最尤推定値は0.4となる．以上のように，最尤法を用いて，10地点調査を行ったうち4地点で生物の出現が確認された場合について出現確率 $\phi=0.4$ が最尤推定値となるという直感的にも妥当な結果が得られた．

### 環境変数の導入──ロジスティック回帰

これまでの例では，出現確率 $\phi$ は調査地点によらずに同じ値をとるとしてきた．しかし，本文中の式（1）のように，出現確率が調査地点の環境条件に応じて出現確率 $\phi$ が変化する場合は，$\phi$ が環境条件を表す変数の関数になっていると仮定することで上述の枠組みに簡単に取り込むことが可能である．本文中の式（1）を式（4）に代入することで，この場合の尤度関数は，

$$P(D|b_0, b_1)$$
$$= \prod_{j \in C_p} \frac{1}{1+\exp(-(b_0+b_1 標高_j))} \prod_{i \in C_a} \left\{1 - \frac{1}{1+\exp(-(b_0+b_1 標高_i))}\right\} \quad (7)$$

と表すことができる．ここで，$C_p$ は生物が出現した地点（式（4）では4地点），$C_a$ は生物が出現しなかった地点（式（4）では6地点）を表している．また，推定対象のパラメータは式（4）では $\phi$ であったのに対して，式（7）では，$b_0, b_1$ となっている点に注意してほしい．尤度関数が定義できたので，

あとは観察データにもとづいて,この尤度を最大化するパラメータ値 $b_0$, $b_1$ を推定することで,生物の出現確率が調査地点の標高にどのように依存しているかという関係をデータにもとづいて推定することができる.

察データから $b_0$, $b_1$ の推定を行う(Box-6.1).ただし,推定値の計算は多くのソフトウェアで実装されているため,普通はユーザーが自分で計算する必要はない.フリーの統計ソフトである R[1] では,glm とよばれる関数を用いることで最尤法によるパラメータ推定を簡単に実行できる.R を用いたロジスティック回帰の実行例の詳細は久保・粕谷(2006)などを参照されたい.

さらに,二項分布とロジスティック関数を,観察されたデータのタイプに応じて変えることで(たとえば個体数の場合はポアソン分布と log 関数を用いるなど;第 7 章も参照),同じ最尤法を用いた統計モデルの枠組みで解析が可能である.この場合にも,R の glm 関数を用いてさまざまなデータタイプに対応した統計モデルの構築とパラメータ推定が簡単にできる.

## 6.3 環境条件と空間スケール
### ──バッファー解析とカーネル解析

生物の空間分布解析のために有効な統計モデルを構築するためには,どのような環境条件に注目してモデル化を行うかが重要なポイントの 1 つとなる.もっとも基本的かつ重要なのは,これまで対象生物について得られている生態的な特性に関する情報から環境条件をしぼりこむことである.この過程では,自然史分野において定性的に,あるいは専門家によって感覚的にとらえられてきた生物の性質に関する情報(エキスパートオピニオンともよばれる)が有用である.対象生物の生息に影響を与えていそうな環境条件がしぼりこまれた後は,生物の生態的な特性を念頭におきながら変数の組み合せを変えて上述の GLM などの統計モデルを用いてモデル化を行う.

観察データに対して妥当そうな変数(環境条件)セットを選択する際には,それぞれのモデルについて尤度とモデルの複雑さ(パラメータ数)にもとづいて AIC(赤池情報量規準)とよばれる指標を算出し,それを選択基準にする

---

[1] http://cran.r-project.org/

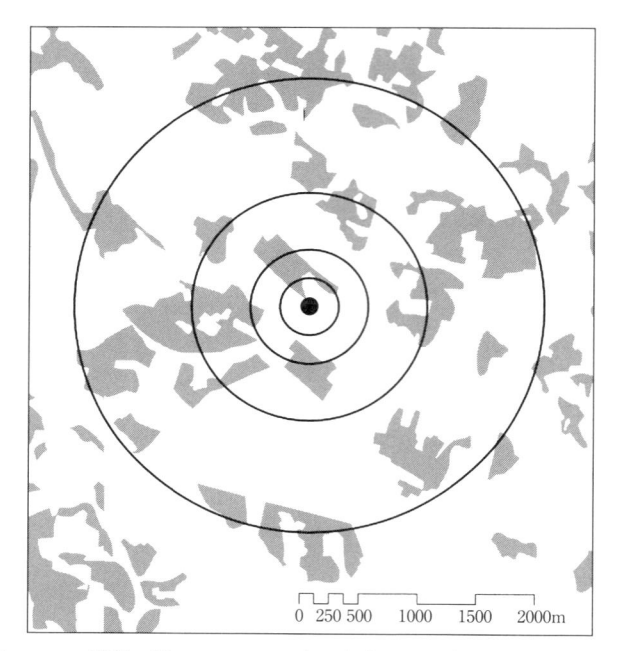

**図 6.2** バッファー解析の例．バッファー内に含まれる環境要素の合計サイズや面積比率を中心地点の環境条件として評価する．図は樹林地の分布地図上で調査地点（黒点）を中心とした半径 250, 500, 1000, 2000 m のバッファーを発生させた例を示している．実際の分析では，さまざまなサイズ（円の場合は半径）のバッファーを作成し，観察されたデータをもっともよく説明するサイズを選択することが多い．

のが普通である．AIC にもとづいたモデル選択については，Burnham and Anderson（2002）および Johnson and Omland（2004）などを参照されたい．なお，生物の空間分布解析結果にもとづき広域スケールでの空間分布を推定することが必要な場合には，解析の段階で，生物の調査が行われていない場所においても利用可能な環境条件を選択する必要がある．このため，実際の応用の現場では対象生物の生態的特性と環境データの利用可能性との両方を考慮したモデル化が必要になる．

　より発展的な課題として，対象生物の生息が調査対象とした地点の外の環境条件からも影響を受ける場合を考えてみよう．生物の行動範囲が広い場合や，周囲から移入してくる資源を利用している場合がこの例に該当する．このようなときにはバッファー解析とよばれる手法がよく用いられる．これは，対象と

## Box-6.2 距離カーネルを用いた解析例

距離に応じて環境条件に重み付けを行うカーネルを用いることで、対象生物や資源への移動分散の影響がおよぶ空間スケールを考慮して、環境条件を評価することができる。Rhodes *et al.*(2006)は、オーストラリア南東部のポート・スティーブンス地域を対象に、一般化線形混合モデル（ランダム変数を組み込んだロジスティック回帰）を用いて、コアラ *Phascolarctos cinereus* の分布のモデル化を行い、コアラの分布におよぼす自然ハビタットの質と人為の影響の相対的な重要性を比較した。その際、各地点 $i$ における環境条件を以下の式で定義している。

$$X_i = \frac{\sum_{c=1}^{k} V_c \exp(-\lambda d_{ic})}{\sum_{c=1}^{k} \exp(-\lambda d_{ic})} \quad (1)$$

ここで、$k$ は対象地域の全グリッド数、$d_{ic}$ は対象地点 $i$ から、対象域内のグリッド $c$ までの距離、$\lambda$ は距離に応じた重み付けの強さを決めるパラメー

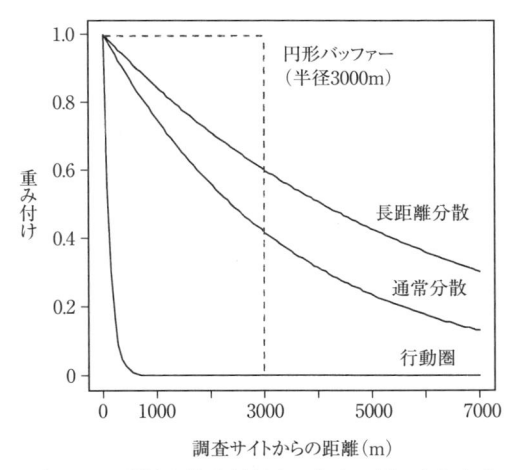

図 **6.3** コアラにとっての環境条件を評価するための用いられたカーネル解析の例。$\exp(-\lambda \times 距離)$ において $\lambda$ の値を変えることによって、行動圏スケール（$\lambda = 8.6 \times 10^{-3}$）、通常分散スケール（$\lambda = 0.29 \times 10^{-3}$）、長距離分散スケール（$\lambda = 0.17 \times 10^{-3}$）に対応した重み付けを周囲の環境条件に与えることができる。破線は、半径 3000 m のバッファーを用いた場合に与えられる重み付けを示している（Rhodes *et al.*, 2006 より改変）。

タで，正か0の値をとる．また，$V_c$は対象域内のグリッド$c$における環境条件の指標である．たとえば，樹林が環境条件の場合，グリッド$c$に樹林がある場合は，$V_c=1$，ない場合は$V_c=0$とする．ここでは，地点$i$に対する周囲の環境条件の寄与が，距離に応じて負の指数分布にしたがって減少すると仮定されている．生物や資源が受動的に分散する場合は，その距離の頻度分布はこのような指数分布によくしたがうことが知られていることから（Turchin 1998），バッファー解析に比してより自然な仮定であるといえる．さらに，$\lambda$の逆数は移動分散距離が指数分布にしたがう場合の期待値であることから，テレメトリーなどから評価した移動分散距離に関する情報から直接$\lambda$の値を決めることができる利点もある．Rhodes *et al.* (2006) は，コアラの行動圏に関する既存の情報から，3つのスケールの$\lambda$を設定し，それぞれについて環境条件を計算している（図6.3）．このように，カーネル解析を利用することで，対象生物の行動や資源利用の範囲が対象地点の外側におよぶような場合についても有効に環境条件を考慮することができる．

する地点を中心としてバッファーとよばれる任意の大きさの平面（円の場合が多い）を作成し，その平面に含まれる環境要素を地点の環境条件とする手法である（図6.2）．この手法は簡便であり，多くの地理情報システム（GIS）ソフトウェアで実行可能であることから，頻繁に用いられている（たとえば，Westphal *et al.* 2006）．

しかし，バッファー解析は，バッファーの内側では環境条件は調査地点からの距離によらず等価であり，バッファーの外側の環境条件からはまったく影響を受けないといった生物学的に不自然な仮定をおいている．この欠点に対しては，バッファーのかわりに調査地点からの距離に応じて環境条件に重み付けを行うカーネルを用いた解析によって対処できる（Box-6.2）．

## 6.4 「隣は似ている」分布データ——条件付き自己回帰

GLMをはじめ，多くの空間解析手法では対象生物はよい環境条件のところにかたよりなく分布しているという仮定がおかれている．しかし，野外における生物の分布を対象とする場合には，この仮定が妥当でないことが少なくない．もっともよく問題になるのが，空間的に近いものどうしが似通っているパターン，すなわち正の空間的自己相関（以降，空間相関）である．空間相関の成因

## Box-6.3 条件付き自己回帰モデル（CAR）の適用例

　CARモデルを用いると，生物の空間分布が非平衡状態で空間相関が生じている場合でも，環境条件による効果と空間相関による効果を区別して推定することができる．たとえばKadoya et al. (2009) は，北海道で分布拡大途上にある侵略的外来生物セイヨウオオマルハナバチ（セイヨウ；図6.4）の空間分布予測にCARモデルを適用し，環境条件から予測されるセイヨウの出現確率と空間相関のパターンを定量化した（図6.5）．セイヨウの出現確率は対象グリッドの樹林率と強い負の関係にあることが示された一方で

**図6.4** セイヨウオオマルハナバチ．ヨーロッパ原産のマルハナバチで授粉用昆虫として人工的に飼育されたコロニーが世界中に輸出され利用されている．日本でもおもに温室トマトの授粉用に利用されており，1996年に北海道ではじめて野外での自然営巣が確認されて以降，北海道全域で急速に分布を拡大している．

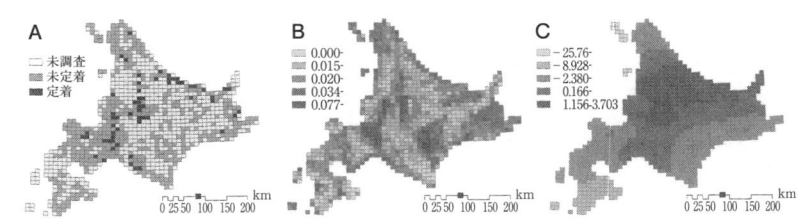

**図6.5** 北海道におけるセイヨウオオマルハナバチの分布データ（A）とCARモデルを用いて推定された，固定効果（B）および空間相関ランダム効果（C）．固定効果は，二次メッシュ（約10 km四方グリッド）内のトマトハウス作付面積，樹林率，水路延長から推定された出現確率を示している．また，空間相関ランダム効果は，固定効果から期待される出現確率からのずれを示しており，マイナスの値は，環境条件のみから期待されるほど出現確率が高くないということを示している（Kadoya et al., 2009 より改変）．

（図 6.5B），出現確率の空間相関（$\rho_i$）も明瞭な空間パターンを示した（図 6.5C）．$\rho$ の値が負の値をとる領域は，環境条件から期待されるほどセイヨウが確認されていないと解釈できることから，空間相関のパターンは，セイヨウの分散制限の実態を表している可能性がある．

はさまざまであるが，大まかに内的な要因と外的な要因に分けることができる．内的な要因による空間相関は対象としている生物の移動分散に起因するもの，外的な要因による空間相関は対象としている生物が依存している物理的・生物的環境条件が空間相関をもっている場合や調査努力量などデータ取得の際に生じるバイアスに起因するものが考えられる．

とくに，空間相関が生物の移動分散や未測定の環境条件によって生じる場合には，分布の平衡状態が仮定できない．その場合には，生物の空間分布と環境条件との関係を正しく定量化することが困難になる．この対処法として，よく用いられるのが GLM に空間相関を組み込んだ条件付き自己回帰（CAR）である（Box-6.3）．

ここで再び生息の可否が標高によって決まっている生物の在・不在データの例を考えてみよう．CAR モデルは以下のように表現することができる．

$$\psi_i = \frac{1}{1+\exp(-(b_0+b_1 \text{標高}_i + \rho_i))} \quad (2)$$

式（2）は，ロジスティック回帰の式（1）に，調査地点 $i$ ごとに空間相関をもつランダム変数 $\rho_i$ を加えたかたちになっている．$\rho_i$ は，周囲のランダム変数に依存する（空間相関をもつ）と仮定され，その条件付き確率は以下のような正規分布にしたがうと仮定される（深澤ほか 2009）．

$$\rho_i | \rho_j \approx N\left(\frac{\sum_{j \in \delta i} a_{ij} \rho_j}{a_{i+}}, \frac{\sigma_\rho^2}{a_{i+}}\right) \quad (3)$$
$$j \neq i$$

ここで，$j \in \delta_i$ は，地点 $j$ が地点 $i$ の近傍点である場合にのみ計算に加えることを表している．$a_{ij}$ はすべての地点 $i$ と $j$ の間のつながりの強さに関する重み係数であるが，実際には一様（$a_{ij}=1$）と仮定されることが多い．$a_{i+}$ は地点 $i$ の近傍点すべてについての重み係数の和であり，$a_{ij}=1$ としたときには，近傍点の数と一致する．$\sigma_\rho^2$ は条件付き分散とよばれ，その値が大きいと，$\rho_i$ が近

傍点の平均からずれやすくなり,小さいと近傍点の平均と同じような値をとりやすくなる.このため,条件付き分散は,空間的ランダム効果の空間上での滑らかさを制御するパラメータである.CARモデルの詳細は,深澤ほか(2009)を参照されたい.

## 6.5 時間変化する空間分布——パーコレーションモデル

環境条件をもとに推定された生物の空間分布は,「潜在的な」生息適地とよばれる.これは,よい環境であっても実際は分散制限などの理由でその場所に対象生物が生息しているとは限らないからである.CARモデルを用いると分散制限に起因する空間相関があるデータであっても分析対象とすることができるが,推定できるのは,あくまでも環境条件にもとづいた「潜在的な」生息適地である.いいかえると,分布がまだ平衡に達していない近い将来の空間分布を予測することはできない.分布拡大中の生物の近い将来の空間分布を予測するためには,移動分散の速度を明示的に組み込んだ統計モデルが必要となる.そのためには,空間分布の時間変化という時間軸も含んだ空間データが必要となる.

Cook *et al.* (2007) は,疫学分野で病原の分布拡大をモデル化するために用いられてきたパーコレーションモデルのパラメータを時空間データから推定する手法を提案している.パーコレーションモデルは,感染イベントが起こったか起こっていないかという在・不在データを対象とし,「感染」イベントの発生確率を時間・場所ごとにモデル化する点に特徴がある.「感染」イベントが発生するまでの待ち時間や調査期間中にイベントが発生しない確率は,単位時間あたりのイベント発生回数の期待値(イベント発生率)によって簡単に記述できる(Box-6.4).

感染イベントの発生率を,ある地点への生物の定着率と考えると,この枠組みは分布拡大を続ける生物の空間分布予測にそのまま応用可能である.生物の定着プロセスは,周囲からの移入率と移入先の環境の適合性のかけ算で決まると考えることができる.したがって,地点$i$における定着率は,

$$\text{定着率}\,i = \text{移入率}\,ij \times \text{環境の適合性}\,i \qquad (4)$$

とモデル化することができる.ここで$j$は$i$よりも以前に生物が定着している地点を示している.ここで,再び対象生物の環境の適合性が,その地点の標高に依存しており,さらに,移入率はすでに定着した地点からの距離に依存して

## Box-6.4 待ち時間の確率
### ——パーコレーションモデルの尤度

パーコレーションモデルでは,ある時点での生物の定着の発生とその拡大という時空間データを対象にすることから,尤度を算出するためには,以下の2つの確率が重要になる.

① はじめてイベントが発生するまでの待ち時間 $t$(その場所にはじめて生物が定着するまでの時間)の確率:

$$P(t) = re^{-rt} \qquad (1)$$

② 調査終了までに一度もイベントが発生しない(生物の定着が起こらない)確率:

$$P(n=0) = e^{-rt} \qquad (2)$$

ここで,$r$ はイベントの発生率の期待値(イベントの発生回数/単位時間),$t$ は期間を表している.この2つの確率分布を組み合わせることで,観察された在・不在の時空間データが得られる確率(尤度)は以下のように簡単に記述できる.

$$尤度 = \prod_{i \in C_p}^{i} re^{-rt_i} \times \prod_{i \in C_a}^{i} e^{-rt_e} \qquad (3)$$

ここで,$r$ はイベントの発生率の期待値,$t_i$ は地点 $i$ で生物の定着が観察された時間,$t_e$ は調査が終了した時間,$C_p$ は調査中に定着が観察された地点,$C_a$ は調査中に定着が確認されなかった地点を表している.ただし,実際の生物の定着イベントは本文中式(5)のような周囲からの移入(二次分散)による定着に加えて,距離に依存しない系外からの移入(一次分散)による定着プロセスも考える必要があることから,尤度関数は式(3)に比べてずっと複雑になる(角谷 2009).

---

いる例を考えてみよう.このような場合はたとえば以下のように式(4)を具体的にモデル化できる.

$$r_i = \sum_j \lambda^2 d_{ij}^{-2\lambda} \exp(b_1 標高_i) \qquad (5)$$

ここで,$d_{ij}$ は地点 $i, j$ 間の距離,$\lambda$ は移入率が距離によって減少する度合を決めるパラメータ,$b_1$ は,環境の適性への標高の寄与の大きさを決めるパラメータである.このように,移動分散プロセスをモデルのなかに明示的に組

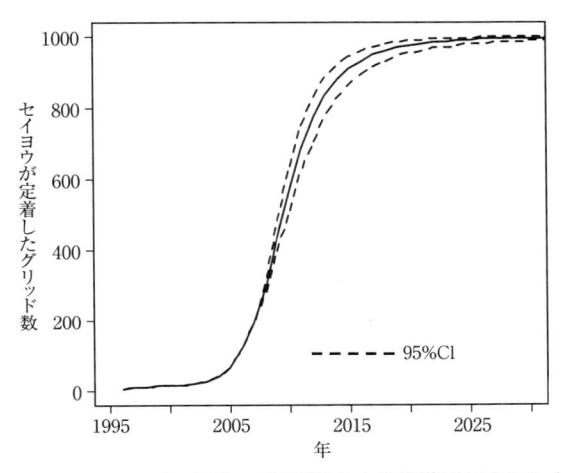

**図 6.6** パーコレーションモデルを用いて予測された北海道におけるセイヨウオオマルハナバチの分布拡大動態. 在・不在の時空間データにもとづいて推定された移動分散パラメータと定着率の環境条件への依存性を表すパラメータを用いてシミュレーションを 5000 回行った結果. 破線は，予測結果の 95% 信用区間を示す. 北海道においてはセイヨウオオマルハナバチは分布拡大の指数関数的増加フェーズにあり，なにも対策を講じなかった場合は，2025 年ごろまでには北海道全域に野生定着することが予測される（Kadoya and Washitani, submitted より改変）.

み込むことで，対象としている生物の空間分布が平衡に達していない場合に対応することができる. ただし，ここで注意が必要なのは，パーコレーションモデルでは，一度定着した生物の絶滅はないという仮定がおかれている点である. 環境条件の変化にともなって，分布全体がシフトしていくような場合には，「定着」に加えて「絶滅」のプロセスも同様にモデルに組み込む必要がある. パーコレーションモデルの構造やパラメータ推定方法について，よりくわしくは角谷（2009）を参照されたい.

Kadoya and Washitani（submitted）は，この手法をセイヨウオオマルハナバチの分布拡大に適用し，市民参加によって収集された当該種の分布拡大情報から，移入率および定着に対する樹林率や積雪量といった環境条件の影響を推定した. さらに，推定されたパラメータにもとづいたシミュレーションにより分布拡大の将来予測を行った（図 6.6）. このように経時的な分布拡大動態を予測できるのは，移動分散を組み込んだ時空間統計モデルの強みである.

## 6.6 データの不完全性への対応

野外で得られた生物の空間分布データにはバイアス（かたより）や不確実性（ばらつき）が含まれている．データのバイアスや不確実性には，冒頭で述べたような種々のタイプがあり，それに対応するためには，ケースバイケースで適切な統計モデルを構築する必要がある．ここでは，発見率が一定ではない場合と，「いる」情報のみで「いない」情報がない場合という，生物生息データにありがちな2種類の事態に対応する手法を紹介する．

### (1) 発見率を考慮した統計モデル

野外では生物が実際に存在していても調査時に必ず発見できる（発見率＝1である）保証はない．とくに対象生物が小型であったり，調査対象域が広域にわたる場合には調査精度が低下し，発見率が低くなる．発見率が1よりも小さい場合を考慮せずに対象生物の出現確率 $\psi$ を推定すると，推定結果に重大なバイアスが生じる．そのため，近年では，それに対応した統計モデリングの手法が開発され，実際に用いられている．

発見率が1より小さい場合，本来は対象生物が存在しているにもかかわらず，誤って存在しないと判断してしまうという事態が生じる（false absence の問題）．しかしながら，同じ地点で何度か調査を繰り返すことによって，その地点で一度も生物を発見できない確率は減少するだろう．たとえば，5回の調査のうち対象生物が2回発見できたとする．この場合，5回の調査期間のうちで，その地点に生物はずっと存在していたという前提の下での発見率は $2/5=0.4$ であると推定できる．この考え方を応用すれば，生物の出現確率と発見率を，同じ場所でそれぞれ複数回調査された在・不在のデータから同時に推定することが可能になる．ここでは，MacKenzie *et al.* (2006) によって紹介されている，ロジスティック回帰を発見率を明示的に考慮するように拡張した統計モデルについて解説する．

地点 $i$ において4回の調査を実施した場合，1回目と3回目の調査では発見できなかったものの，2回目，4回目では対象生物を発見できたという事象（発見歴）を $h_i=0101$ と表現する．さらに，生物の出現確率を $\psi$，調査回 $j$ における発見率を $p_j$ とする．ここで，4回の調査において生物の真の在・不在の状態は変化していないとすると，地点 $i$ について上記の発見歴が得られる確率は，その場所に生物が存在していて（$\psi$）かつそれが発見率（$p_j$）に応じて発

見される確率であるから,

$$P[h_i=0101]=\phi(1-p_1)p_2(1-p_3)p_4 \quad (6)$$

と表現できる．$p_j$ が発見率であるから，$1-p_j$ が発見されない確率を表している．つぎに，4回の調査のうち一度も生物が発見されなかった場合 $h_i=0000$ について考えてみよう．この場合は，調査地点 $i$ に生物が存在しない場合と存在しているのに発見できなかった（false absence）場合の両方が存在する．そのため，発見歴が得られる確率は，

$$P[h_i=0000]=\phi(1-p_1)(1-p_2)(1-p_3)(1-p_4)+(1-\phi) \quad (7)$$

と表現される．発見率を組み込むことで，生物が観察されなかった調査地点でも「ほんとうはいる」場合が考慮されることがわかるだろう．このような考え方にもとづいて，観察データから発見率と出現確率を同時に推定することができる（Box-6.5）．さらに，ロジスティック回帰の説明の際に示したようにロジスティック関数を用いて発見率を調査場所の環境条件や調査者の関数と定義してパラメータを推定することも可能である．発見率モデルについてさらにくわしくは角谷（印刷中）を参照されたい．

Mazerolle *et al.*（2005）は，池にすむアカガエルの一種（*Rana clamitans*）の出現確率を予測する統計モデルを構築し，発見率を考慮する場合としない場合でどのように推定結果が変わるかについて検討した．発見率を考慮した場合には，カエルの出現確率は池の周囲の水域や樹林量から強い影響を受けるという生態的に妥当な結果が得られたが，発見率を考慮しない通常のロジスティック回帰では，これらの景観スケールでの要因の効果が過小推定された．また，発見率は調査努力量（調査人数×時間）の影響を強く受けるという推定結果が得られた．大規模な調査を野外で行う場合や参加型調査では，調査努力量を一定にすることは困難である．したがって，発見率を組み込んだモデリングが可能になるように，それぞれの調査地点において複数回の調査を実施することが望ましい．

（**2**）　在のみデータからの分布予測

前項で false absence の問題にふれたが，そもそもまったく「不在」情報が存在しないデータを扱う必要が生じる場合もある．自然史博物館や植物園などが所有する生物標本は，膨大な量の生物の分布情報を提供する一方で，生物の不在情報が欠けているという大きな欠点がある．このような場合には偽の不在（pseudo-absence）データをランダムに発生させてロジスティック回帰など，

## Box-6.5 出現確率と発見率を同時に推定する

MacKenzie et al.（2006）は，ロジスティック回帰を拡張し，発見率を明示的に考慮する手法を提案している．本文中，式（6）（7）のように発見率が1より小さい場合にそれぞれの調査地点における発見歴が観察される確率が計算できるので，パラメータ $p, \phi$ の下で観察データが得られる確率すなわち尤度は，それらを全調査地点についてかけ合わせた値になる．これは一般的に，

$$P(h_1, h_2, \cdots, h_s | \phi, p)$$
$$= \left[ \phi^{s_D} \prod_{j=1}^{K} p_j^{s_j} (1-p_j)^{s_D - s_j} \right] \left[ \phi \prod_{j=1}^{K} (1-p_j) + (1-\phi) \right]^{s-s_D} \quad (1)$$

と表現できる．ここで，$K$ は各調査地点における調査回数，$s$ は調査地点数，$s_D$ はそのうち少なくとも一度は生物が発見された地点数，$s_j$ は $j$ 番目の調査の際に種が発見された地点数を示している．このモデルで重要な仮定は，各地点の複数回の調査期間中，生物の真の在・不在の状況は変わらないという点である．最尤法による発見率モデルのパラメータ推定は，フリーのソフトウェア PRESENCE 2.0[3] を用いることで可能である．さらに，ここで紹介したモデルは，調査期間中に在・不在の状態が変化する場合や，未知の原因によって調査地点ごとに発見率が変化する場合への拡張も可能である（MacKenzie et al. 2006）．

---

3) http://www.proteus.co.nz/

---

在・不在データから出現確率を推定する統計モデルをそのまま適用する手法が用いられる（Pearce and Boyce 2006）．しかし，在データと偽の不在データの比率は対象地域全体における真の在・不在の比率を反映していない，また偽の不在データにはほんとうは生物が生息している地点のデータも含まれている可能性があるといった問題がある．このため，推定できるのは，ある地点における生物の出現確率ではなく，全データセット（在データ＋発生させた偽の不在データ）のうち，ある地点が在データとして選ばれる確率となる．したがってその解釈は単純ではなく利用には注意を要する．

一方，近年になって最大エントロピーモデル（maximum entropy modeling; Maxent モデル）とよばれる手法が，在のみデータを用いて生物の空間分

布を推定するための強力な手法として提案され,実際に利用されている(Elith et al. 2006).この手法は,前述のロジスティック回帰とは違い,調査地点を含む対象エリア全体において生物の在データが得られる単一の確率分布を推定する点に特徴がある.

Maxent モデルにおける確率分布の推定では,在データが観測された地点における環境条件の平均値が,推定された確率分布の下での環境条件の期待値と一致するという制約を満たす確率分布のうち,もっともエントロピーが大きくなる(均一に近くなる)ものを数値的に探索するという方法をとる.これは,以下に定義される確率分布 $q_\lambda$ において,条件を満たす $\lambda$ を推定することに相当する(Phillips et al. 2006).

$$q_\lambda(x) = \frac{\exp\left(\sum_{j=1}^{n} \lambda_j f_j(x)\right)}{Z_\lambda} \tag{8}$$

ここで,$x$ は対象としている全地点(未調査地点も含む),$f_1(x), \cdots, f_n(x)$ は地点 $x$ における環境変数の値,$\lambda_j$ は,その重み付けパラメータ,$Z_\lambda$ は全地点の $q_\lambda$ の合計値を 1 にするための規格化定数である.Maxent モデルは Maxent[2] とよばれるフリーソフトウェアで実装されている(Phillips et al. 2006).

Maxent モデルは,対象エリア全体における在データが得られる確率分布を推定するために,調査をしていない地点(バックグラウンドとよばれる)において生物が「不在である」と仮定する地点を用意する必要がない.これはロジスティック回帰などの手法で在のみデータを扱う場合との大きな違いである.この特徴のため Maxent モデルでは,分散制限によって生じる空間相関や,false absence の問題に比較的頑強であるといわれている.実際,Kadoya et al. (2009) は,北海道におけるセイヨウオオマルハナバチについて,大規模な一斉分布調査により収集された在・不在データセットと市民の協力者から得られた報告にもとづく在のみデータセットをそれぞれ,CAR モデルと Maxent モデルを用いて分析し,両者の推定結果がよく一致することを示した.

一方で,Maxent も含めた在のみデータを用いた解析手法は,対象エリア内での調査努力量のかたよりといった環境条件に対するバイアスに脆弱であることが知られている.一般に,生物の調査は道路の近くなどのアクセスの容易な場所や,一部の有名な採集地などに集中する傾向が強いことから,このような

---

2) http://www.cs.princeton.edu/~schapire/maxent/

問題は深刻である．たとえば，標本などの在データがアクセスの容易な道路の近傍ばかりで採集されている場合は，全域をバックグラウンドとして扱うと道路周辺で在データが得られる確率が高くなるという，生物学的には因果関係のない要因の効果が誤って推定されてしまう．近年では，このような問題を解決するために，似たような生態的特性をもったほかの生物の在データがある地点をバックグラウンドとして扱う手法が提案されている（Phillips *et al.* 2009）．この手法の基本的な考え方は，少なくともなんらかの調査がされた地点をバックグラウンド地点とすることで，調査努力量のかたよりなどのバイアスを制御しようというものである．

## 6.7 評価と予測に活かす

広域スケールでの生物の空間分布を解析することで，環境条件しかわかっていない場所での生物の分布推定や，将来，環境条件が変化したと仮定した場合の分布予測が可能となる（図 6.1）．さらに，そのような解析結果が地図化されることで広く社会的なコミュニケーションが促進される．生物の空間分布解析はこれらを通じて生物多様性の保全という社会的な目標の実現に貢献できる有効なツールである（第 5 章も参照）．また，生物多様性のモニタリングといった応用的な目的に加えて，群集構造のより一般的パターンやその決定機構をみいだしたり（大串ほか 2008），生物の進化動態の決定機構を明らかにするといった基礎的な課題においても（Kozak *et al.* 2008），広域スケールで得られたデータを用いた解析の必要性が認識されている．近年のマクロエコロジーの隆盛や，生物の空間分布を対象とする研究を中心的に扱う学術雑誌（たとえば，Ecography, Global Ecology and Biogeography, Diversity and Distributions など）の創刊や充実などはこのような科学的・社会的な要請を反映したものといえるだろう．本節では，個別の現象をよりよく説明するためのモデルや，一般性が高く適用範囲が広い分布モデルの構築に関して参考になると思われる事項をまとめた．

（1）より現実的な統計モデルの構築

広域スケールでの生物の空間分布解析においては「生物の生息と環境条件との関係を記述・定量化する」ことが基礎となる．この点について技術面での近年の発展はめざましいものがある．その原動力はベイズ統計と計算機集約的な

パラメータ推定手法である MCMC 法の普及である（Box-6.6）．統計解析で必要なモデル化とパラメータ推定という 2 つのプロセスのうち，前者はたんに数式を組み立てればよいという意味で従来からそれほどむずかしいことではなかった．しかし，パラメータ推定はモデルの構造が多少複雑になるだけで困難になるのがこれまでの常であった．ベイズ統計と MCMC 法はこの壁を乗り越えるうえで大きな力を発揮している（Box-6.6）．

　広域における生物の空間分布解析のためには，異なる目的でとられたタイプのデータや市民ボランティアの協力の下に収集されたデータなど，多くの性質の異なるバイアスや不確実性を内包するデータを扱う必要があり，それぞれのデータの特殊性に応じた複雑なモデル化が必要になる．ベイズ統計と MCMC 法を使うことで，そのような場合でもパラメータ推定を行うことが可能である．本章ではくわしくふれなかったが，CAR モデルやパーコレーションモデルは，パラメータ推定をベイズ統計と MCMC 法に負っている．ベイズ統計と MCMC 法を活用した空間解析法についてくわしくは深澤・角谷（2009）および日本生態学会誌特集号（59 巻 2 号，2009）の記事を参照されたい．

## （2）　不確実な未来の予測

　構築されたモデルのよさの評価は 2 つの視点にもとづいて行う必要がある．一方は，パラメータ推定に用いた観察データ（トレーニングデータ）をどのくらいよく説明しているかというものであり，他方は，モデルを用いて行った予測結果がどのくらい正確かというものである．生物の分布モデルは，多くの場合，未知の生物分布を予測するという目的で利用される．そのため，後者の，モデルの一般化可能性（generalizability；Vaughan and Ormerod 2005）の評価がとくに重要である．「モデルの一般化可能性」とは，モデルが構築に用いたトレーニングデータを得た系と，場所や時間がどのくらい異なる系であっても予測力を維持できるかを表す尺度である．

　モデルの一般化可能性を評価するためのもっとも基本的な方法は，予測を行いたい系からあらかじめデータをサンプリングしておき（テストデータ），モデルの予測がテストデータとよく一致するかどうかを検証するというものである．この検証のためには，モデルのタイプに応じて予測とテストデータのあてはまりのよさを定量化するさまざまな指標が提案されている（Vaughan and Ormerod 2005）．

　しかし，実際には，将来予測や遠隔地の系での予測など，あらかじめ適用対

## Box-6.6 階層的に自然をとらえる──階層ベイズモデル

ベイズ統計の基本概念であるベイズの定理は以下のように表される．

$$f(\theta|x) = \frac{f(x|\theta)f(\theta)}{f(x)} \quad (1)$$
$$\propto f(x|\theta)f(\theta)$$

ここで，$\theta$ は推定対象のパラメータ，$x$ はデータを表している．したがって，$f(\theta|x)$ はデータが得られた下でのパラメータの確率分布（事後分布），$f(x|\theta)$ はパラメータが与えられた下でのデータが得られる確率（尤度），$f(\theta)$ はパラメータの確率分布（事前分布），$f(x)$ はデータの確率分布をそれぞれ表している．式（1）は，尤度，事前分布および $f(x)$ が決まれば，モデルとデータとが与えられた下でパラメータがとりうる値の確率分布すなわち事後分布を得ることができることを示している．しかし，$f(x)$ を知るためには，データがとりうるすべての場合を数え上げる必要が生じることから，モデルが複雑な場合には，直接，式（1）を用いて事後分布を得ることがむずかしかった．

近年になって計算機性能の向上に伴ってマルコフ連鎖モンテカルロ法（MCMC法）とよばれる計算機集約的な計算手法を駆使することで，尤度と事前分布のみから事後分布を推定することが可能になってきた（伊庭2003；山道・角谷2009）．MCMC法の普及によってベイズ統計の枠組みで記述された統計モデルのパラメータ推定が容易になったことが，近年，生態学分野においてもベイズ推定がよく用いられるようになってきた大きな理由の1つであるといえる．さらに，直感的なプログラムコードを用いて尤度と事前分布を指定するだけで，MCMC計算を実行できるWinBUGS[4]（Lunn *et al.* 2000）などのソフトウェアの開発もベイズ推定の普及を後押ししている．

さらに，ベイズ統計では，事前分布の階層化という手法を用いて生態学で対象とするような複雑な現象をより自然なかたちで統計モデルとして表現することができる．式（1）を例に事前分布の階層化について簡単に説明しよう．たとえば，式（1）において事前分布 $f(\theta)$ がじつは，別のパラメータ $v$ によって決まっているとしよう．この事象は条件付き確率の公式にもとづいて以下のように書くことができる．

$$f(\theta, v|x) \propto f(x|\theta)f(\theta, v)$$
$$= f(x|\theta)f(\theta|v)f(v) \quad (2)$$

---

[4] http://www.mrc-bsu.cam.ac.uk/bugs/

式 (2) は，尤度の挙動を決める推定対象のパラメータ $\theta$ がさらに，パラメータ $v$ に依存するということを示している．この場合，$v$ はハイパーパラメータとよばれる．このように，ベイズ統計は，対象としている現象の挙動を規定する下の階層におけるプロセスを明示的に取り込むことを可能にするため，幾重もの階層性をもって生じる自然現象を記述するのに非常に適した枠組みを提供しているといえる．このような階層性を取り込んだベイズ統計モデルをとくに階層ベイズモデルとよぶ．

象の系からテストデータをサンプリングすることが困難な場合が多い．このような場合には，できる限り多くの系から幅広い環境条件のレンジをもったテストデータを用意して検証を行ったり，観察データをトレーニングデータとテストデータに分割してモデルの構築と予測力の検証を何度も繰り返す，リサンプリングという手法（ブートストラップ法やジャックナイフ法とよばれる手法が有名）が用いられたりする．しかし，両者とも一般化可能性が担保されるのは，テストデータに含まれる環境条件のレンジに限られることから，どのような系や環境条件のレンジで一般化可能性を検証したかを明示しておくことが必要である．

　一般化可能性の検証がむずかしい条件の下でも頑強な予測を行うために，アンサンブル予報（ensemble forecast; Araujo and New 2007）とよばれる手法も提案されている．この手法の基本的な考え方は，複数のモデルの予測を合わせることで（アンサンブル），真実から大きくはずれた予測をしてしまう危険性を減少させて，頑健な予測結果を得ようというものである．アンサンブル予報では，予測対象の系がとりうる状態（初期値，モデルのタイプ，パラメータ，境界条件／環境条件により規定される）から何度もサンプリングを行い，複数の予測結果を統合して予報を行うというアプローチをとる．統合の方法は，「コンセンサス予報」や「確率予報」などが提案されている（Araujo and New 2007）．アンサンブル予報の結果は系のとりうる状態からどのようにサンプリングするかに依存することから，適切なサンプリング方法やそれぞれのモデルの予報結果の重み付けの基準などの検討課題が残されている．

## 6.8 今後の発展方向

　前節では，不確実な将来の下で生物の空間分布を予測するために，複数のモデルの予測を統合することで頑健な結果を得る手法について紹介した．このような場合でも，個々のモデルをより現実を反映した一般化可能性の高いものにする努力をはらうことが基本である．Araujo and Guisan（2006）は，生物の空間分布モデルの5つの挑戦という論説のなかで，ニッチ概念の整理を課題の1つとしてあげている．生物のニッチは，生理的な条件によって規定される基本ニッチと，それに生物間相互作用が加わってきまる実現ニッチとに便宜的に分けて考えるのが一般的である．環境条件にもとづく生物の空間分布モデルは，基本ニッチを推定・予測していると考えるのが普通であるが，厳密には，環境条件との関係の推定には野外で得られた生息の情報（つまり実現ニッチ）を利用しているので，実現ニッチを推定していると考えることもできる．今後，一般化可能性の高いモデルを構築するためには，この点を整理し，対象生物の基本ニッチを規定する本質的な環境条件の特定を進めることに加えて（Kearney and Porter 2009），状況依存性の高い実現ニッチの取り扱い，すなわち，生物間相互作用の生息への影響をどのようにモデル化するかについての検討が必要となるだろう．

　さらに，近年，環境変動の下で生物が急速に形質を進化させる事例が多く報告され，生物の基本ニッチは変化しにくいという生物の空間分布モデルの前提（ニッチの保守性；niche conservatism）が必ずしも妥当ではないと考えられるようになっている（Pearman *et al.* 2008）．そのため，「ニッチ変化の大きさをきめる条件はなにか」「どのような分類群ではニッチの保守性が維持されやすいか」といった進化生態学における基本的な問いも，空間分布モデル構築と深くかかわるようになっている．このような課題に対しても，空間分布モデルを分析ツールとして活用することで，ニッチの進化や保守性に関して，従来ではむずかしかった広域スケールにおいてデータにもとづいた検討・検証を行う研究事例も登場し始めている（Pearman *et al.* 2008；Wiens and Graham 2005）．

　広域スケールにおける生物分布の解析手法は，今後，保全のみならず生態，進化，地理など，生物と空間を扱う幅広い分野における知見をもとに発展し，さらに，これらの分野における新しい理論構築や実証に活用可能な汎用的ツールの1つとして，重要な位置を占めるようになることが期待される．

# 引用文献

Araujo, M. B. and Guisan, A. (2006) Five (or so) challenges for species distribution modelling. Journal of Biogeography, 33：1677-1688.

Araujo, M. B. and New, M. (2007) Ensemble forecasting of species distributions. Trends in Ecology and Evolution, 22：42-47.

Burnham, K. P. and Anderson, D. R. (2002) Model Selection and Multimodel Inference：A Practical Information-Theoretic Approach, 2nd ed. Springer, New York.

Cook, A., Marion, G., Butler, A. and Gibson, G. (2007) Bayesian inference for the spatio-temporal invasion of alien species. Bulletin of Mathematical Biology, 69：2005-2025.

Elith, J., Graham, C. H., Anderson, R. P., Dudik, M., Ferrier, S., Guisan, A., Hijmans, R. J., Huettmann, F., Leathwick, J. R., Lehmann, A., Li, J., Lohmann, L. G., Loiselle, B. A., Manion, G., Moritz, C., Nakamura, M., Nakazawa, Y., Overton, J. M., Peterson, A. T., Phillips, S. J., Richardson, K., Scachetti-Pereira, R., Schapire, R. E., Soberon, J., Williams, S., Wisz, M. S. and Zimmermann, N. E. (2006) Novel methods improve prediction of species' distributions from occurrence data. Ecography, 29：129-151.

Hanski, I. and Ovaskainen, O. (2002) Extinction debt at extinction threshold. Conservation Biology, 16：666-673.

Johnson, J. B. and Omland, K. S. (2004) Model selection in ecology and evolution. Trends in Ecology and Evolution, 19：101-108.

Kadoya, T., Ishii, H. S., Kikuchi, R., Suda, S. and Washitani, I. (2009) Using monitoring data gathered by volunteers to predict the potential distribution of the invasive alien bumblebee *Bombus terrestris*. Biological Conservation, 142：1011-1017.

Kearney, M. and Porter, W. (2009) Mechanistic niche modelling：combining physiological and spatial data to predict species' ranges. Ecology Letters, 12：334-350.

Kozak, K. H., Graham, C. H. and Wiens, J. J. (2008) Integrating GIS-based environmental data into evolutionary biology. Trends in Ecology and Evolution, 23：141-148.

Lunn, D. J., Thomas, A., Best, N. and Spiegelhalter, D. (2000) WinBUGS-A Bayesian modelling framework：concepts, structure, and extensibility. Statistics and Computing, 10：325-337.

MacKenzie, D. I., Nichols, J. D., Royle, J. A., Pollock, K. H., Bailey, L. L. and Hines, J. E. (2006) Occupancy Estimation and Modeling：Inferring Patterns and Dynamics of Species Occurrence. Academic Press, Burlington.

Mazerolle, M. J., Desrochers, A. and Rochefort, L. (2005) Landscape characteristics influence pond occupancy by frogs after accounting for detectability. Ecological Applications, 15：824-834.

Pearce, J. L. and Boyce, M. S. (2006) Modelling distribution and abundance with presence-only data. Journal of Applied Ecology, 43: 405-412.
Pearman, P. B., Guisan, A., Broennimann, O. and Randin, C. F. (2008) Niche dynamics in space and time. Trends in Ecology and Evolution, 23: 149-158.
Phillips, S. J., Anderson, R. P. and Schapire, R. E. (2006) Maximum entropy modeling of species geographic distributions. Ecological Modelling, 190: 231-259.
Phillips, S. J., Dudik, M., Elith, J., Graham, C. H., Lehmann, A., Leathwick, J. and Ferrier, S. (2009) Sample selection bias and presence-only distribution models: implications for background and pseudo-absence data. Ecological Applications, 19: 181-197.
Rhodes, J. R., Wiegand, T., McAlpine, C. A., Callaghan, J., Lunney, D., Bowen, M. and Possingham, H. P. (2006) Modeling species' distributions to improve conservation in semiurban landscapes: Koala case study. Conservation Biology, 20: 449-459.
Turchin, P. (1998) Quantitative Analysis of Movement: Measuring and Modeling Population Redistribution in Animals and Plants. Sinauer Associates, Sunderland.
Vaughan, I. P. and Ormerod, S. J. (2005) The continuing challenges of testing species distribution models. Journal of Applied Ecology, 42: 720-730.
Westphal, C., Steffan-Dewenter, I. and Tscharntke, T. (2006) Bumblebees experience landscapes at different spatial scales: possible implications for coexistence. Oecologia, 146: 289-300.
Wiens, J. J. and Graham, C. H. (2005) Niche conservatism: integrating evolution, ecology, and conservation biology. Annual Review of Ecology Evolution and Systematics, 36: 519-539.
深澤圭太・角谷拓（2009）始めよう！　ベイズ推定によるデータ解析．日本生態学会誌，59：167-170．
深澤圭太・石濱史子・小熊宏之・武田知己・田中信行・竹中明夫（2009）条件付自己回帰モデルによる空間自己相関を考慮した生物の分布データ解析．日本生態学会誌，59：171-186．
伊庭幸人（2003）ベイズ統計と統計物理．岩波書店，東京．
角谷拓（2009）時間と空間を考慮する統計モデル．日本生態学会誌，59：219-225．
角谷拓（印刷中）生物の在・不在をあつかう発見率を考慮した統計モデル．保全生態学研究．
粕谷英一（1998）生物学を学ぶ人のための統計のはなし．文一総合出版，東京．
久保拓弥・粕谷英一（2006）「個体差」の統計モデリング．日本生態学会誌，56：181-190．
大串隆之・近藤倫生・野田隆史（編）（2008）メタ群集と空間スケール．京都大学学術出版会，京都．
山道真人・角谷拓（2009）マルコフ連鎖モンテカルロ（MCMC）法を用いたシ

ミュレーションモデルのパラメータ推定——ベイジアンキャリブレーション入門．日本生態学会誌, 59：207-216.

# 第7章
# 生物個体数の指標化法

天野達也

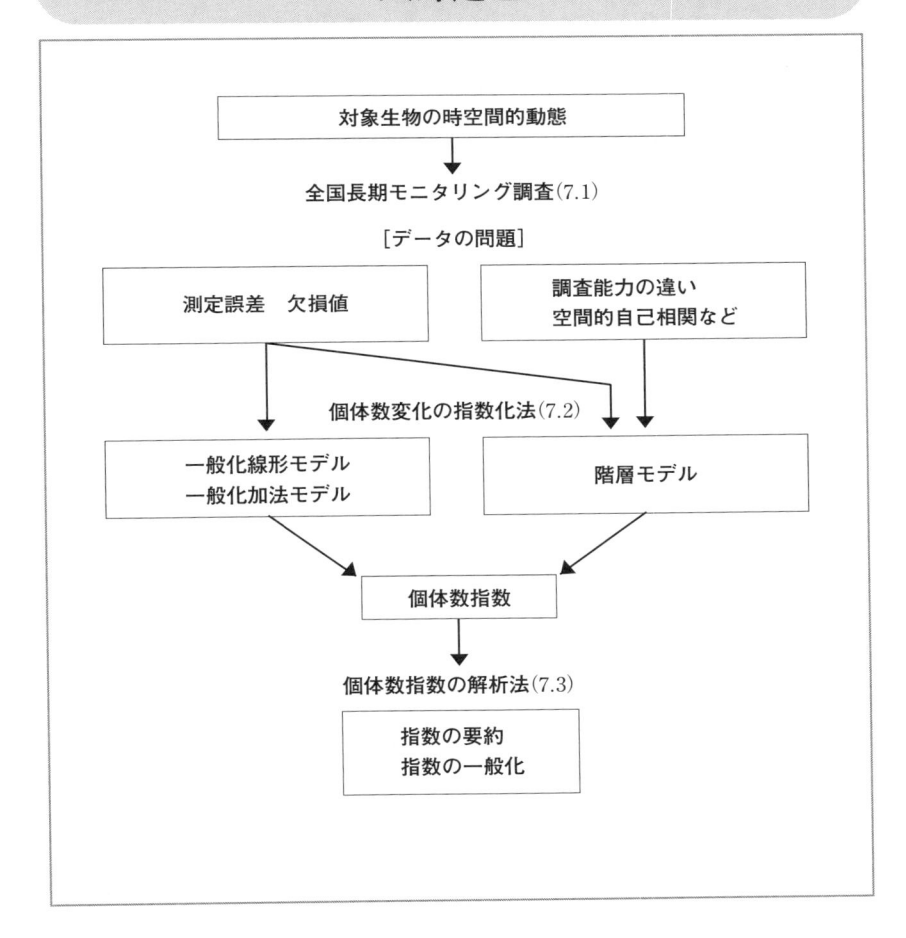

```
対象生物の時空間的動態
        ↓
全国長期モニタリング調査(7.1)

［データの問題］

┌─────────────┐      ┌─────────────┐
│ 測定誤差 欠損値 │      │ 調査能力の違い │
│              │      │ 空間的自己相関など │
└─────────────┘      └─────────────┘
        ↓    個体数変化の指数化法(7.2)    ↓
┌─────────────┐      ┌─────────────┐
│ 一般化線形モデル │      │   階層モデル   │
│ 一般化加法モデル │      │              │
└─────────────┘      └─────────────┘
        ↓                    ↓
           ┌──────────┐
           │  個体数指数  │
           └──────────┘
                ↓
        個体数指数の解析法(7.3)
           ┌──────────┐
           │  指数の要約  │
           │  指数の一般化 │
           └──────────┘
```

地球温暖化ということばを耳にするとき，多くの人が平均気温の上昇や二酸化炭素濃度の増加を表したグラフを頭に思い浮かべるだろう．事象の変化をわかりやすく示した図は，多くの人に問題を伝えると同時に政策決定者が対策を実施するための科学的根拠を提示することができる．

生物多様性の減少が深刻な問題として認識されている昨今，保全生態学の分野でも生物多様性の変化を表す「指標」の必要性が主張されている（Mace and Baillie 2007）．たとえば，2002年に開かれた第6回生物多様性条約締約国会議では「2010年までに生物多様性の損失速度を顕著に減少させる」という2010年目標が採択された．2010年に日本で開催される第10回会議では，2010年目標の達成状況が検証されるとともに，新たな目標が提案されることになっている．それでは現在の生物多様性の損失速度とはいったいどの程度なのだろうか．なにを基準としてその速度を減少させたといえるだろうか．このような問いに答えるために生物多様性の動態を定量化することは，保全生態学にとって急務である．

生物多様性の動態を表す指標のなかでもっとも基本的な指標として幅広く利用されているのが，対象とする地域内に生息する生物種の個体数変化である．生物個体数の変化を指標として利用している実例の1つとしては，英国政府の取り組みがあげられる．英国環境・食料・農村地域省では，生物多様性の動態をモニタリングするために18の指標を採用しており，そのうちの1つが動物個体群の変化傾向である．たとえば鳥類では，農業の集約化によって1970年代以降減少し続けている農地性鳥類を対象とした個体数指数が開発され，農業が生物多様性に与える影響や保全対策の効果を評価するために一役買っている．

日本国内での取り組みはどうだろうか．環境省による自然環境保全基礎調査や重要生態系監視地域モニタリング推進事業（モニタリングサイト1000）をはじめとして，生物多様性の変化について長期・広域スケールでのデータ収集・蓄積の体制が整いつつある．一方で，蓄積したデータの全国規模での解析は，まだ着手され始めたばかりの課題である．長期・広域観測データを用いた生物個体数変化の定量化は，生物多様性の動態を評価するための第1段階として，国内でも重要な課題となっている．

本章では，生物多様性の動態を評価するためのもっとも基本的な指標として，生物個体数の変化を指数化する方法を取り上げる．まずはじめに，一般に個体数指数を推定するために用いられる全国長期モニタリングデータの特徴に注目

しながら，個体数の指数化には適切な統計モデルが必要である理由について説明を行う．つぎに，統計モデルを用いた実際の指数化の手順と推定した指数の解析法を紹介する．本章では便宜的に，全国長期モニタリング調査で年ごとに記録された生物の個体数データを例に論を進める．以下に紹介する手法は営巣数や狩猟・漁獲数，確認種数など数の変化を表したデータであれば適用可能であり，対象とする時間スケールも目的によって月ごとや日ごとといったように変更することが可能である．

## 7.1 全国長期モニタリング調査の特徴

全国規模で行われるモニタリング調査からは，時として膨大な量のデータが得られる．通常，これらのデータは複数の調査地点（図7.1A）における個体数などの時間変化として得られる（図7.1B）．このようなデータを用いて，調査年ごとにすべての調査地点で観察された個体数の総和を計算しても，その種の個体数変化を正確に表すことができるわけではない．モニタリング調査から個体数変化を適切に推定するためには，データに含まれる以下のような問題を考慮する必要がある．

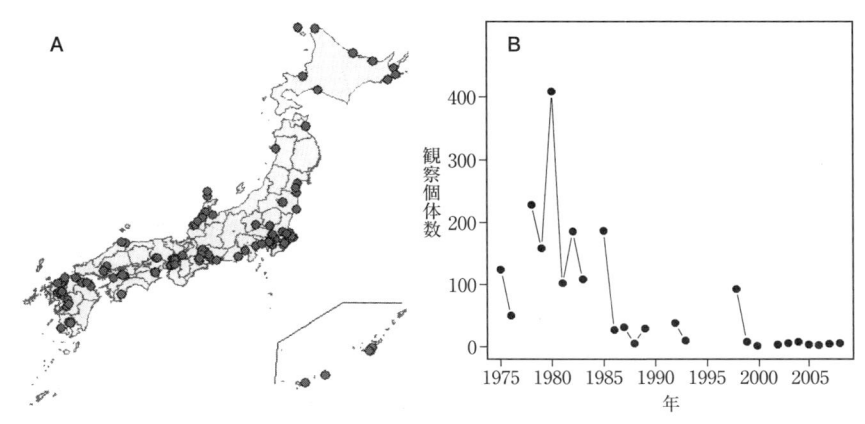

**図7.1** A：重要生態系監視地域モニタリング推進事業（モニタリングサイト1000）によってシギ・チドリ類調査が行われている調査地．B：ある調査地で得られた個体数データ．点がない年は調査が行われていないことを示す．

## (1) 測定誤差

多くの調査では個体数の測定誤差が含まれている．調査の反復や調査条件の統一などによって測定誤差を小さくすることは可能であるが，そのためには調査により多くの労力をかける必要がある．大スケールで長期間にわたって行われるモニタリング調査では，調査労力を最小限に抑えることが必要となる．そのような場合には，解析にあたって測定誤差への適切な対処が求められる．

## (2) 欠損値

データの欠損値とは，ある調査地点において，ある年に調査が行われなかったような場合に生じる，いわばデータの「空き」である．たとえば，オランダでボランティアが中心となって行われているCommon Breeding Bird Censusでは欠損値がデータ全体の60％にもおよぶとされ（van Strien *et al.* 2000），日本国内におけるモニタリング調査でも欠損値の問題は避けて通れない（図7.1B）．欠損値が多い場合，各調査地点での個体数の総和は欠損値の時間変化をも反映していることになり，個体数変化を表す指数としては不適切である．全調査年のデータがそろっている調査地点のみを解析の対象にすることもできるが，解析対象となる調査地点が少なくなるほど，調査範囲全体の個体数変化の傾向を表すことが困難になる．そのため，欠損値の存在を考慮したデータの解析が必要となる．

## (3) 調査員による違い

つぎに問題となるのは，同一調査地点でも調査年によって能力や経験の異なる複数の調査員が調査を行うことに由来する問題である．たとえば，North American Breeding Bird Survey（NABBS）はアメリカ全土，カナダ南部，アラスカ，メキシコ北部に3500以上の調査ルートをもつ大陸規模の鳥類モニタリング調査であるが，全調査ルートのうち84％ではこれまでに調査員の変更があり，それぞれの調査ルートにおいて累計2-11人の調査員によってデータが集められた（Sauer *et al.* 1994）．このNABBSのデータを用いて，連続した2年間で調査員が変わった場合と変わらなかった場合での記録個体数の変化を比較したところ，約半数の種で調査員が変わった場合のほうが記録される個体数の変化が大きくなっていることが示された（Sauer *et al.* 1994）．NABBSに参加する調査員の能力は年々向上しているため，より多くの個体数

が記録される傾向にあり，こういった調査員の違いによる効果を考慮しないと個体数の減少を過小評価するおそれがあることが指摘されている（Sauer et al. 1994）．調査員の違いによる影響は，調査体制が異なるモニタリングデータを併用して個体数指数を推定する際にも重要となる（Link and Sauer 2007）．

最後に，全国長期モニタリングデータは複数の調査地点における個体数データの積算であるため，生物の空間分布の解析を行う際に影響が注目される要因は，個体数指数の推定にも少なからず影響をもつと考えられる．これらの要因には，個体分布や個体群動態の空間的自己相関や（深澤ほか 2009；角谷 2009）調査時の発見率の違い（角谷，印刷中）などが含まれる．

## 7.2 個体数変化の指数化法

上記のような全国長期モニタリングデータに含まれる問題を考慮して個体数指数を推定するためにおもに用いられる統計手法としては，①一般化線形モデル，②一般化加法モデル，③階層モデル，の3つがある．

### （1）一般化線形モデル

本節で紹介するすべてのモデルの基礎ともいえる一般化線形モデルでは，調査によって得られたデータが，調査地点による影響（地点効果）と調査年による影響（年効果）をともに反映したものであるという前提にもとづき，個体数指数を推定する（ter Braak et al. 1994；Box-7.1）．モデルの構造がもっともシンプルで理解しやすく，単純な操作で実行できるという利点がある一方で，次項で述べるように，とくに年ごとの個体数変動が大きい種について複数年にわたる増減傾向を評価するのは困難である．

一般化線形モデルを用いた個体数指数の推定は，オランダ統計局（Statistics Netherlands）によって開発されたソフトウェア，TRIM（Statistics Netherlands のホームページ[1]からダウンロード可）によって実行することができる．TRIM は European Bird Census Council によって，ヨーロッパ21カ国，135種（2008年）の鳥類個体数指数を推定するために用いられているソフトウェアである．また，統計ソフトウェア R などの一般的な統計ソフトでも一般化線形モデルによる推定は容易に行うことができる（Box-7.1）．

---

[1] http://www.cbs.nl/en-GB/menu/themas/natuur-milieu/methoden/trim/default.htm

## Box-7.1 一般化線形モデルを用いた個体数指数推定

あるモニタリング調査において，調査地点 $i$ で調査年 $t$ に観察された個体数を $y_{i,t}$ と表す（$i=1, \cdots, N, t=1, \cdots, T, N$：総調査地点数，$T$：総調査年数）．一般化線形モデルでは，この観察個体数 $y_{i,t}$ が式（1）で表される平均 $\mu_{i,t}$ のポアソン分布から得られると仮定する．

$$\log(\mu_{i,t}) = \alpha_i + \beta_t \qquad (1)$$

ここで $\alpha_i$ と $\beta_t$ は，調査地点と調査年をそれぞれ因子型の説明変数とした場合の係数に相当し，$\alpha_i$ が調査地点 $i$ における地点効果，$\beta_t$ が調査年 $t$ における年効果を表す．式（1）で表されるモデルをデータにあてはめることで，最尤推定法による推定値 $\hat{\alpha}_i$ と $\hat{\beta}_t$ が計算される．その結果，調査地点 $i$ において調査年 $t$ に観察された平均個体数 $\hat{\mu}_{i,t}$ は，

$$\hat{\mu}_{i,t} = \exp(\hat{\alpha}_i + \hat{\beta}_t) \qquad (2)$$

と予測でき，調査年 $t$ にすべての調査地点で観察された総個体数は，

$$\sum_{i=1}^{N} \hat{\mu}_{i,t} = \exp(\hat{\beta}_t) \sum_{i=1}^{N} \exp(\hat{\alpha}_i) \qquad (3)$$

と予測される．ここで調査年 1 を基準とした場合（実際には任意の年を基準とすることが可），調査年 $t$ の相対的な個体数指数 $I_t$ は，

$$I_t = \frac{\sum_{i=1}^{N} \hat{\mu}_{i,t}}{\sum_{i=1}^{N} \hat{\mu}_{i,1}} = \frac{\exp(\hat{\beta}_t)}{\exp(\hat{\beta}_1)} \qquad (4)$$

と表すことができる．

一般化線形モデルによる係数 $\hat{\alpha}_i, \hat{\beta}_t$ の推定は，観察された個体数データのみを用いて行われるため，欠損値のあるデータセットに対しても適用可能である．また，観察個体数 $y_{i,t}$ が平均 $\mu_{i,t}$ のポアソン分布から得られるという前提によって，ポアソン分布で期待される分散にもとづいた測定誤差の考慮が可能となる．

統計ソフト R を用いて個体数指数の推定を行うための例として，表 7.1 に環境省による全国モニタリング調査で得られたチドリの一種ムナグロ *Pluvialis fulva* の個体数データ（秋期）の一部を示した．ここでは総調査地点数（$N$）は 175 地点，総調査年数（$T$）は 34 年（1975 年=1）である．便宜的に調査地点は 1-175，調査年は 1-34 までの数字として記入している．表 7.1 に示されるデータがオブジェクト dat に格納されている場合（調査地点，調査年，観察個体数が格納されている列名をそれぞれ，site, year, count

表 7.1 環境省モニタリング調査によって得られたムナグロの個体数データ（秋期）の例．調査地点の総数は 175 地点，総調査年数は 34 年（1975 年 = 1）である．便宜的に調査地点は 1–175，調査年は 1–34 までの数字として記入している．

| 調査地点 ($i$) | 調査年 ($t$) | 観察個体数 ($y_{it}$) |
|---|---|---|
| 1 | 1 | 89 |
| 1 | 2 | 72 |
| … | … | … |
| 2 | 1 | 31 |
| 2 | 2 | 6 |
| … | … | … |
| 175 | 34 | 2 |

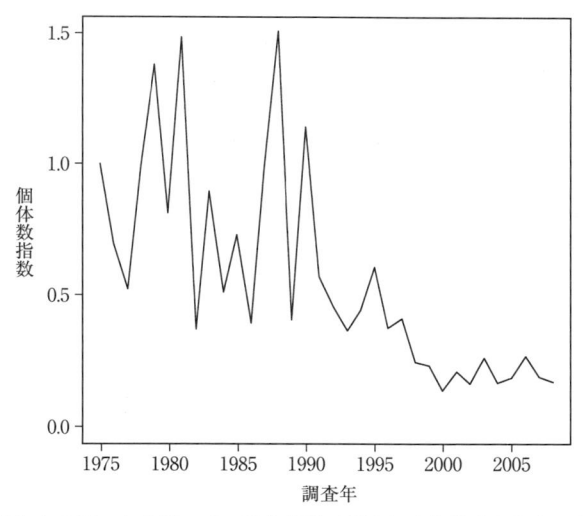

図 7.2 表 7.1 のデータを用いて一般化線形モデルにより推定されたムナグロの個体数指数．1975 年を基準年とした相対値（1975 年の値を 1 とする）で示す．

とする），
> dat$site <- as.factor(dat$site)
> dat$year <- as.factor(dat$year)
> result <- glm(count ~ -1+site+year, family=poisson, data=dat)
> summary(result)

とすることで，最尤推定法による推定値，$\hat{\alpha}_i$ と $\hat{\beta}_t$ が計算される．ここで，調査地点（site），調査年（year）はどちらも因子型の変数として変換した

あとに利用していることに注意が必要である．そのため，調査年を「1975, 1976, …」や「A, B, C, …」などと記述しても結果に影響はない．Rを用いた場合には，もっとも小さい数字やアルファベットの調査年が基準となり，その調査年における年効果の推定値が0に設定される．そのため，この例では調査年1（1975年）の年効果推定値 $\hat{\beta}_1$ が0となり，それに対する $\hat{\beta}_t$ が調査年2から調査年34まで33個の推定値として表示される．推定値から式（4）によって得られた個体数指数を図示したものが図7.2である．1975年における個体数指数（$I_1$）を1とした場合，2008年における指数（$I_{34}$）は0.17となり，この34年間で約83%の個体数減少が起こっていることが明らかになった．

## （2）　一般化加法モデル

　一般化線形モデルでは各調査年で独立の年効果が推定されるため，算出される個体数指数はしばしば大きな変動を示す（図7.2）．これは年ごとの個体数変動を評価する際には有効であるかもしれないが，複数年にわたる個体数の増減傾向を明らかにするためには，もう少し「滑らかな」個体数指数を推定する一般化加法モデルを用いた手法が有効となる（Fewster *et al.* 2000；Box-7.2）．

　一般化加法モデルの平滑化関数によって推定される曲線の滑らかさとあてはまりのよさはトレードオフの関係にあり，利用する自由度を変えることでその程度を変化させることができる．たとえば，図7.3は表7.1に示したデータから，異なる4つの自由度（1, 10, 20, 33）を用いて一般化加法モデル（Rパッケージ mgcv を利用）で推定したムナグロの個体数指数である．自由度を最大の33として推定された指数は，図7.2に示した一般化線形モデルによる指数と同じ増減傾向を示していることがわかる（図7.3D）．その一方で，自由度を10や20に設定した場合には指数の増減傾向がより滑らかなものとなる（図7.3B, C）．さらに自由度を小さくして最小の1とした場合，推定される指数は単調な増減傾向を示した直線に近いものとなる（図7.3A）．どの程度「滑らか」な平滑化関数が最適であるかは，一般化クロスバリデーション（各観測値について，その観測値以外のデータから推定したモデルによる予測値との差の平方和を最小にする手法）などの方法によって客観的に評価することもできるが（Wood 2006），Fewster *et al.*（2000）は目的やデータによってつぎに述べるように適宜自由度を変えて個体数指数の推定を行うことを勧めている．

## Box-7.2　一般化加法モデルを用いた個体数指数推定

　一般化線形モデルでは各調査年の係数として推定される年効果を，一般化加法モデルは調査年の平滑化関数 $s(t)$ として表すことで，平滑化された指数の推定を行う．

$$\log (\mu_{i,t}) = \alpha_i + s(t) \qquad (5)$$

　ここで $s(t)$ としてはさまざまな平滑化関数が用いられるが，複数に分けた区間をそれぞれ三次多項式で表す三次平滑化スプラインなどの手法がよく用いられる（Wood 2006）．式 (5) で表わされたモデルをデータにあてはめることで，年効果曲線 $\hat{s}(t)$ が推定される．これにより，各年の個体数指数曲線 $I(t)$ は，

$$I(t) = \frac{\sum_{i=1}^{N} \hat{\mu}_{i,t}}{\sum_{i=1}^{N} \hat{\mu}_{i,1}} = \frac{\exp (\hat{s}(t))}{\exp (\hat{s}(1))} \qquad (6)$$

と推定することができる．

　個体数指数の信頼区間はブートストラップ法によって推定することができる（Fewster *et al.* 2000）．ここではまず，$N$ 地点ある全調査地点から，重複を許して無作為に選出した同数の調査地点データからなるサンプルデータを複数作成する．つぎに，それぞれのデータセットに対して一般化加法モデルを適用し，個体数指数の推定を行う．最後に，各調査年で複数個得られた個体数指数から 2.5, 97.5 パーセンタイルを算出することで，その年における指数の 95% 信頼区間を推定することができる．

　一般化加法モデルを用いた個体数指数と信頼区間の推定は，Rachel M. Fewster の個人ホームページ[2] 上で公開されている R コードで実行することができる．このコードを用いて，表 7.1 のデータからムナグロの個体数指数を信頼区間とともに推定した結果が図 7.4 である．図 7.4 を図 7.2 に示した一般化線形モデルによる指数と比較すると，一般化加法モデルによって滑らかな指数が得られ，ムナグロの個体数が複数回の増減を示しながら，全体としては減少傾向にあることがよくわかる．また，信頼区間を推定したことで，指数の変化率も信頼区間とともに推定することができる．たとえば，1988 年から 2007 年にかけて 20 年間での変化率とその 95% 信頼区間は，−81（−54, −90）% と推定され，同期間において有意な減少が起こっていたことが示される．

---

[2) ] http://www.stat.auckland.ac.nz/~fewster/gams/R/

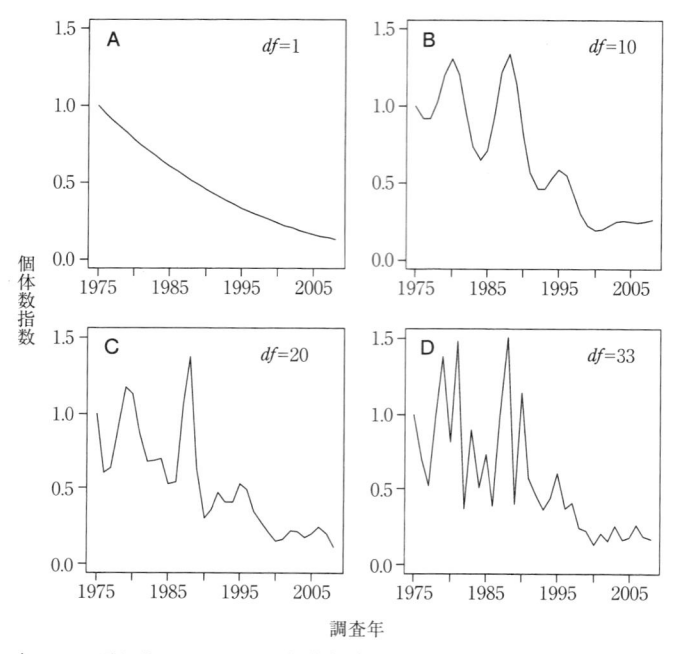

図 7.3 表 7.1 に示したデータから一般化加法モデルによって推定されたムナグロの個体数指数．1975 年を基準年としている．df はそれぞれの指数を推定するために利用した自由度を示す．

　たとえば，周期的な個体群動態を評価したい場合には比較的大きな自由度を用い，長期的な増減傾向を評価したい場合には小さい自由度を利用することが適切である．実際に一般化加法モデルで鳥類の個体数指数を推定している英国鳥類学協会（British Trust for Ornithology）では，経験的に総調査年数の 0.3 倍となる自由度を適切な値として用いている．これは対象とする種について実際に自由度を変えて推定した個体数指数を比較することで，5 年，10 年，25 年といった期間で「ある程度の変動を残しつつも全体の傾向が明確になる」自由度を選択した結果である（Baillie and Rehfisch 2006）．そのため，総調査年数の 0.3 倍という目安は絶対的なものではなく，実際に利用するデータセットを用いて，複数の自由度を用いて推定される個体数指数を比較してみることが重要である．

　データの欠損値が一般化加法モデルで推定される個体数指数にどのような影響を与えるかは，Atkinson et al.（2006）によって検討されている．Atkinson

## Box-7.3 階層ベイズモデルを用いた個体数指数推定

　階層モデルでは，調査地区や調査員の違いがデータに与える影響をパラメータとして表し，そのばらつきをハイパーパラメータによって表す．以下に，Link and Sauer（2002）がNABBSのデータから個体数指数を推定するために利用した階層モデルについて簡単に説明する．まず，調査地区 $i$ で調査員 $j$ によって調査年 $t$ に観察された個体数を，$y_{i,j,t}$ と表し，この観察個体数 $y_{i,j,t}$ が式（7）で表される平均 $\mu_{i,j,t}$ のポアソン分布から得られると仮定する．

$$\log(\mu_{i,j,t}) = S_i + \beta_i(t-t^*) + \gamma_{i,t} + \omega_j + \eta \mathrm{I}(j, t) + \varepsilon_{i,j,t} \quad (7)$$

　ここで，$S_i + \beta_i(t-t^*) + \gamma_{i,t}$ の部分は調査地区に特有な効果を表している．$S_i$ は切片，$\beta_i$ は基準年 $t^*$ からの一定の個体数変化率，$\gamma_{i,t}$ は $\beta_i(t-t^*)$ では表されない年による個体数の変動である．$\omega_j + \eta \mathrm{I}(j, t)$ の部分は調査員による能力の違いの影響を考慮しており，$\omega_j$ は調査員による影響，$\eta$ は新規調査員による影響［$\mathrm{I}(j, t)$ は0/1データによって新規調査員かどうかを表す］をそれぞれ表している．$\varepsilon_{i,j,t}$ はポアソン分布で表せないデータのばらつき（過分散）の影響を考慮するためのパラメータである．

　Link and Sauer（2002）ではマルコフ連鎖モンテカルロ法を用いたベイズ推定によって，これらのパラメータについて事後分布を推定している．$\gamma_{i,t}$, $\omega_j$, $\varepsilon_{i,j,t}$ には平均が0の正規分布が与えられ，その分散（調査地区や調査員による影響のばらつきを表す）の事前分布にはガンマ分布が利用されている．$S_i$, $\beta_i$, $\eta$ には無情報に近い事前分布が与えられる．NABBSでは，1つの調査地区内に複数の調査ルートが含まれるため，調査年 $t$ に調査地区 $i$ で観察されたルートあたりの個体数指数は，推定された各パラメータの事後分布の平均（または中央）値からつぎのように表される．

$$n_{i,t} = z_i \exp(S_i + \beta_i(t-t^*) + \gamma_{i,t}) \quad (8)$$

　ここで，$z_i$ は調査地区 $i$ 内の調査ルートのうち，対象となる種が観察されたルートの割合である．さらに，調査地区の面積 $A_i$ による影響も考慮した地区全体での個体数指数は，

$$N_{i,t} = A_i n_{i,t} \quad (9)$$

と表され，これにより調査員の違いによる影響を除去した調査地区ごとの個体数指数を推定することができる．

*et al.*（2006）は，イギリス全土における湿地性鳥類調査のデータを利用して，無作為に10-50%のデータを除去して欠損値とした後，一般化加法モデルによ

って個体数指数を推定した．その結果，検討を行った3種については，50%の欠損値を含むデータと欠損値がないデータでの個体数指数の変化率の違いは2%未満であった．このことは，一般化加法モデルが欠損値の多いデータに対する有効な指数推定法であることを示唆する．

### （3） 階層モデル

上記2つの手法では，調査員による能力や調査地区による個体数変化傾向の違い，データに内在する空間的自己相関の影響は厳密には考慮していない．またモデルの前提としているポアソン分布だけで表現できない測定誤差がデータに含まれている場合，個体数の変化傾向について誤った結論を導く可能性もある．そこでとくに広大な地域で多数の調査員によってモニタリングが行われている北アメリカでは，North American Breeding Bird Survey（NABBS）やChristmas Bird Count（CBC）の結果を解析する際に，階層モデルを用いることでこれらの問題に対処している（Link and Sauer 2002, 2007；Thogmartin *et al.* 2004）．階層モデルは通常パラメータ推定のためにベイズ推定を用いるが（階層ベイズモデル），全国長期モニタリングデータに内在するさまざまな問題を解消できる強力な手法であるといえる（Box-7.3）．

階層ベイズモデルを活用して，Thogmartin *et al.*（2004）は空間的自己相関の影響を考慮した個体数指数の推定を，Link and Sauer（2007）は異なる時期に異なる調査手法で行われているNABBSとCBCのデータを同時に利用する手法を，それぞれ開発している．両手法はベイズ推定を行うためにWinBUGS[3]を用いており，そのプログラムコードはアメリカ生態学会の電子データアーカイブで公開されている（Ecological Archives A014-035-S1, E088-002-S1）．

## 7.3 個体数指数の解析法

これまで紹介してきた手法によって，各生物種について全国長期モニタリングなどの調査結果から，データに内在するさまざまな問題を考慮した個体数指数を推定することができる．その結果は，図7.2や図7.4のような指数の時間変化で表される．それではこの図からなにがわかるのだろうか．どのようにす

---

[3] http://www.mrc-bsu.cam.ac.uk/bugs/winbugs/contents.shtml

7.3 個体数指数の解析法　169

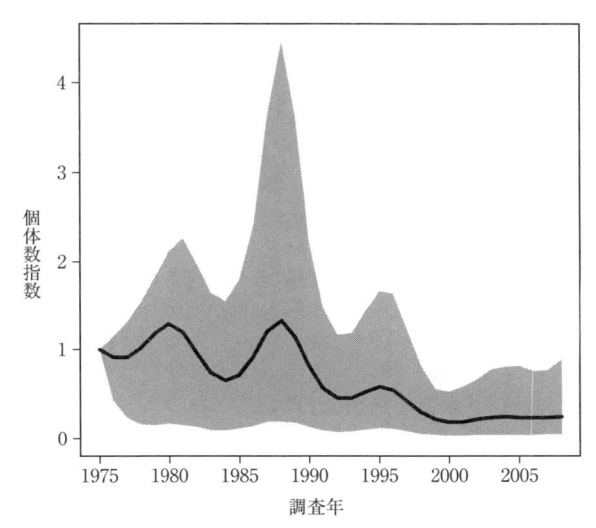

**図7.4** 表7.1に示したデータを用いて一般化加法モデル（自由度＝10）によって推定されたムナグロの個体数指数．1975年を基準年とした相対値で示している．灰色の区域は400回のブートストラップ法によって求めた95%信頼区間を表す．

れば推定した指数を実際の生物多様性保全のために活用できるだろうか．本節では，推定した個体数指数をさらに解析する手法について，指数の要約と一般化という2つの観点から紹介する．

### （1）　個体数指数の要約——「警報システム」

「警報システム」とは，イギリス全土における鳥類の長期モニタリングデータの解析を行っている英国鳥類学協会によって，実際に利用されているシステムである（Baillie and Rehfisch 2006）．各種の個体数指数について，全調査期間，過去25年間，過去10年間，過去5年間，の各期間の減少率が50%以上の場合には「急激な減少」警報，25%以上50%未満の場合には「緩やかな減少」警報を出して，個体数の減少に注意を促す．図7.4で推定されたムナグロの個体数指数で例を示すと，1978-2008年，1983-2008年，1998-2008年，2002-2007年の各期間における変化率は，それぞれ $-75\%$, $-65\%$, $-14\%$, $+4\%$ であり，過去30年間，25年間では「急激な減少」警報，過去10年間と5年間では警報なし，となる．これにより，秋期に渡来するムナグロ個体数の変化傾向を，長期的には大きく減少しているものの短期的には近年減少傾向が

緩和されている，と要約して伝えることができる．

同様の概念として国際自然保護連合（IUCN）によるレッドリストカテゴリーがある．環境省のレッドリストカテゴリーも準拠しているこのカテゴリーでは，過去10年間もしくは3世代のどちらか長い期間における個体群の減少率が分類基準の1つとして用いられている．個体数指数の変化率を算出することで，数値基準にもとづいたレッドリスト作成への貢献が可能となるだろう．

### （2） 個体数指数の一般化——統合指数と比較法

#### 統合指数

種ごとに推定された指数を種群や地域ごとに統合することによって，「農地性鳥類の個体数指数」「日本産鳥類の個体数指数」といったように，より一般的な単位での指標化が可能となる．Buckland *et al.*（2005）はこういった個体数指数統合のための6つの手法を比較し，種群全体での総個体数と種構成の変化を適切に表す手法の1つとして，幾何平均の利用を勧めている．ここで，調査年 $t$ において $k$ 種の個体数指数を幾何平均で統合した個体数指数 $G_t$ は，

$$G_t = \left( \prod_{i=1}^{k} I_{i,t} \right)^{\frac{1}{k}} \tag{10}$$

と定義される．両辺の対数をとることで式（10）はつぎのように変形でき，

$$\ln G_t = \frac{1}{k} \sum_{i=1}^{k} \ln (I_{i,t}) \tag{11}$$

最後に両辺の指数をとることで，

$$G_t = \exp \left( \frac{1}{k} \sum_{i=1}^{k} \ln (I_{i,t}) \right) \tag{12}$$

と表される．$I_{i,t}$ は Box-7.1 の式（4）や Box-7.2 の式（6）で紹介したような，種 $i$ について基準年の個体数指数で割って基準化された個体数指数である．各種の個体数指数を算術平均で統合した場合，個体数指数が大きく増加している種の影響を強く受けてしまうが，幾何平均を使うことで増加と減少の影響を対称にし，この問題を緩和することができる（Buckland *et al.* 2005）．

この幾何平均を利用した統合個体数指数の一例が，世界自然保護基金（WWF）によって利用されている Living Planet Index（LPI; Loh *et al.* 2005）である．LPI はモニタリングデータにもとづいて全世界の生物多様性動態を定量化する試みで，1300種以上の脊椎動物について，3600以上の個体群データから推定した個体数指数を統合することで得られる．LPI は，以下のように幾

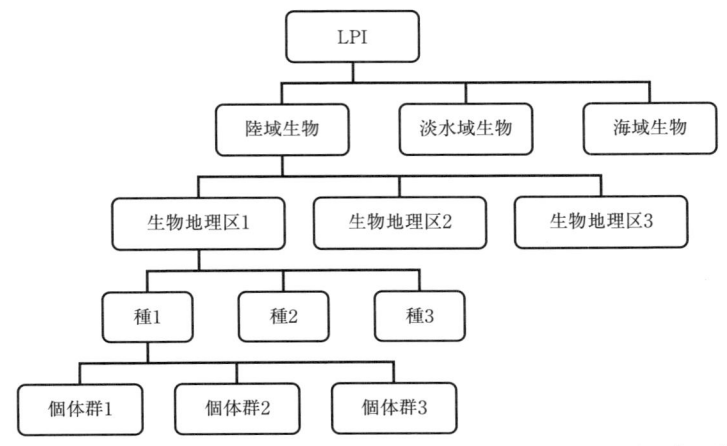

**図7.5** 世界自然保護基金によって利用されている Living Planet Index (LPI) の算出における階層的データ統合法．各階層での個体数指数統合には幾何平均が用いられている (Loh *et al.* 2005 より改変).

何平均による個体数指数の統合を複数回行うことで推定されている（図7.5）．
① 対象とする種を陸域生物，淡水域生物，海域生物，という3つの生物群に分類し，それぞれの対象個体群について基準年を1とする個体数指数を推定，
② 各生物群について，生物地理区ごとに各種の個体数指数から統合個体数指数を算出，
③ 各生物地理区の統合個体数指数から，生物群ごとの統合個体数指数を算出，
④ 各生物群の統合個体数指数から，全体の統合個体数指数を算出し，LPIとする．

2005年に推定されたLPIは1970年と比較して約30%減少しており，全世界における生物多様性の損失を示している．

幾何平均による指数の統合は全世界で幅広く用いられている．冒頭でも紹介した英国における農地性鳥類の個体数指数，European Bird Census Council によるヨーロッパ全域における鳥類個体数指数（Gregory *et al.* 2005）などがその例としてあげられ，国内でも全国で行われた自然環境保全基礎調査のデータを用いて，農地性鳥類や森林性鳥類，長距離渡り鳥といった機能群ごとの鳥類個体群の変化傾向を明らかにするために用いられている（Amano 2009;

Yamaura *et al.* 2009).

### 比較法

個体数の減少パターンや絶滅リスクは，体サイズ，子の数，主要な食物や生息地のタイプ，利用する生息地タイプ数，分布範囲など，種のさまざまな特性（形質）と関係があることが知られている（Reynolds 2003; Fisher and Owens 2004）．とくに近年減少している種が共有する特性を明らかにすることができれば，保全上注意の必要な種群（機能群）を抽出し，その機能群を対象とした統合指数の推定や，効率的な保全・研究努力の配分を行うことができるだろう．各種の減少パターンや絶滅リスクと種特性の関係を明らかにするために，近年保全生態学の研究で利用されているのが比較法である（Fisher and Owens 2004; Purvis 2008）．

比較法とは，1種を1つのサンプルととらえ，各種の応答変数と説明変数の関係を検討する手法である（Fisher and Owens 2004）．比較法は，各種を独立のサンプルととらえ，通常の回帰分析などによって実行されることも多い．しかし，系統的に近い種間では絶滅リスクや特性（形質）も類似している場合が多く，各種を独立のサンプルと前提して解析に用いることには問題がある．すなわち，種間での絶滅リスクや形質のばらつきは，(A) 生態学的な要因で説明される部分（生態効果），(B) 系統関係で説明される部分（系統効果），(C) そのどちらでも説明されない部分，の和集合で表される（粕谷 1995; Desdevises *et al.* 2003）．多くの研究で興味の対象となる生態効果を明らかにするためには系統効果を排除する必要があり，系統関係を考慮しない解析では誤った結論を招く可能性がある（粕谷 1995; Fisher and Owens 2004）．

系統関係を考慮した比較法を行うためには，Phylogenetic Generalized Least Squares（PGLS）モデル（Grafen 1989; Martins and Hansen 1997）などが利用される．対象とする種の系統関係が明らかになっていれば，これらの手法は専用のソフトウェア COMPARE[4] や R のパッケージ CAIC[5] に含まれる関数 pglm などを利用して実行することができる．系統関係を考慮した比較法を用いて生物個体数の変化傾向を一般化した研究は，国内ではまだ限られている．Amano and Yamaura（2007）は，1970年代と1990年代に全国で行われた自然環境保全基礎調査の鳥類分布データから，日本で繁殖する140種につ

---

4) http://compare.bio.indiana.edu/

5) http://r-forge.r-project.org/projects/caic/

いて分布域変化率を求め，さまざまな種特性との関係を PGLS モデルによって検討した．その結果，この 20 年間でとくに減少した種は，体重が中程度，繁殖力が低い，農地を利用する，長距離渡りを行う，といった特性を共有していることが明らかになった．この結果にもとづいて Amano and Yamaura (2007) では，日本で繁殖する鳥類にとって脅威となっている要因として農業活動の集約化や越冬地・中継地における環境変化をあげ，また中程度の体重・低い繁殖力をもつ種にとってとくに脅威となる要因の特定を，今後さらなる研究が必要な分野として提案している．

一方で，系統関係を考慮した比較法から得られた結論を絶滅リスクの評価に用いる際には注意が必要である．まず，構築したモデルで解析に用いなかった他種の絶滅リスクを推定することは誤った結論を招く可能性がある．種によって系統効果の影響が異なり，注目する生態効果の影響も相対的に異なることが考えられるためである．また，系統効果自体も絶滅リスクや個体数減少率の絶対値に影響をおよぼしているため，これらの応答変数を説明するうえでの生態効果の絶対的な重要性を理解することも必要である．そのためには，おもに空間分布データを対象に利用されてきた変動分割（variation partitioning）を用いて，生態・系統各効果で説明される応答変数の分散割合を算出する手法が提案されている（Desdevises *et al.* 2003）．

個体数の減少パターンや絶滅リスクに影響する要因を特定するほかの手法として，樹木モデルも近年注目されている（Davidson *et al.* 2009）．樹木モデルは説明変数の値によってデータを繰り返し分割することで判別・予測を行う手法である．この手法は，データに特定の分布を前提とする必要がない，サンプルの独立性を前提としないため系統関係を考慮する必要がない，同じ説明変数を複数回データの分割に用いることが可能で局所的な非線形性を表現できる，といった長所があり，今後個体数の減少パターンの説明や絶滅リスクの予測のために広く利用されるようになるだろう．

## 7.4 生物個体数指標化の意義

本章では，生物多様性の動態を定量化するための手法として，生物個体数の指標化法を紹介してきた．一般化線形・加法モデルや階層モデルはすでに多くの現場で利用されており，これらの手法で推定した個体数指数は，今後国際的な基準で生物種の個体数変化を評価していくために必須のものとなるだろう．

最後に残る問題は，生物の個体数指数，ひいては「指標」を生物多様性の動態を把握するために利用することの妥当性である．性質の異なる多くの種が相互に作用しながら構成する生物多様性の動態を，ごく限られた個数の「数字」で表すことに不安を感じるのは当然のことかもしれない．

　同様の疑問は国際的にも問われている．2005年1月のScience誌に発表された論文でAndrew Balmfordらは，生物多様性の動態を監視する指標開発の重要性を強く主張し，国内総生産（GDP）やダウ平均株価など他分野での指標を例にあげながら，生物多様性と生態系機能の保全は経済成長と同等に重要視されなければならないと締めくくった（Balmford et al. 2005）．これに対して同年5月に出版された同誌には，GDPは厳密な指標ではなく誤解も多いことから，同様の指標を生物学に応用することへの反論が掲載された（Brauer 2005）．この批判に対するBalmfordらの回答はこうである．「われわれの意図はGDPへの賛辞にあったわけではなく，科学的・統計学的に妥当で，かつGDPやダウ平均のようにメディアや人々の注目を集める生物多様性の指標を開発するため，『科学者を動員すること』にあったのだ」（Dobson et al. 2005）．

　GDP，ダウ平均株価，そして二酸化炭素排出量．世の中の多くの人や政策決定者を動かすきっかけとなるのは，わかりやすく，影響力をもった「数字」である．また，生物多様性保全のように全国・全世界規模での問題を解決するためには，世の中の多くの人や政策決定者を動かす必要があることもまた事実である．生物多様性動態の指標化を実行していくことは，その妥当性についての議論にもつながり，さらなるフィードバックによって手法を改善していくことも可能となるだろう．実際，生物多様性の動態を定量化する手法は本章で紹介したものがすべてではなく，ほかにも多くの指標化法が開発されている（Butchart et al. 2004; Scholes and Biggs 2005）．むろん，生物多様性の動態を適切に監視するためには，生態系のさまざまな側面を表した指標の組み合せを開発することが重要となるだろう．たとえばMace and Baillie（2007）は，生態系評価のためにDriving force-Pressure-State-Impact-Response（DPSIR）フレームワークの利用を推奨している．これは，生物多様性の変化を引き起こす社会や人口の変化（driving force），直接の圧力となる窒素負荷量や侵入種数（pressure），実際の生物多様性動態変化（state），結果としての生態系サービスを介した人間への影響（impact），そして保護区設立などの人間による対応（response），そのすべてを1つの枠組みとして監視していこうという考えである．

われわれはいまだ生態系についてあまりに無知であるが，現在も進行する生物多様性の損失を食い止めるためには，新たなデータ収集，既存のデータ整理，そして生物多様性動態の定量化を組み合わせた枠組みで生物多様性の評価を進めていく必要がある．日本国内での全国長期モニタリングデータ解析や指標の開発はさかんであるとはいえ，まだ始まったばかりである．この文章が，1人でも多くの人にとってモニタリングデータ解析に取り組むきっかけになれば幸いである．

## 参考図書

### 統計モデル一般についての英語書籍
Clark, J. S. and Gelfand, A. E. (2006) Hierarchical Modelling for the Environmental Sciences. Oxford University Press, Oxford.

Faraway, J. J. (2006) Extending the Linear Model with R: Generalized Linear, Mixed Effects and Nonparametric Regression Models. Chapman & Hall/CRC, Florida.

Wood, S. N. (2006) Generalized Additive Models: An Introduction with R. Chapman & Hall/CRC, London.

### 個体数指数に関する英語論文
Buckland, S. T., Magurran, A. E., Green, R. E. and Fewster, R. M. (2005) Monitoring change in biodiversity through composite indices. Philosophical Transactions of the Royal Society B-Biological Sciences, 360: 243-254.

Fewster, R. M., Buckland, S. T., Siriwardena, G. M., Baillie, S. R. and Wilson, J. D. (2000) Analysis of population trends for farmland birds using generalized additive models. Ecology, 81: 1970-1984.

Link, W. A. and Sauer, J. R. (2002) A hierarchical analysis of population change with application to Cerulean Warblers. Ecology, 83: 2832-2840.

ter Braak, C. J. F., van Strien, A. J., Meijer, R. and Verstrael, T. J. (1994) Analysis of monitoring data with many missing values: which method? *In* Bird Numbers 1992 (eds. E. J. M. Hagemeijer and T. J. Verstrael), Distribution, Monitoring and Ecological Aspects. Proceedings 12th International Conference of IBCC and EOAC, Noordwijkerhout, The Netherlands. Statistics Netherlands, Voorburg/Heerlen; SOVON, Beek-Ubbergen. pp. 663-673.

## 引用文献

Amano, T. (2009) Conserving bird species in Japanese farmland: past achievements and future challenges. Biological Conservation, 142: 1913-1921.

Amano, T. and Yamaura, Y. (2007) Ecological and life-history traits related to range contractions among breeding birds in Japan. Biological Conservation, 137：271-282.

Atkinson, P. W., Austin, G. E., Rehfisch, M. M., Baker, H., Cranswick, P., Kershaw, M., Robinson, J., Langston, R. H. W., Stroud, D. A., van Turnhout, C. and Maclean, I. M. D. (2006) Identifying declines in waterbirds：the effects of missing data, population variability and count period on the interpretation of long-term survey data. Biological Conservation, 130：549-559.

Baillie, S. R. and Rehfisch, M. M. (2006) National and Site-Based Alert Systems for UK Birds. Research Report 226. British Trust for Ornithology, Thetford, UK.

Balmford, A., Bennun, L., ten Brink, B., Cooper, D., Cote, I., Crane, P., Dobson, A., Dudley, N., Dutton, I., Green, R., Gregory, R., Harrison, J., Kennedy, E., Kremen, C., Leader-Williams, N., Lovejoy, T., Mace, G., May, R., Mayaux, P., Morling, P., Phillips, J., Redford, K., Ricketts, T., Rodriguez, J., Sanjayan, M., Schei, P., van Jaarsveld, A. and Walther, B. (2005) The convention on biological diversity's 2010 target. Science, 307：212-213.

Brauer, J. (2005) Establishing indicators for biodiversity. Science, 308：791.

Buckland, S. T., Magurran, A. E., Green, R. E. and Fewster, R. M. (2005) Monitoring change in biodiversity through composite indices. Philosophical Transactions of the Royal Society B-Biological Sciences, 360：243-254.

Butchart, S. H. M., Stattersfield, A. J., Bennun, L. A., Shutes, S. M., Akç akaya, H. R., Baillie, J. E. M., Stuart, S. N., Hilton-Taylor, C. and Mace, G. M. (2004) Measuring global trends in the status of biodiversity：red list indices for birds. PLoS Biology, 2：e383.

Davidson, A. D., Hamilton, M. J., Boyer, A. G., Brown, J. H. and Ceballos, G. (2009) Multiple ecological pathways to extinction in mammals. Proceedings of the National Academy of Sciences USA, 106：10702-10705.

Desdevises, Y., Legendre, P., Azouzi, L. and Morand, S. (2003) Quantifying phylogenetically structured environmental variation. Evolution, 57：2647-2652.

Dobson, A. P., Balmford, A., Crane, P. R., Green, R. E. and Mace, G. M. (2005) Establishing indicators for biodiversity：response. Science, 308：792.

Fewster, R. M., Buckland, S. T., Siriwardena, G. M., Baillie, S. R. and Wilson, J. D. (2000) Analysis of population trends for farmland birds using generalized additive models. Ecology, 81：1970-1984.

Fisher, D. O. and Owens, I. P. F. (2004) The comparative method in conservation biology. Trends in Ecology and Evolution, 19：391-398.

Grafen, A. (1989) The phylogenetic regression. Philosophical Transactions of the Royal Society of London Series B, 326：119-157.

Gregory, R. D., van Strien, A., Vorisek, P., Gmelig Meyling, A. W., Noble, D. G., Foppen, R. P. B. and Gibbons, D. W. (2005) Developing indicators for European birds. Philosophical Transactions of the Royal Society B-Biological

Sciences, 360: 269-288.
Link, W. A. and Sauer, J. R. (2002) A hierarchical analysis of population change with application to Cerulean Warblers. Ecology, 83: 2832-2840.
Link, W. A. and Sauer, J. R. (2007) Seasonal components of avian population change: joint analysis of two large-scale monitoring programs. Ecology, 88: 49-55.
Loh, J., Green, R. E., Ricketts, T., Lamoreux, J., Jenkins, M., Kapos, V. and Randers, J. (2005) The Living Planet Index: using species population time series to track trends in biodiversity. Philosophical Transactions of the Royal Society B-Biological Sciences, 360: 289-295.
Mace, G. M. and Baillie, J. E. M. (2007) The 2010 biodiversity indicators: challenges for science and policy. Conservation Biology, 21: 1406-1413.
Martins, E. P. and Hansen, T. F. (1997) Phylogenies and the comparative method: a general approach to incorporating phylogenetic information into the analysis of interspecific data. American Naturalist, 149: 646-667.
Purvis, A. (2008) Phylogenetic approaches to the study of extinction. Annual Review of Ecology, Evolution, and Systematics, 39: 301-319.
Reynolds, J. D. (2003) Life histories and extinction risk. *In* Macroecology (eds. T. M. Blackburn and K. J. Gaston), pp. 195-217. Blackwell Publishing, Oxford.
Sauer, J. R., Peterjohn, B. G. and Link, W. A. (1994) Observer differences in the North American breeding bird survey. Auk, 111: 50-62.
Scholes, R. J. and Biggs, R. (2005) A biodiversity intactness index. Nature, 434: 45-49.
ter Braak, C. J. F., van Strien, A. J., Meijer, R. and Verstrael, T. J. (1994) Analysis of monitoring data with many missing values: which method? *In* Bird Numbers 1992 (eds. E. J. M. Hagemeijer and T. J. Verstrael), Distribution, Monitoring and Ecological Aspects. Proceedings 12th International Conference of IBCC and EOAC, Noordwijkerhout, The Netherlands. Statistics Netherlands, Voorburg/Heerlen; SOVON, Beek-Ubbergen. pp. 663-673.
Thogmartin, W. E., Sauer, J. R. and Knutson, M. G. (2004) A Hierarchical spatial model of avian abundance with application to *Cerulean warblers*. Ecological Applications, 14: 1766-1779.
van Strien, A., Pannekoek, J., Hagemeijer, W. and Verstrael, T. (2000) A loglinear poisson regression method to analyse bird monitoring data. *In* Bird Numbers 1995 (ed. A. Anselin), Proceedings of the International Conference and 13th Meeting of the European Bird Census Council. pp. 33-39.
Wood, S. N. (2006) Generalized Additive Models: An Introduction with R. Chapman & Hall/CRC, Florida.
Yamaura, Y., Amano, T., Koizumi, T., Mitsuda, Y., Taki, H. and Okabe, K. (2009) Does land-use change affect biodiversity dynamics at a macroecological scale? A case study of birds over the past 20 years in Japan. Animal Con-

servation, 12：110-119.
深澤圭太・石濱史子・小熊宏之・武田知己・田中信行・竹中明夫（2009）条件付自己回帰モデルによる空間自己相関を考慮した生物の分布データ解析．日本生態学会誌，59：171-186.
角谷拓（2009）時間と空間を考慮する統計モデル．日本生態学会誌，59：219-225.
角谷拓（印刷中）生物の在・不在をあつかう発見率を考慮した統計モデル．保全生態学研究．
粕谷英一（1995）最近の比較生態学の方法の発展——種間比較には系統関係が必要である．日本生態学会誌，45：277-288.

# 第8章 水辺の侵略的外来種排除法
## 西原昇吾・苅部治紀

```
はじめに
  ↓
わが国の里地里山の水辺の侵略的外来種の現状 (8.1)
  ↓
排除の計画・立案 (8.2)
  ↓
侵略的外来種の影響と排除の実例 (8.3)
  ・各侵略的外来種の排除手法.
  ・排除イベントにあたっての注意と排除後
    の個体および餌の処理.
  ↓
    石川県におけるオオクチバスの排除 (Box-8.1)
    石川県と千葉県におけるアメリカザリガニの排除 (Box-8.2)
  ↓
排除を通じて得られる情報 (8.4)           除去法による個体数
  ・侵略的外来種の効果的な排除手法の評価.    推定 (Box-8.3)
  ・排除による侵略的外来種への効果.
  ・排除による在来生物相の回復への効果.    胃内容分析 (Box-8.4)
  ・排除の際のコストと努力量.
  ↓                                    オオクチバス侵入に対する
モニタリング (8.5)                       地域の予防策 (Box-8.5)
  ↓
地域の理解の必要性と情報の共有 (8.6)
```

侵略的外来種は，環境適応性の高さ，強力な捕食性，競争力，高い増殖力，拡散能力の高さ，環境改変作用，病原性を通じて，在来生態系に多大な影響をおよぼすため，その管理は生物多様性保全上の緊急の課題となっている．

侵略的外来種への対策としては，侵入の予防，早期発見，排除，制御の4つの段階があり（Wittenberg and Cock 2001），すべての段階で科学的指針に則した施策が必要である．しかし，侵略的外来種の影響や生態についての論文が最近では急増しているものの，排除の技法についての研究論文はきわめて少ない（Donlan 2003）．

外来種排除を効率的に進めるためには，費用対効果について，あるいは，複数の外来種の存在する場合の排除手法についてなどの既存の情報を統合した科学的知見をふまえた，計画の立案およびその継続的な実行が必要である．そこで，本章では，里地里山の水辺における外来種排除を例として，データのとり方，効果のモニタリング・評価，情報の共有について主として筆者らの経験にもとづいて解説する．

## 8.1 わが国の里地里山の水辺の侵略的外来種の現状

わが国の里地里山の水辺環境である，水田，ため池，水路には，メダカ，イモリ，ゲンゴロウなどのさまざまな生きものが生息する．これらの水域は，かつては河川の氾濫原，後背湿地などに生息していた水生生物の代償的な生息場所となっている．しかし，圃場整備による乾田化，農薬の多投入などによる生息環境の悪化に加え，近年では，侵略的外来種の侵入が深刻な影響をおよぼすようになっている（自然環境研究センター 2008）．その結果，里地里山の水辺環境に生息する多くの種が国および地方版のレッドリストに掲載されている．

日本の水辺生態系において，その影響がとくに大きいと考えられている侵略的外来種には，オオクチバス，ブルーギル，ウシガエル（以上は外来生物法にもとづく特定外来生物），アメリカザリガニ（同要注意外来生物）などがある（自然環境研究センター 2008）．また，アメリカザリガニは，長野，長崎，宮崎の各県で内水面漁業調整規則により移動が禁止されており，千葉や石川，福井の各県などでは自然保護課のホームページでその脅威についての情報が発信されている．

## 8.2 排除の計画・立案

　侵略的外来種の排除にあたってまず取り組むべきことは，地域における侵入状況の把握である．侵略性の高い外来種の侵入が確認された場合には，低密度のうちに早期に排除することが肝要である（Mehta *et al.* 2007）．

　排除の着手にあたり，限られた費用，労力，時間を有効に活用するため，実施場所についての優先順位を状況に応じて戦略的に決定する必要がある．まず優先すべきは，絶滅危惧種の生息地である．ついで，絶滅危惧種の生息地の周辺にある外来種の生息地であるが，そのためには，外来種の分布拡大パターンの予測が必要である．さらに，その地域において当該外来種の主要な発生源となる場所，分布拡大を防ぐうえで排除効果が高いとされる分布拡大の辺縁部を対象とする．排除に際しては，地権者，地域，行政に排除の必要性についての情報を提供，説明し，理解を得ながら排除を進める必要がある．

　侵略的外来種は根絶することがもっとも望ましい．しかし，範囲の限られた水域では可能な場合もあるが，陸上を移動可能なアメリカザリガニ，ウシガエルでは通常はきわめて困難である．しかし，根絶できなくとも個体数を低密度管理することで在来生物への影響を軽減できる（細谷・高橋 2006）．また，水域の一部を囲い排除を継続しながらエリアの拡大を図るゾーニングとよばれる手法もある．具体的な手段としては薬剤使用も検討されるが，漁業対象種などほかの生物への影響や残留性の問題から，実施はむずかしいことが多い．

　また，保全対象を明確にして有効な排除計画を立てることが重要である．たとえば，ゲンゴロウ類を保全対象とする場合では，飛翔による移動が不可能な幼虫期に，外来種の個体数をできるだけ低下させるとともに，水抜きによる排除を避けるといった配慮が必要となる．

　また，保全対象種の混獲をできる限り防ぐことは重要である（山田 2006）．保全対象とする在来種の個体数をモニタリングしながら対策を進めることが重要である（村上ほか 2006）．

　複数の外来種が侵入している場合には，それらの間の生物間相互作用を考慮しないと予想外の結果がもたらされることがある．埼玉県のため池においてオオクチバスを排除したところ，アメリカザリガニが著しく増加し，その結果ヒシが減少し，それを産卵場所とするイトトンボ類も減少したことが報告されている（Maezono and Miyashita 2004）．オオクチバスの排除後にアメリカザリガニが増加した例は山形県のため池でも報告されている（永幡 2007）．これら

の例はオオクチバス対策と同等かそれ以上にアメリカザリガニ対策が必要であったことを示唆している．このように，排除が生態系におよぼす影響を十分に予測した計画が必要であるため，捕食被食関係にあるさまざまな分類群について継続的にモニタリングを実施するなどの，食物網を考慮した管理プログラムの適用が必要である（Caut *et al.* 2009）．

　侵略的外来種の在来種への影響は，国内外の文献や経験から判明していることも少なくないが，今後の対策を有効に進めるために，国内での記録事例の報告が重要である．オオクチバスの排除対策は全国各地で実施されているが，侵入直後から在来生物への影響を科学的データにもとづいて評価した事例は存在しない．密放流による移入が多く，その経緯や規模がわからず，また，侵入以前の生物相についての情報が少ないこともその理由となっている（瀬能 2005）．

## 8.3　侵略的外来種の影響と排除の実例

　効果的な排除を進めるためには，対象とする外来種の生活史，生息環境条件や，行動パターンなどの生態的特性の把握，侵入されやすい場所の条件，侵入による影響・被害などについての情報を国内外から収集する必要がある（外来種影響・対策研究会 2008）．さらに，侵入や分布拡大を最小限にするための管理方法，生物的および化学的対策方法の評価，効果的なモニタリング手法の検討も欠かせない．ここでは，止水域の各分類群の代表として，魚類（オオクチバス），両生類（ウシガエル），甲殻類（アメリカザリガニ）の例を取り上げる．

### （1）　オオクチバス

　魚類や甲殻類をおもに捕食するが，成長に応じてプランクトンから水生昆虫，魚類まで多様な動物を捕食する．そのため，個体数が多くなると影響はさまざまな生物群におよぶ．水面を飛翔するトンボ類（苅部 2002）や水面に落下した陸生昆虫や鳥のヒナまでを捕食することが観察されている．魚類，甲殻類への漁業被害をもたらす一方で，水生昆虫，鳥類，二枚貝などに対して，直接の捕食に加え，間接的な影響をおよぼし，これらの近年の減少要因の1つとなることも知られている（Maezono *et al.* 2005；細谷・高橋 2006）．

　筆者（西原）は石川県能登半島の侵入前後の4カ所のため池において，オオクチバスが侵入する前後に水生昆虫の個体数変化を調査した．絶滅のおそれのある中－大型のゲンゴロウ類4種については，侵入前の池ではすべての種が確

認されていたが,侵入後3-8年を経た池ではまったく確認されなくなった.イトトンボ類では9.8頭/$m^2$から1.4頭/$m^2$,トンボ類では3.3頭/$m^2$から0.3頭/$m^2$,ヤンマ類では1.9頭/$m^2$から0.0頭/$m^2$と,いずれも明らかな減少が認められた(Box-8.1;西原2007).

　ため池におけるオオクチバスの排除には,水抜きにより池を干し上げて根絶することがもっとも有効であるとされ(杉山2005),秋田県など各地で行われている.ため池の水抜きの際には,本種が下流に流出して分布を拡大しないように,池の出水部,出口枡に網を仕掛け,下部の水路に簗をおくなどして捕獲する必要がある.その際に,落ち葉などのゴミが網に引っかかり水の流れが悪くなるため,1日に1回程度の除去作業が必要となる.水抜きを実施できない池ではポンプを用いた排水を行う.また,水抜き後に池の底にたまった水や低温のため泥のなかで生き残る個体をタモ網や引き網で捕獲する.

　水抜きが保全対象種に悪影響を与えるのを防ぐため,それらの生物にとってできるだけ影響の少ない時期に水抜きを行う必要がある.また,別の生息地に自ら移動できない魚類や,貝類,両生類,水生昆虫を,あらかじめコンテナなどに入れて一時的に避難させることも必要である.水抜きは,10-11月に実施することが適切であると考えられる.その理由は,①8月中旬以降に水田耕作への水利用が終わり,ため池は利用されなくなること,②水草が枯れたあとは池のなかでの作業を行いやすくなること,③水抜きの水生昆虫類への影響は,幼虫期の春-夏には大きいが,秋になれば移動可能な成虫期になって小さくなること,④これよりも遅い時期に入ると降雪や水鳥の越冬への影響があること,⑤10月上旬では水生昆虫類が排水とともに流出するが,活動の低下する10月下旬以降には流出のリスクが低下することである.在来種の避難場所を確保するという観点から同一地域のため池群で一斉に水抜きを行わないなどの配慮も必要である.このように,オオクチバスの侵入したため池では,早期から少なくとも2年間の水抜きを継続し(永幡2007),水の抜け具合に応じたさまざまな手法を組み合わせることが望ましい.

　その他の排除法として,刺し網,釣り,電気ショッカーがあり,また,産卵床の破壊や人工産卵床の設置,水面を遊泳する稚魚集団のタモ網やサデ網による捕獲がある.これらの手法については,杉山(2005),細谷・高橋(2006)にくわしい.

## Box-8.1 石川県におけるオオクチバスの排除

　石川県能登半島の平野部のため池群には，多様なゲンゴロウ類などの水生生物が残存する．調査の結果，4カ所のため池でオオクチバスが確認された．筆者ら，行政，地域住民が協働で，水抜きと刺し網，引き網，釣りなどを組み合わせた排除を2003-2006年に実施した．水抜きによる排除の際には，池内で水位がもっとも低下し，オオクチバスが排水路に一気に流出する段階で，土砂吐ゲートと出口枡でタモ網により捕獲した（図8.1）．

　水が抜けきらない池では，刺し網（15 mと30 m，目合6 cm）数統を池全体に張りめぐらし，翌日に回収し，混獲されたほかの生物は逃がした．さらに寄せ網に石のおもりをつけ，網の下の隙間を減らして，地曳網のように引き寄せた．干し出しの状態は，翌年の貯水にまにあう時期まで1カ月以上継続し，その間に数回にわたって排除とほかの生物の保護を行った．しかし，排除された個体は一部にとどまった．

　排除には水抜きが必須ともいえ，水の抜けない池では残存個体が繁殖し，排除の継続が必要となった．そうした池に関しては，県・地元自治体で2006年に排除事業が予算化された．土砂吐ゲートの改修により，十分に水抜きできるようになり，2009年までにはポンプを使用した水抜きによる排除が行われた．

図 8.1　ため池の水抜きによるオオクチバスの排除．

（2）　アメリカザリガニ

　雑食性で水草，両生類，貝類，昆虫類などを捕食するため，湖沼生態系のキーストーン種として生態系に与える影響は大きく（Smart *et al.* 2002），とく

に希少な水草や水生昆虫への影響が懸念されている（Gherardi 2006）．また，イネの茎や根を切るために生育に影響を与え（Anastacio et al. 2005），水田の畦に穴を開けて水が抜ける被害をもたらす．

日本では，本種の侵入がアオヤンマなどのトンボ類の減少を招いたとする報告（朝比奈 1957）はあったが，近年までその影響は注目されてこなかった．しかし，1990 年代以降には，各地の水生昆虫の調査結果から，本種の影響が明らかになってきた（たとえば，苅部 2000）．静岡県磐田市桶ヶ谷沼では，本種の急増と同時期に，水生植物，とくに沈水・浮葉植物は激減し，絶滅危惧Ⅰ類のベッコウトンボも激減した．現在，ベッコウトンボの個体群は，地元の高校生らにより管理されている野外コンテナでの自然増殖により辛うじて維持されている（福井 2002；保崎 2008）．石川県加賀市の池では，本種の侵入後に水生植物が消滅し，1997 年から 2005 年の間に水生昆虫は 22 種から 3 種へと激減し，準絶滅危惧種のチュウブホソガムシが絶滅した．

本種の個体数を確実に減らすためには，体長 60 mm 以上の大型個体を排除することで繁殖率を低下させることが重要である．ため池や休耕田の，水深の深いところに生息する大型個体を捕獲するには，「アナゴカゴ」（直径 40 cm，長さ 90 cm の漁具．（株）上州屋製など）の活用がもっとも効率がよい（図 8.2）．カゴの直径は水深に合わせて選択する．また，「カニカゴ」（全長 62 cm，高さ 22 cm，幅 45 cm．（株）タカミヤ製など）（図 8.3）や「お魚キラー」（全長 50 cm，高さ 25 cm，幅 25 cm．三谷釣具店製など）（図 8.4）は入口が開放された構造であり，一旦入った個体が逃げ出すため，2 時間程度の間隔でみまわって回収することができれば有効である．今後，もんどりの返しの部分を出にくい構造にする，小型個体も捕獲できるように網目を細かくするなど改良が望まれる（Box-8.2）．

トラップの設置に適した時間帯は，本種が活発に行動する午後-夜間である．継続的な設置が望ましく，少なくとも一晩はかけるとよい．設置時期は，活動期の 4-11 月がよい．ただし，抱卵したメスは穴に潜るために捕獲がむずかしい．餌としては，煮干しや魚のアラを使用する．また，捕獲した個体のむき身の再利用は，餌として有用であるうえに，コストの面からも奨励できる．餌の種類，網の目の細かさ，トラップをみまわる頻度は混獲防止のために重要である．石田ほか（2008）は，混獲を防ぐ観点から，小麦粉と米糠を練り合わせた糠団子が有効としている．餌を入れる際には，「お茶パック」のような不織布の袋に詰めると，捕食などによる周囲への散乱を防ぎ，有効に誘引できる．

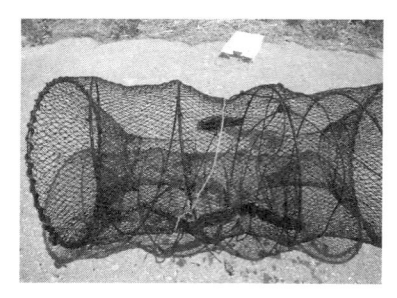

186　第8章　水辺の侵略的外来種排除法

図 8.2　アナゴカゴ．

図 8.3　カニカゴ．

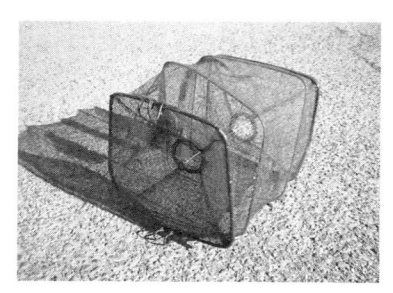

図 8.4　お魚キラー．

図 8.6　塩ビ管によるアメリカザリガニの排除．

図 8.5　サデ網（左），タモ網（右）によるアメリカザリガニの排除．

## Box-8.2 石川県と千葉県におけるアメリカザリガニの排除

　石川県金沢市の中山間部の40 m×20 mほどの自然の池には，多数のシャープゲンゴロウモドキが生息していた．2006年4月までは池の状況に変化はなかったが，2年間モニタリングが中断されたあと，2008年9月の調査において，アメリカザリガニが確認された．筆者（西原）が即座に排除を開始したところ，体長10 cmを超える個体から多数の幼体までが確認された．以後，有志および石川県，金沢市が協働でアナゴカゴ，タモ網を用いて，9月に350 g，10月に6.5 kg（1534頭），11月に9 kg（2291頭）の排除を継続したが，人数・頻度が十分ではなかった．排除の際の調査におけるシャープゲンゴロウモドキの確認は合計でも数頭にとどまり，2009年には確認されなくなった（図8.7）．

　一方，千葉県房総半島の中山間部の休耕田や放棄水田には，シャープゲンゴロウモドキがわずかに残存する．筆者ら千葉シャープゲンゴロウモドキ保全研究会，行政，地元は，県内最大の本種の生息地において2003年より圃場整備のミティゲーションとしての放棄水田への湛水による生息地の創出を図ってきた．しかし，2005年には，創出した保全地から100 mほどの休耕田でアメリカザリガニが確認され，増加傾向にあったために1000頭近くをタモ網，トラップにより排除し，保全地への移入を防止した．また最終的には圃場整備工事による埋め立てにより完全に排除した．

　その後，2008年4月に保全地において，小型のアメリカザリガニ1頭が確認された．そのため，即座に排除を開始するとともに，県や地元との協議を始めた．2008年には毎月2回ほどのアナゴカゴ，タモ網，塩ビ管を用いた排除により，大型86頭，中型9頭，小型22頭の計117頭が捕獲された

図 **8.7**　シャープゲンゴロウモドキの生息する池．左：アメリカザリガニの侵入前（2003年），右：侵入後（2009年）．植生のほとんどが消失した．

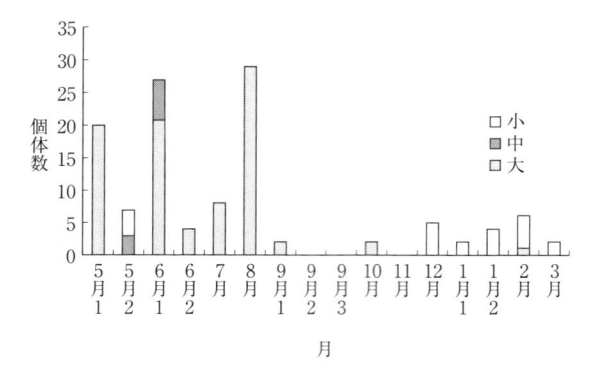

図 8.8 千葉県における 2008 年の排除において捕獲されたアメリカザリガニの個体数とそのサイズの変化．各月に複数回排除を実施した場合には回数を付した．サイズは頭胸甲長別に，小（–20 mm），中（20–35 mm），大（35 mm–）と便宜的に分けた．

（図 8.8）．大型の個体はほぼ捕獲されなくなったが，冬季からは小型個体が確認されるようになったため，繁殖を完全には阻害できておらず，2009 年も排除を継続している．

一方，浅い場所に生息する小型個体については，タモ網やサデ網（図 8.5），引き網によるすくい取りを，植生付近で行うのが有効である．釣りや塩ビ管による捕獲も効果が高い．塩ビ管は巣穴がわりとして，越冬期の小型個体の捕獲が可能であり，抱卵期のメスの捕獲も期待される（古川 2008；図 8.6）．直径 3–5 cm ほどのさまざまなサイズを用意し，一方の管口だけから侵入できるようにし，もう一方からは抜けられないようにふさいでおく．

浅い水域でも水田では穴掘りによる排除（千葉県，福井県における筆者の聞き取り），水路では袋網（長さ 3 m，幅 2.5 m）による排除が行われた例がある（2009 年 7 月 28 日付毎日新聞）．ため池の水抜きによる排除も行われるが，底の泥のなかでも生き残ること，さらにほかへの移動分散を促進する場合もあることから，実施には慎重を要する．

オーバーハングした防御ネットによる物理的障壁で本種の侵入を防ぐ試みも成果を上げている（福井，私信）．地域に生息するコイやナマズなど，小型のザリガニ個体の捕食者を少数導入することは，個体数の低減に寄与する可能性

があるが，一方で捕食による在来種への影響のおそれがある．

（3）ウシガエル

　大きな体サイズ，広域の食性，高密度での生息のため，水生昆虫，ほかのカエル類，魚類など，希少種・固有種を含むさまざまな分類群の生物に捕食，競争，ハビタットの改変を通じて影響をおよぼす（Stumpel 1992）．陸上の生物も捕食し，小型哺乳類や小鳥を襲うこともある．幼体は藻類を捕食する（Pryor 2003）．とくに，在来のカエル類は餌をめぐる競合による減少が懸念されている（Kiesecker et al. 2001；Wu et al. 2005）．

　成体捕獲の方法として，戸田光彦氏と筆者（苅部）との試行錯誤の末，有効性を確認したのはアナゴカゴ（図8.2）の活用である．成体は警戒心が強いため，夜間のほうが効率よく捕獲できる．驚くと池の底に潜り，水底を移動する際に障害物に潜り込む性質があるため，カゴを底に沈めておくと捕獲効率がよい．餌を入れず1週間ほど沈めておくのが理想的であるが，混獲防止のため，できるだけ頻繁に回収することが望ましく，可能な場合には30分ほどで回収する．一方，長期間仕掛ける場合には，浮かせて，木の枝や落ち葉で覆うと捕獲されやすくなる．1週間ほどおいてから回収すればよいので労力が少なくてすみ，また，混獲も防ぐことができる．タモ網による捕獲や釣りも有効であるが，1匹を釣ると，近くにいた個体は警戒を強めるためしばらくの間は釣れなくなる．

　アナゴカゴなどのトラップは，一旦なかに入ると外に出られない構造である．とくにもんどりの部分が水中にできるだけつかるように沈めるが，一方で空のペットボトルを利用した浮きを入れるなどにより一部を水面から出しておかないと，なかに入ったゲンゴロウ類やカエル類，カメ類が呼吸できず死亡する．夏には朝早く回収しないと，水温上昇により死亡する個体が増加するために注意が必要である．トラップの回収時には，網目の間から幼生が抜けることを防ぐため，下に目の細かい網を添えて慎重に引き上げる．

　小型個体や幼生に対しては，タモ網やサデ網によるすくい取りを行う．幼生に対しては，パン粉やサンマなどの餌によるトラップも使用できる．卵塊は浮いているので，タモ網やサデ網によるすくい取りを行う．幼生は水中で越冬するため，秋–春の池干しにより全滅させることができる．状況に応じてこれらを組み合わせて捕獲することが有効である（Doubledee et al. 2003）．海外で報告されている成功事例は，侵入早期の段階からの繁殖場所の池干しやフェンス

での囲い込みと，成体，幼生の捕獲によるものである．国内では，小笠原諸島で，アナゴカゴを中心とした2年間の排除作業により，地域根絶が達成された（戸田・苅部，未発表）．

（4） 排除イベントにあたっての注意と排除後の個体および餌の処理

　外来種の排除に際して，子どもたちの外来種問題への関心を高めることをねらって実施されるゲーム性をもった釣りや，捕獲した個体を食べる行事が企画されることがある．しかし，外来種の危険性と排除の必要性を十分に理解することができるようなプログラムをつくり，もちかえった個体の放逐や，外来種の利用などにつながらないように留意することが必要である（細谷・高橋 2006）．

　多数の個体が捕獲された場合にはニワトリなどの飼料や，畑の肥料とすることができる．また，捕獲場所の水質などに問題がなければ，捕獲した個体を人が食べることもできる．排除行為への理解がむずかしい低学年の子どもたちに無益な殺生の印象を与えることのないよう，食べること（＝命をいただきむだにしないこと）は意味のあることといえる．食用としての養殖のために導入されたウシガエルは，足を唐揚げで食べられる．アメリカザリガニは塩ゆでにして塩や醤油をつけてそのまま食べたり，素揚げやかき揚げの具材に，オオクチバスは，皮をはぎムニエルなどで食する．

　一方，排除に際して使用した煮干などの餌は，その場で水域にまくと富栄養化につながるおそれもあり，また，周囲に散乱しておくと野生動物の餌となって，影響を与えるおそれもあるため，埋めるかゴミとして処分する．

## 8.4　排除を通じて得られる情報

　排除による侵略的外来種そのものへの効果に加え，あわせてデータをとることで排除後のさまざまな効果についての評価が可能となる．以下では，排除を通じて得られる情報について，とくに石川県能登半島のため池におけるオオクチバス排除を例として紹介する．

（1） 侵略的外来種の効果的な排除手法の評価

　侵略的外来種の捕獲個体数，性別，湿重量，体サイズ（オオクチバスでは全長，ウシガエルでは頭胴長，アメリカザリガニでは頭胸甲長）を記録すること

## Box-8.3 除去法による個体数推定

除去法は，数回以上の継続的な捕獲による個体数の減少と，それに伴う捕獲効率の低下を利用して，もとの個体数を推定する手法である（Delury 1947）．この手法のメリットは計算手順が容易であり，効率のよい捕獲が行われる限り使用できることである．デメリットはほかの手法に比べて精度の高い推定値が得られないことである．

調査期間中の任意の時点 $i$ について，それまでの累積捕獲数を $T_i$，その時点からつぎの時点 $i+1$ までの期間における捕獲数を $C_i$ とすると，ランダムな捕獲の状況下では，$C_i$ と $T_i$ の間に，

$$C_i = b(N - T_i)$$

という直線関係が成り立つことが期待される．なお，$b$ は定数，$N$ は総個体数である．表 8.2 のトラップによる動物の捕獲例を対象に，各時点の捕獲数とそれまでの累積捕獲数についての関係を表す図を作成すると，$C_i$ と $T_i$ の関係を示す回帰直線が得られる（図 8.9）．この右下がりの直線が横軸と接する点の座標が，もとの個体群サイズに対応する．表 8.2 のデータにもとづいて実際に計算された推定個体数は 257.4 頭となる．なお，手法についての詳細は，久野（1986）を参照のこと．

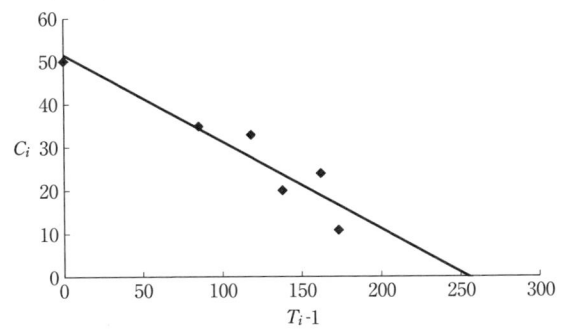

**図 8.9** トラップによる動物捕獲の結果に対する，除去法による個体数推定．

**表 8.2** トラップによる動物捕獲例．

| 調査回（$i$） | 1 | 2 | 3 | 4 | 5 | 6 | 平均 |
|---|---|---|---|---|---|---|---|
| 捕獲数（$C_i$） | 50 | 35 | 33 | 20 | 24 | 11 | 28.8 |
| それまでの累積捕獲数（$T_i$） | 0 | 85 | 118 | 138 | 162 | 173 | 112.6 |

**表 8.1** 石川県能登半島のため池でのオオクチバスの排除・水抜きの程度，面積，オオクチバスの侵入年度，排除年度，各排除法によって捕獲されたオオクチバスの個体数．捕獲法の（ ）内は実施回数．―は実施しなかったことを示す．

| | 水抜き | 面積(m²) | 侵入年度 | 排除年度 | タモ網 | 寄せ網 | 刺し網 | 出口枠での捕獲 | 個体の水路への流出 | 計 | 追加による捕排除 |
|---|---|---|---|---|---|---|---|---|---|---|---|
| A池 | 十分 | 1000 | 2001 1995*1 | 2004 | 50 | ― | ― | 4 | 0 | 54 | 確認できず |
| B池 | 十分 | 8789 | 2001 | 2004 2004 | ― | 0(1) | ― | 18 | 15 | 33 | 確認できず |
| C池 | 不十分 | 4351 | 2001 | 2005 2004 | ― | ― | 65(6) | 102 | 0 | 167 | 350 |
| D池 | 不可能 | 1531 | 2004 | 2005 | ― | 9(3) | 14(4) | なし | 0 | 23 | 3 |
| E池 | 十分 | 34871 | 2005 | 2006 | 10 | ― | ― | なし | 0 | 10 | 確認できず |

*1：2000年に一度排除を行っている．

は，効果の検証，それを通じた効果的な排除手法の検討に役立つ．

生息個体数推定は，除去法や，個体群モデルによる方法がある（深泥池七人委員会編集部会 2008）．水域の特性や対象種に応じた推定法を用いるべきであり，里地里山の水辺のように面積の小さな場所では，捕獲した外来種を標識再捕獲法のために放逐し，その後の被害を大きくするよりも，排除に並行して除去法により個体数を推定することが望ましい（Box-8.3）．

能登のため池のオオクチバス排除における各手法による捕獲個体数および残存状況を調べたところ，完全に水抜きのできる2つの池では，一度の水抜きでほとんどの個体が捕獲され（表 8.1），その後の調査では確認されなくなった．一方，水抜きが不十分にしかできなかった池，構造上それが不可能な池では生残個体が確認され，排除の翌年に小型個体が確認された（表 8.1）．以上より，ため池の水抜きが成魚の排除にもっとも有効であるのに対し，水の抜けない池では排水ポンプ使用などの方法の検討が必要であることがわかった．

### （2） 排除による侵略的外来種への効果

排除による侵略的外来種への効果の検証例としては，継続的なトラップによるザリガニの個体数低下（Hein *et al.* 2007），ブルーギルの推定生息個体数，単位努力量あたりの捕獲量，個体サイズの分布に対する排除努力の効果の検証（米倉ほか 2007），殺魚剤を用いた排除によるモツゴの個体数低下が報告され

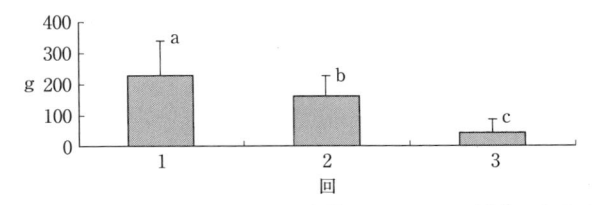

図 8.10　石川県能登半島のため池において各排除回において捕獲されたオオクチバスの重量の変化（平均重量＋標準偏差）．第 1 回：2004 年 10 月，第 2 回：2004 年 11 月，第 3 回：2005 年 10 月．異なるアルファベットは 5％水準で有意であることを示す．多重比較は Scheffe による．

ている（Britton $et\ al.$ 2009）．

　能登のため池では，オオクチバス排除の効果を検討するために，各排除機会において捕獲された個体の全長，湿重量を計測した．その結果，第 1 回目で排除しきれなかった池において，排除の回数を重ねるとともに捕獲された個体は小型化しており，湿重量の有意な減少が認められた（図 8.10）．さらに事後比較の結果，第 1 回，第 2 回，第 3 回の間で相互に有意差が認められた．25 cm を超える大型個体は追加排除では捕獲されなくなり，第 2 回排除では，全長が 8.5–16.2 cm（平均 12.1 cm）の大多数を占める比較的小さなサイズの集団（$n=209$）と，少数のやや大型の 18.8–23.8 cm（平均 21.6 cm）のサイズの集団（$n=39$）が認められた．

　以上より，追加排除によって捕獲されたオオクチバスの全長の変化から，繁殖可能なサイズの大型個体の減少が示唆され，排除の効果が表れたようにもみえる．しかし，これらの集団は当歳魚，2 歳魚にあたると推測され，今後，残存個体の繁殖による個体数増加が懸念される．排除した個体数が重要なことはいうまでもないが，捕獲圧をかけ続けて残存個体数を極力減らし，根絶することがとくに重要である．侵略的外来種は増殖率が高いことが多く，残存するわずかな個体から個体数がすぐに回復することも考えられるからである．

### （3）　排除による在来生物相の回復への効果

　侵略的外来種の排除に関してモニタリングによる評価が重要なのは在来生物相が回復したかどうかである．淡水域では，湖のコクチバス（Weidel $et\ al.$ 2007）やモツゴ（Britton $et\ al.$ 2009）の排除による在来魚類相の回復，伊豆沼のオオクチバスの排除による在来魚類相の回復（細谷・高橋 2006）が報告されている．

## Box-8.4 胃内容分析

　オオクチバスやウシガエルでは，胃内容から食性を明らかにできる．その際に，池の生物相の定量的データと胃内容のデータを比較することにより，餌生物の選好性を考察できる．多数のサンプルのなかで，全体の1-2割，50個体ほどを，各サイズ別にランダムに抽出するのが適当と考えられる．オオクチバスは解剖して消化管を取り出し（図8.11），ウシガエルはピンセットを口から押し込んで胃をつまみ出す（平井2005）．消化管や内容物は個体番号をつけてホルマリンや70%エタノールに浸して，サンプルびんやジップロック袋に入れる．容器のなかに不溶性の紙を入れ，鉛筆で番号を記入する．なお，捕獲個体のサイズなどのデータは現場でとっておく．もちかえった内容物は実験室で実体顕微鏡を用いて分類群ごとに同定し，個体数や湿重量を記録する．

　胃内容はさまざまである．オオクチバスの胃内容からは，トンボ類の成虫（苅部2002）や幼虫，ゲンゴロウやオオコオイムシなどの水生昆虫（杉山2005），イモリなどが得られている．能登では，オオクチバス277尾の胃内容物数の75-94%は水生昆虫であり，うち1尾の胃内容からは，コサナエを主とする32頭のトンボ幼虫が確認された（図8.12）．ほかには，各種トンボ類の幼虫，マツモムシ，フサカ幼虫などの水生昆虫，モクズガニ，オオクチバス幼魚，シマヨシノボリ，イモリなどが食べられており，哺乳類のヒミズの捕食例も認められた．

図8.11　オオクチバスの測定と解剖．

図8.12　オオクチバスの胃内容．1：コサナエヤゴ，2：コフキトンボヤゴ，3：クロイトトンボヤゴ，4：オオコオイムシ，5：コミズムシの一種．

また，調査を行いにくい深い場所に生息する種，個体数の少ない種などでは，胃内容から偶然に情報が得られることがある．能登では準絶滅危惧種ホッケミズムシが確認され，栃木県では絶滅危惧Ⅰ類のコガタノゲンゴロウが発見されており（大友・村山 1980），関東の最後の記録である．ウシガエルの胃内容からは，アメリカザリガニ，カエル，クモ，昆虫類が確認されている（Hirai 2004）．

　能登では，オオクチバス排除後の水生昆虫の個体数の変化は，池によって，また分類群によっても異なっていた．イトトンボ類幼虫では $1.4$ 頭$/m^2$ から $10.7$ 頭$/m^2$，ヤンマ類幼虫では $0.0$ 頭$/m^2$ から $4.0$ 頭$/m^2$ へとそれぞれ明らかに増加した池があった．とくに，侵入して1年以内に排除した池では，調査したすべての水生昆虫の増加が認められた．また，排除後の4カ所すべての池で，絶滅のおそれのある中-大型のゲンゴロウ類が 1-4 種確認された．一方，侵入後 3-8 年が経過した3つの池では，完全に排除できた池でも $1.3$ 頭$/m^2$ の生息密度であったイトトンボ類幼虫がまったくみられなくなり，トンボ類幼虫やヤンマ類幼虫も明らかに減少した．水抜きによる影響や，侵入後の経過が長くなると，このように水生昆虫相の回復が遅れる池もあるが，排除を行った池では総じて，水生昆虫相は徐々にではあるが回復傾向にあることが示された（西原 2007）．

（4）　排除の際のコストと努力量

　排除の際には，用具などに費用がかかる．用具は一旦購入すれば数年は使用できるが，餌はその都度，準備しなければならない．また，排除の人員の多くはボランティアであるが，遠方からの参加に対しては旅費が必要となる．これらのコストをしっかりと評価して，以降の取り組みに活かすことが望ましい．

　そのためには，取り組みごとに費用，用具の設置・回収に要した時間，人数を詳細に記録することが必要である．一方で，努力量に対する排除効果の検証に必要なデータとするため，トラップの設置・回収時刻なども記録する．このような捕獲努力量の正確な積み上げは，排除の費用対効果の重要な基礎資料として役立つ．また，排除の効果についての科学的な分析結果を公表することは，参加者の意欲を持続させるうえで重要である（Box-8.4）．

## 8.5 モニタリング

　侵略的外来種への対策として，侵入の予防が最重要であり（Wittenberg and Cock 2001），侵入初期の排除は外来種の個体群抑制にとくに有効である（Myers 2000）．そのため，保全上重要な場所では指標種や希少種，環境の変化とともに，外来種の侵入に関して継続的なモニタリングを実施することが望ましい．外来種の発見は，早期や個体数の少ないときには非常にむずかしいが（Hulme 2006），侵入実態を明らかにし，早期の発見に努力することは重要である．

　侵入が認められた場合には，早急に排除を行いながら，その有効性を検証するために，外来種の個体数，在来種の回復についてモニタリングし，その結果にもとづいた順応的な管理を行う．モニタリングの際には期間，実施の主体，費用についての検討が必要である．長期的に実施する場合には，比較を可能とするために，従来と同じ手法を用いる．

　ニュージーランドなど海外では，長期にわたってモニタリングを実施し，外来種の再侵入がないことを確認した事例があるが，日本ではそのような事例はほとんどない．環境省によるオオクチバスの防除指針には，防除期間は3-5年と定められ，防除とともに水辺環境の改善，地域の生物多様性保全，モニタリング，普及啓発などが盛り込まれている．しかし，防除実施後のモニタリングはあまり行われておらず，在来生態系の回復の効果が確認できている水域は少ない（自然環境研究センター 2008）．

　外来種の影響は，侵入後しばらくして，多くの個体が繁殖し，さまざまなサイズの個体がそろうようになってから顕在化する．水域の規模にもよるが，オオクチバスでは1-2年，ウシガエルやアメリカザリガニでは2-3年を経てから認識される場合が多い．早期発見のためには，1年に1回程度の積極的な探索を伴うモニタリングが必要である．排除後には3年間ほどモニタリングを継続し，生息していないことを確認する．

　排除事業には排除効果，在来種の回復状況の分析・評価を客観的に行うための調査研究を併行して実施することが必要である．

## 8.6　地域の理解の必要性と情報の共有

　今後の長期的な保全のためには，地域社会の実情に合った参加型の保全の体

制や協働プログラムを検討することが望まれる．

　排除による外来種や生態系保全への効果について，さまざまな媒体によって参加者や地域に情報提供することが重要である．説明会や座談会など直接対面しての情報発信は，インターネットなどでの情報提供のように対象は広くないが，熱意のあるボランティアの獲得には欠かせない．

　排除の現場の見学は侵略的外来種の脅威を認識するために有効である．自然観察会や授業は地域の将来を担う子どもたちに現状を体感してもらい，子どもたちから地域へと理解が浸透するのにも寄与する．こうした現場では，保全すべき対象種，侵略的外来種，環境の変化などをわかりやすく描いたパンフレットなどを用意して説明する．

　外来種の排除が地域の生物多様性保全に結びつくまでに時間はかかるが，調査や排除への理解を通じて，地域住民が自ら調査，排除を実施し，地域の生活

---

### Box-8.5 オオクチバス侵入に対する地域の予防策

　オオクチバスの密放流を予防するには，地域が主体となった監視体制と通報システム，目撃情報を迅速に排除に反映するシステムの構築が必要である．

　能登では，筆者らの研究成果をふまえ，オオクチバスの排除および地域へのさまざまな啓発活動が実施され，土地改良区など地域の主体が中心となった池の管理が復活した．排除作業は，地元のマスコミに取り上げられ，地域全体での関心が高まった．ため池の水抜きの過程から，伝統的な水管理手法が再認識され，オオクチバスの胃内容からは，ため池の生物多様性の豊かさと外来種の脅威が実感され，水抜きによる排除の有効性が実感された．また，たまっていた底泥の除去や，コイ・フナなどの魚獲りの体験から，水抜きのメリットや楽しみも実感された．

　その結果，地域住民によるため池の監視体制を通じて，2005年以降には，ため池での釣り人の目撃情報が通報され，密放流が疑われた池などでは地元・土地改良区主体の5-20年ぶりの水抜きによって，オオクチバス，アメリカザリガニの排除が行われるようになった．

　このように，侵入したすべての箇所の早期発見および排除によって供給源を断ち，地域が主体となった，ため池の水抜きの復活による，侵入防止のための監視体制ができつつある．その結果，オオクチバスの影響を最小限に抑えている．

者の「目」によるモニタリングが行われることの意義は大きい．当初は関心のある一部が主体となり，行政の協力を得ながら実施する事業も，やがては，地域の生物多様性を「宝」として保全することにつながるだろう．

このように各地域で得られた外来種排除に関する情報を発信し，たがいに共有し，意見交換することは，排除手法の進展につながる．さらに，広報などのさまざまな啓発活動を通じて，外来種対策への社会的な理解が得られ，今後の外来種の輸入禁止への合意，放流などによる分布拡大の予防につながる（Box-8.5）．

### 参考図書

環境省（編）（2004）ブラックバス・ブルーギルが在来生物群集及び生態系に与える影響と対策．自然環境研究センター，東京．
日本農学会（編）（2008）外来生物のリスク管理と有効利用．養賢堂，東京．
日本生態学会（編），村上興正・鷲谷いづみ（監修）（2002）外来種ハンドブック．地人書館，東京．
鷲谷いづみ・鬼頭秀一（編）（2006）自然再生のための生物多様性モニタリング．東京大学出版会，東京．

### 引用文献

Anastacio, P., Parente, V. and Correia, A.（2005）Crayfish effects on seeds and seedlings：identification and quantification of damage. Freshwater Biology, 50：697-704.

Britton, J. R., Davies, G. D. and Brazier, M.（2009）Eradication of the invasive *Pseudorasbora parva* results in increased growth and production of native fishes. Ecology of Freshwater Fish, 18：8-14.

Caut, S., Angulo, E. and Courchamp, F.（2009）Avoiding surprise effects on Surprise Island：alien species control in a multitrophic level perspective. Biological Invasion, 11：1689-1703.

Delury, D. B.（1947）On the estimation of biological populations. Biometrics, 3：145-167.

Donlan, C., Tershy, B., Campbell, K. and Cruz, F.（2003）Research for requiems：the need for more collaborative action in eradication of invasive species. Conservation Biology, 17：1850-1851.

Doubledee, R., Muller, A. E. and Nisbet, R. M.（2003）Bullfrogs, disturbance regimes, and the persistence of California red-legged frogs. Journal of Wildlife Management, 67：424-438.

Gherardi, F.（2006）Crayfish invading Europe：the case study of *Procambarus*

*clarkia*. Marine and Freshwater Behaviour and Physiology, 39: 175-191.
Hein, C. L., Vander Zanden, M. J. and Magnuson, J. J. (2007) Intensive trapping and increased fish predation cause massive population decline of an invasive crayfish. Freshwater Biology, 52: 1134-1146.
Hirai, T. (2004) Diet composition of introduced bullfrog, *Rana catesbeiana*, in the Mizorogaike Pond of Kyoto, Japan. Ecological Research, 19: 375-380.
Hulme, P. E. (2006) Beyond control: wider implications for the management of biological invasions. Journal of Applied Ecology, 43: 835-847.
Kiesecker, J. M., Blaustein, A. R. and Miller, C. L. (2001) Potential mechanisms underlying the displacement of native red-legged frogs by introduced bullfrogs. Ecology, 82: 1964-1970.
Maezono, Y. and Miyashita, T. (2004) Impact of exotic fish removal on native communities in farm ponds. Ecological Reserch, 19: 263-267.
Maezono, Y., Kobayashi, R., Kusahara, M. and Miyashita, T. (2005) Direct and indirect effects of exotic bass and bluegill on exotic and native organisms in farm ponds. Ecological Applications, 15: 638-650.
Mehta, S. V., Haight, R. G., Homans, F. R., Polasky, S. and Venette, R. C. (2007) Optimal detection and control strategies for invasive species management. Ecological Economics, 61: 237-245.
Myers, J. H., Simberloff, D., Kuris, A. M. and Carey, J. R. (2000) Eradication revisited: dealing with exotic species. Trends in Ecology and Evolution, 15: 316-320.
Pryor, G. S. (2003) Growth rates and digestive abilities of bullfrog tadpoles (*Rana catesbeiana*) fed algal diets. Journal of Herpetology, 37: 560-566.
Smart, A., Harper, C., Malaisse, D., Schmitz, F., Coley, S. and Beauregard, S. (2002) Feeding of the exotic Louisiana red swamp crayfish, *Procambarus clarkii* (Crustacea, Decapoda), in an African tropical lake: Lake Naivasha, Kenya. Hydrobiologia, 488: 1-3.
Stumpel, A. H. P. (1992) Successful reproduction of introduced bullfrogs *Rana catesbeiana* in northwestern Europe: a potential threat to indigenous amphibians. Biological Conservation, 60: 61-62.
Weidel, B. C., Josephson, D. C. and Kraft, C. E. (2007) Littoral fish community response to smallmouth bass removal from an Adirondack lake. Transactions of The American Fisheries Society, 136: 778-789.
Wittenberg, R. and Cock, M. J. W. (2001) Invasive alien species: a toolkit of best prevention and management practices. CAB International, Oxford.
Wu, Z. J., Li, Y. M., Wang, Y. P. and Adams, M. J. (2005) Diet of introduced Bullfrogs (*Rana catesbeiana*): predation on and diet overlap with native frogs on Daishan Island, China. Journal of Herpetology, 39: 668-674.
朝比奈正二郎 (1957) 日本の蜻蛉. 資料12. 新昆虫, 10: 49-55.
福井順治 (2002) 磐田市桶ヶ谷沼におけるアメリカザリガニの大発生とその影響. 2002年度日本蜻蛉学会大会研究発表要旨集, 4.

古川大恭（2008）小規模な溜池における外来種駆除の効果とその影響に関する研究．東京海洋大学修士論文．

外来種影響・対策研究会（監修）（2008）河川における外来種対策の考え方とその事例改訂版．リバーフロント整備センター，東京．

平井和明（2005）カエルの食性．（松井正文編）これからの両生類学．裳華房，東京．

細谷和海・高橋清孝（編）（2006）ブラックバスを退治する．恒星社厚生閣，東京．

保崎有香（2008）外来種アメリカザリガニが在来トンボ類に与える影響の機構解明――個体数管理方法の構築に向けて．東京大学修士論文．

石田裕子・江口翔・近藤稔幸・末廣昭夫・近持崇嗣・永井孝明（2008）水辺ビオトープ管理におけるザリガニ排除駆除方法の検討．人と自然 Humans and Nature, 19：43-49.

苅部治紀（2000）県内のチョウトンボ・コバネアオイトトンボのその後．神奈川虫報, 131：65.

苅部治紀（2002）オオクチバスが水生昆虫に与える影響――トンボ捕食の事例から．（日本魚類学会自然保護委員会編）川と湖沼の侵略者ブラックバス．恒星社厚生閣，東京．

久野英二（1986）動物の個体群動態研究法 I――個体数推定法．共立出版，東京．

深泥池七人委員会編集部会（編）（2008）深泥池の自然と暮らし．サンライズ出版，滋賀．

村上興正・石井信夫・池田透・常田邦彦・山田文雄（2006）日本と諸外国における外来種問題とその対策――現状と課題．哺乳類科学, 46：69-74.

永幡嘉之（2007）ひとつのため池をとりまく問題――ゲンゴロウ類の生息地を維持するためには．遺伝, 61：48-53.

西原昇吾（2007）水田生態系におけるゲンゴロウ類の保全生態学的研究．東京大学博士論文．

大友時夫・村山忠（1980）オオクチバスの資源生態研究 II．栃木県水産試験場業務報告書, 25：44-52.

瀬能宏（2005）多様性保全か有効利用か――ブラックバス問題の解決を阻むものとは．生物科学, 56：90-100.

自然環境研究センター（編），多紀保彦（監修）（2008）日本の外来生物――決定版．平凡社，東京．

杉山秀樹（2005）オオクチバス駆除最前線．無明舎，秋田．

山田文雄（2006）マングース根絶への課題．哺乳類科学, 46：99-102.

米倉竜次・苅谷哲治・藤井亮吏・熊崎博・斉藤薫・熊崎隆夫・桑田知宣・原徹・徳原哲也・景山哲史（2007）釣りによるブルーギル個体群の抑制．日本水産学会誌, 73：839-843.

# III
# 群集・生態系の評価と保全・再生

# 第9章
# 食物網構造・栄養段階の評価法

松崎慎一郎

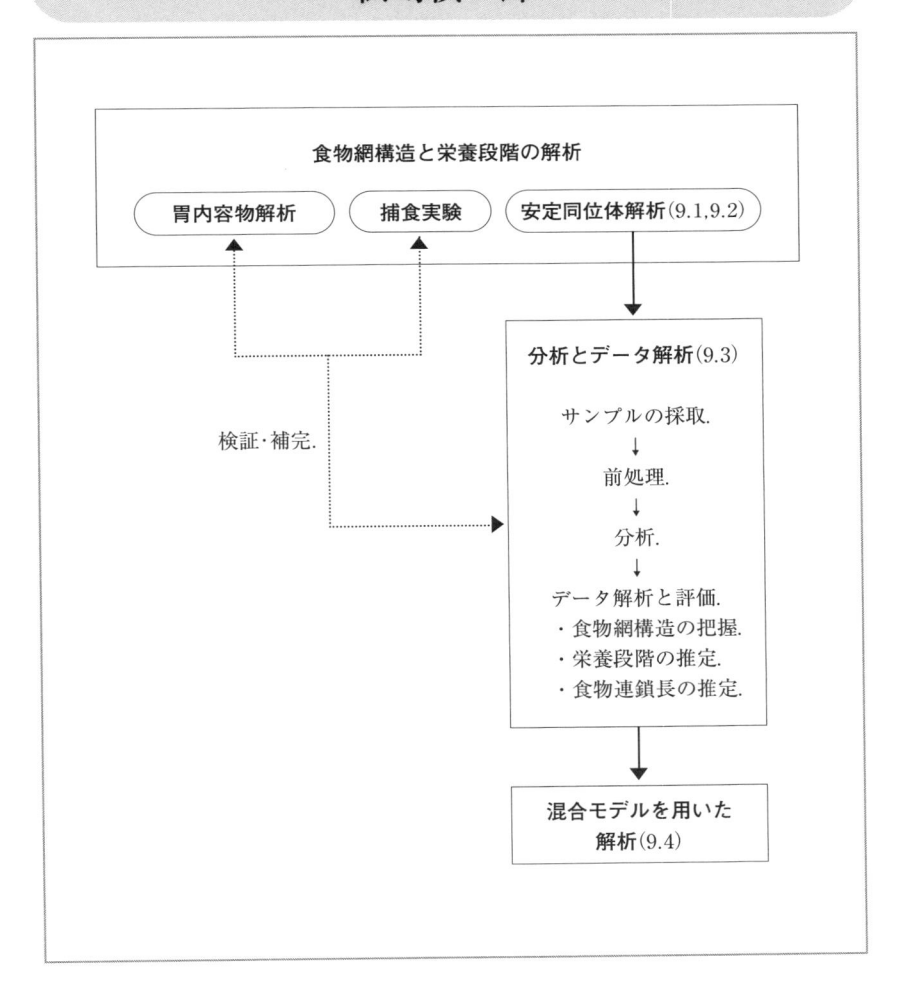

```
            食物網構造と栄養段階の解析
    ┌────────────┬────────────┬──────────────────┐
    │ 胃内容物解析 │  捕食実験   │ 安定同位体解析(9.1, 9.2) │
    └──────△─────┴─────△──────┴─────────┬────────┘
           ┊            ┊                    ▼
           ┊            ┊           ┌──────────────────┐
           ┊            ┊           │ 分析とデータ解析(9.3) │
      検証・補完         ┊           │                  │
           ┊            ┊           │   サンプルの採取.  │
           ┊            ┊           │       ↓          │
           ┊            ┊           │     前処理.       │
           ┊            ┊           │       ↓          │
           └────────────┴──────────>│      分析.        │
                                    │       ↓          │
                                    │  データ解析と評価. │
                                    │  ・食物網構造の把握. │
                                    │  ・栄養段階の推定.  │
                                    │  ・食物連鎖長の推定.│
                                    └─────────┬────────┘
                                              ▼
                                    ┌──────────────────┐
                                    │ 混合モデルを用いた │
                                    │    解析(9.4)      │
                                    └──────────────────┘
```

食物網（food web）は，餌資源とその消費者との関係から生じる物質やエネルギーの流れからなるネットワークである．それらは，たんに直線的につながった連鎖ではなく，同じ栄養段階（trophic level）を占める種間の相互作用（種間競争）や，異なる栄養段階の構成員間の相互作用（被食者-捕食者，寄生者-寄主など）が複雑に絡み合った網状の構造をもつ．群集全体，生態系全体を理解するうえで食物網構造の把握は重要であり，その解明は，群集生態学や生態系生態学の中心的な課題の1つとされてきた．

食物網には多様な要素とそれらの間のさまざまな相互作用が関与しており，複雑なその構造の定量的把握は困難とされてきた．しかし最近では，炭素と窒素の安定同位体を用いた食物網の評価方法が数多くの研究に利用され，捕食被食関係，食物網構造やエネルギーの流れなどについての新しい研究成果がつぎつぎと報告されている．保全生態学では，食物網解析を生物多様性や生態系サービスを脅かす富栄養化，侵略的外来種の侵入や生息地の分断化などの人為的な影響の評価に利用する試みが始まっている．とくに，外来種の研究では安定同位体解析の有用性が確かめられている．たとえば，Vander Zanden らは，侵略的外来魚コクチバス *Micropterus dolomieu*（以下，バス）の侵入により湖の食物網構造が大きく変化することを明らかにしている（Vander Zanden *et al.* 1999）．もっとも顕著な変化は，在来魚類レイクトラウト *Salvelinus na-*

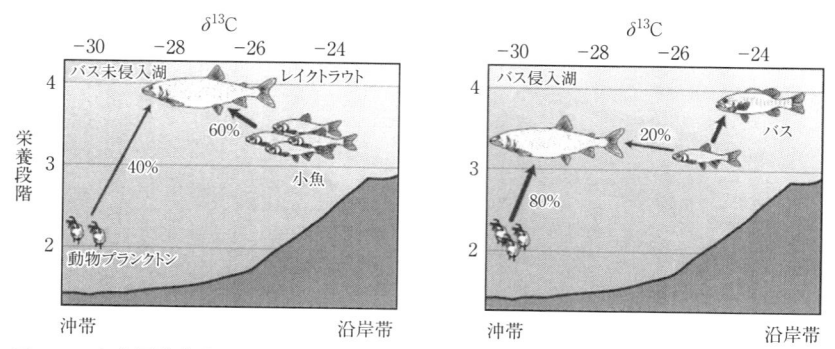

図 9.1　安定同位体を用いた応用分野での研究例．侵略的外来魚ブラックバス（以下，バス）の侵入を受けた湖の食物網構造（右）と侵入を受けていない湖の食物網構造（左）．横軸は炭素同位体比 $\delta^{13}C$，縦軸は窒素同位体比 $\delta^{15}N$ をもとに予測される栄養段階．図中の矢印は，捕食被食関係を示し，数字は混合モデル（後述，9.4節を参照）によって明らかになった餌への依存度を示す（Vander Zanden *et al.* 1999 より改変）．

*maycush* の栄養段階の低下である（図9.1）．バスは沿岸の小魚を積極的に捕食するため，バスが侵入した湖では，餌をめぐる競合により本来肉食性であるレイクトラウトの食性が動物プランクトン食にシフトする．

安定同位体解析は分析機器の飛躍的な発展の結果，比較的容易に利用できる手法となった．本章では，淡水域の食物網にかかわる応用を例にあげて，サンプルの処理から分析，そしてデータ解析までの流れを解説する．

## 9.1 安定同位体解析の利点

食物網構造や栄養段階を評価するためには，いくつかの手法がある．従来から用いられてきた手法として代表的なものは，胃内容物解析や捕食実験などである．これらの手法は時間と労力を要し，十分なサンプル数について調べることはむずかしいが，捕食被食関係の直接的な証拠を得られるという利点がある．

胃内容物解析から，栄養段階を推定することも可能である（Box-9.1）．しかし胃内容物解析から得られるデータは，特定の時間断面のみをとらえたスナップショット的なものであり，調査の直前に偶然捕食したものを過大に評価しがちである．また消化されやすいものは胃内容物として残りにくいといった誤差を生じやすい．とくに，雑食性の動物では胃内容物内の種の同定やデトリタスの定量化がむずかしい．このように，これらの方法は，特定の栄養段階を過小あるいは過大評価する可能性が大きく，食物網の正確な把握は困難である．

これらの方法に対し，安定同位体を用いた解析では，①長期的な餌利用の平均的な組成が反映される，②客観的かつ定量的なデータを得られる，③ほかの

---

### Box-9.1 胃内容物から栄養段階を推定する方法

胃内容物から対象動物の栄養段階を推定する方法にはいくつかあるが，一般的な方法としては Winemiller（1990）の方法がある．ここでは，消費者 $i$ の栄養段階 $TL_i$ は，以下の式で計算される．

$$TL_i = 1 + \Sigma TL_j (P_{ij})$$

$TL_j$ は餌 $j$ の栄養段階（1, 2, 3, …など），$P_{ij}$ は消費者 $i$ の胃内容物に含まれる餌 $j$ の割合である．

生態系との比較が可能，④食物連鎖長の算出が容易，といった利点に加え，比較的低コストで，短時間に大量のサンプルを分析できるという点でも優れている．

## 9.2 安定同位体を用いた解析

### （1） 指標としての安定同位体

生体を構成する炭素，窒素，水素，酸素，硫黄などの元素には，それぞれ質量数が異なる原子，同位体（isotope）が存在する．このうち時間が経つと崩壊する放射性同位体に対し，変化することのない同位体を安定同位体（stable isotope）という．たとえば，炭素は質量数が12（中性子数6）と13（中性子数7）の安定同位体が存在しており，大気中の存在比（モル分率）は，$^{12}C$ が99％，$^{13}C$ が1％である．これら安定同位体比は，通常，各元素によって決められた標準物質の元素存在比に比べ，注目する測定試料中の元素存在比がどれくらいずれているかを千分率（‰，パーミル）で表す（δ記法）．炭素はPee-Dee Belemnite（PDB）というベレムナイトの化石（炭酸塩鉱物），窒素は大気中の $N_2$ ガスが世界共通の標準物質である．この定義にもとづき，炭素の安定同位体比を例に示すと，

$$\delta^{13}C(‰)_{目的の試料} = ([^{13}C/^{12}C]_{目的の試料}/[^{13}C/^{12}C]_{標準物質} - 1) \times 1000$$

となる．標準物質と比べ，試料に重い同位体比がより含まれていればプラスに，逆に軽い元素がより含まれていればマイナスの値を示す．

### （2） 食物網解析の原理

安定同位体を用いた食物網解析では，つぎに述べるような代謝に伴う同位体効果を利用する．植物など一次生産者の安定同位体比は，基質（炭酸塩など）の同位体比と，質量数の違いによる取り込みや固定といった化学反応の反応・拡散速度の差（これを同位体分別という）によって決まる．それに対して，動物試料の安定同位体比には，主として餌の安定同位体比が反映されるが，その影響は元素によって異なる．

窒素については，餌として動物に摂取されたのち，一部が不要な窒素老廃物として体外へ排出される．一般に，同位体分別により，軽い同位体がより多く体外へ排出されるため，重い $^{15}N$ が一定の割合で体内に濃縮する．したがって，

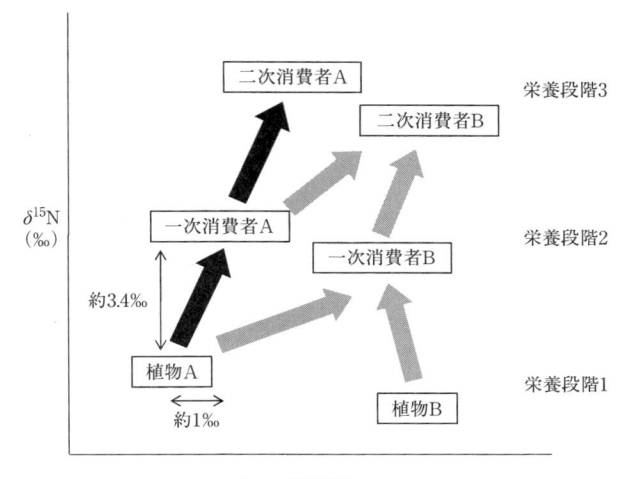

図 9.2　安定同位体を用いた食物網解析に用いられる $\delta^{13}$C（横軸）-$\delta^{15}$N（縦軸）マップ．図中の黒い矢印は，単純な食物連鎖を示し，灰色の矢印は，やや複雑な食物網構造を示している．いずれにしても，栄養段階が上がるごとに，$\delta^{13}$C と $\delta^{15}$N の値が上昇することに注目．

栄養段階が高い動物の $\delta^{15}$N は高くなる傾向がある．栄養段階が1つ上がるごとに，$\delta^{15}$N は約 3.4‰ 程度上昇することが経験的に知られている（Minagawa and Wada 1984; Fry 1988）．このため，$\delta^{15}$N は対象生物がどの栄養段階に属するかを表す指標として利用できる．

一方，消費者の $\delta^{13}$C は，栄養段階が上昇してもほとんど変わらない．すなわち，1栄養段階あたり高々1‰ 程度の上昇にすぎないことが知られている（Fry 1988）．しかし，一次生産者の炭酸固定過程に応じてその値に違いがある．そのため，対象動物の $\delta^{13}$C に近い一次生産者（あるいは一次消費者）を特定することができれば，その動物の利用する餌や食物網の基盤となる炭素源を推定できる．

栄養段階が上昇するごとに $\delta^{13}$C, $\delta^{15}$N ともにそれぞれ一定の割合で濃縮される．このような捕食者-被食者間の同位体比値の差を濃縮係数または濃縮率（trophic enrichment, trophic fraction）という．元素 X の濃縮係数は，$\Delta\delta X = \delta X_{動物} - \delta X_{餌}$ と表すことができる．安定同位体を用いた食物網解析では，$\delta^{13}$C と $\delta^{15}$N の濃縮係数の違いを利用する．その結果は，図 9.2 に示したよう

な散布図「$\delta^{13}$C-$\delta^{15}$N マップ」を描くことで,二次元的に可視化できる.実際の食物網は,図9.2のグレーの矢印で示したように,消費者の多くが複数の資源を利用するため網目状の構造をとる.

安定同位体を用いた食物網解析では,濃縮係数の値を慎重に推定する必要がある.「$\Delta\delta^{13}$C=1‰」「$\Delta\delta^{15}$N=3.4‰」という値が基準値として広く用いられている(Vander Zanden and Rasmussen 2001; Post 2002).しかし,これらの値がすべての食物網にあてはまるわけではない.食物網を構成する動物の分類群,ハビタットや餌の種類などによって大きく異なることも報告されており(Vanderklift and Ponsard 2003),濃縮係数に影響する要因の把握は,今後重要な研究課題であるともいえる.

(3) 研究例

炭素窒素安定同位体を用いた食物網解析の研究例を紹介する(Zeug and Winemiller 2008).彼らは,北米テキサス州ブラゾス川の本流部および隣接する三日月湖に生息する魚類や水生無脊椎動物がどのような餌資源(炭素源)を利用しているかを調べた.図9.3に示したように,本流部の消費者は陸上植物を炭素源として利用していることが推測された.それに対して,三日月湖内の消費者は,底生藻類やセストン(水中の懸濁物)の$\delta^{13}$C値にも近く,陸上植物の炭素源だけでなく,それらも炭素源として利用していることがわかる.また,三日月湖に比べ本流の魚類は,全体的に$\delta^{15}$Nが高いことから栄養段階が高いことが示唆される.これは,本流の魚は直接デトリタス(植物の枯死体な

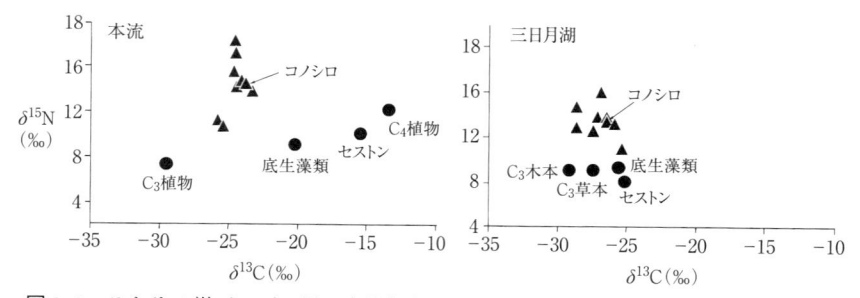

図9.3 テキサス州ブラゾス川の本流部と三日月湖に生息する魚類・水生無脊椎動物(▲)と餌資源(●)の$\delta^{13}$C-$\delta^{15}$Nマップ.矢印は,本流部と三日月湖の両方でみられたコノシロ *Dorosoma cepedianum* を示している(9.4節の本文と表9.1を参照).$C_3$植物,$C_4$植物は陸上植物の測定値を示す(Zeug and Winemiller 2008 より改変).

どの有機物）を摂食するのではなく，むしろデトリタスを利用する水生無脊椎動物を捕食しているものと解釈できる．従来，氾濫原の生態系では陸上植物由来の炭素源が餌資源として重要とされてきた．この研究は，藻類の炭素源も重要な場合があることを示している．また隣接する場所であっても，物理環境が異なると，異なる食物網構造をもつ生態系が成立しうることを示している．

## 9.3 同位体比の分析とデータ解析

有機物の炭素および同位体比の分析は，コンフロ（continuous flow）とよばれる元素分析計と質量分析計を組み合わせたオンラインの自動分析システムで行う．同位体分析の手順は Box-9.2 で解説した．

試料の $\delta^{13}C$ と $\delta^{15}N$ のデータが得られたら，まずは図 9.1 から図 9.3 に例示したような $\delta^{13}C$-$\delta^{15}N$ マップを描く．マップから，予想もしなかった捕食被食関係，生息場所間の移動パターン，栄養段階の違いなどが明らかになる場合もある．さらに，対象動物と一次生産者（あるいは一次消費者）の $\delta^{15}N$ と，9.2節（3）項で紹介した濃縮係数（$\Delta\delta^{15}N$）を用いることで，栄養段階や食物連鎖長を推定することができる（Box-9.3）．

しかし，安定同位体解析にもいくつかの問題があることを理解し，結果は慎重に解釈する必要がある．たとえば，対象動物が，生きた餌を捕食したのか，死体を摂食したかを判断することはできない．このような問題は，捕食実験や胃内容物解析などをあわせて実施することで解決する必要がある．

## 9.4 混合モデルを用いた解析

一般に，多くの消費者は複数の餌資源を利用している．それぞれの資源をどのような割合で利用しているかという組成は，安定同位体分析の結果をもとに，混合モデル（mixing model）を用いることで定量的に推定できる．混合モデルは複数開発されており（Phillips and Gregg 2001, 2003），いずれもフリーソフトでくわしい解説書付きで提供されている．これらが，比較的簡単に操作できることも，同位体解析の利点の1つである．混合モデルを用いた解析で重要なのは，9.2節（3）項で説明した濃縮率のデータが必要となることである．その値が結果を大きく左右するため，先行研究からの検討が必要である．

通常，$\delta^{13}C$ と $\delta^{15}N$ を用いた同位体解析では，3種類までの餌資源であれば，

## Box-9.2 同位体比分析の手順

### 組織採取

調査地で採集したサンプルは，クーラーボックスなどで保冷して実験室まで運ぶ．実験室にもちかえったサンプルは，その日のうちに組織を採取するか，冷凍庫で保存し，解凍後に組織を採取する．

体の大きい個体は，通常その体の一部を採取する．魚類などでは，背側筋が組織のなかでも同位体比のばらつきが比較的小さいことから，もっともよく用いられている．解剖用のハサミ（またはメス）を利用して立方体のかたちで筋肉を適量採取する（1.5 cm$^3$ が目安）．その際，鱗，皮や骨など異なる組織片は分析値に影響するので，完全に取り除く（乾燥させてからのほうが操作が容易なこともある）．採取した筋肉は，塩酸処理をしてからきれいに洗浄したガラス製のバイアルびんに入れ，乾燥機（50-60℃）に1-2日間ほど入れて乾燥させる．二枚貝や巻貝などは，殻から筋肉（足）や貝柱の部分を採取し，上記の手順で乾燥させる（図9.4）．

小魚，動物プランクトンや水生昆虫などの体の小さいサンプルは，体を丸ごと用いる．このような場合は，餌の同位体比が反映されてしまう可能性があるため，1-2日間絶食させたあとに試料とする．懸濁有機物（POM）や付着藻類などは，プランクトンネットのようなメッシュの上で洗浄しながら異物を取り除き，Whatman GF/F や GF/C などガラスフィルター（550℃で数時間強熱処理して，有機物を取り除いたもの）で濾過する．その後，フィルターごと乾燥器で乾燥させる．

これらの操作を含め，一連の作業ではコンタミ（異物混入）を確実に防ぐことが重要である．使用するハサミ，メス，ピンセット，乳鉢などは，サンプルごとにエタノールや超純水で洗浄し十分乾燥させたものを使用する．

最後に，同位体分析に用いた対象生物の組織が，どれくらいの時間スケールでの食性や栄養段階を反映しているかを理解しておく必要がある．生物の組織をつくる元素はたえず新しいものと入れ替わっていくが，その回転率

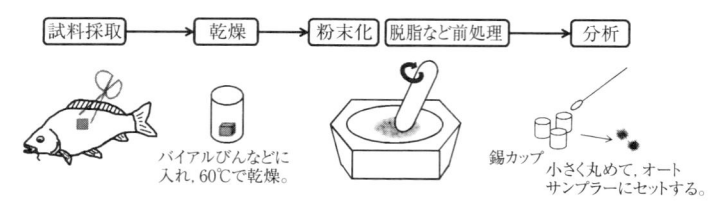

図 9.4　試料採取から同位体分析までのフロー．

(turnover rate) は組織によって大きく異なる (Tieszen *et al.* 1983). 一般に, 動物では肝臓や血液などは回転率が速く, それに比べ筋肉や骨では回転率が遅い. また, 生物の体のサイズによっても回転率が異なる. そのため, 分析前には, 既存研究などから, 対象生物における組織ごとの回転率を調べておく必要がある. 近年では, 回転率の異なる組織を分析することで, 餌資源や生息地利用の短期的, 長期的な変化を推定した報告も増えている.

### 前処理

完全に乾燥させた組織は, 粉末にする. コンタミに十分気をつけながら, 乳鉢 (メノウのものが使いやすい) やミキサーなどを用いて粉末にする. 同位体をコンフロで分析する際には, サンプルを完全に燃焼させるため, できるだけ細かくする必要がある. 粉末は, バイアルなどに移し (薬包紙を使うと便利), デシケータに保存する. また, POMや付着藻類などのフィルター試料は粉末化できないので, ハサミで小さく刻んで分析する.

粉末にした組織は, そのまま分析することも可能だが, その前に, サンプルの種類によっては脱脂や炭酸除去を行う必要がある. 一般に, 動物の脂肪の $\delta^{13}C$ は筋肉に比べて低い. そのため組織, サイズや季節によって脂肪濃度が変化すると $\delta^{13}C$ が大きく変動する. また, 無機炭酸塩は有機炭素と異なる $\delta^{13}C$ をもつため, 貝や甲殻類の外骨格, 堆積物など試料に無機炭酸塩が含まれている可能性がある場合は塩酸による炭酸除去を行う必要がある. 脱脂や炭酸除去に関しては, 分析後に補正する方法もある. いずれが適切かは, 対象生物や研究の目的によって判断することが望ましい.

脱脂は, クロロホルムとメタノールの2:1の混合溶媒を用いて行う. 小さいチューブやびんに組織粉末と混合液をよく混ぜ, 1日放置しておく. その後, 遠心分離を行い上澄み液を捨て, 再び粉末を乾燥させる.

炭酸除去は試料を1Nの塩酸につけた後, 蒸留水で洗浄することによって行う. しかし, 酸処理により $\delta^{15}N$ が影響を受けることも報告されているため, 分析前に酸処理を行うかどうかについては十分な検討が必要である.

### 分 析

粉末試料を薬さじで適量とり, 同位体分析用のスズ箔に入れピンセットを用いて包む. 1つのサンプルの分析に必要な量は, 炭素が約0.2-0.4 mg程度, 窒素が1.0 mg前後である. 包む際は, 空気を抜きながら, できるだけ小さく丸める.

安定同位体分析は, キャリアガスの流量の変化などの影響を受けやすく, 同一の標本を測定しても分析ごとに値が若干変動する. そこで, 実際の分析

では必ず，同位体比が既知の標準試料（たとえばアラニン）を約10試料ごとに測定し，標準試料の分析値の平均値と真値からのずれを計算し，試料の実測値に加減して補正する．標準試料も上記の要領で，スズ箔に包んでおく．その後，丸めたスズ箔を元素分析計のオートサンプラーにセットし，接続されているコンピュータから指示を出し，分析を始める．

　オートサンプラーにセットされた試料は，自動的に元素分析計の燃焼管に落下し，酸素気流のもと燃焼させる．そこで生成されたガスはキャリアガス（ヘリウム）により還元炉に運ばれたのち，すべての炭素成分，窒素成分がそれぞれ $CO_2$ と $N_2$ に変えられる．それらのガスは，質量分析計のイオンソース部に導入される．導入後，分子量44と45の $CO_2$，28と29の $N_2$ の数をそれぞれ定量する．同時に，参照物質（リファレンスガス）が自動的に導入され，サンプルの安定同位体比，つまり$\delta$値を計算する．一見繁雑にもみえる手順だが，実際の分析では，元素分析のサンプル導入から$\delta$値の算出まで，コンピュータのプログラムが自動的に行ってくれる．分析終了後は，ワーキングスタンダードの分析値を用いてサンプルの $^{13}C$ と $\delta^{15}N$ の実測値を補正する．

動物が利用する各々の餌の割合は単純な連立方程式で解くことができる．このような場合については，餌の同位体比のバラツキも考慮できる IsoError というソフトが開発されている（Phillips and Gregg 2001）．しかし，野外では，4種類以上の餌資源を利用する動物も少なくない．このような場合には，シミュレーションを用いた混合モデル IsoSource（Phillips and Gregg 2003）を用いるとよい．このソフトでは，餌資源のすべての組み合せをシミュレーションモデルで検討し，それぞれの餌資源の利用可能性を確率分布（1–99 パーセンタイル）として得ることができる．

　図9.3で紹介した研究例（Zeug and Winemiller 2008）でも，IsoSource を用いて複数の餌資源（炭素源）の利用割合を推定している．そのうち，本流部と三日月湖の両方で捕獲されたコノシロ *Dorosoma cepedianum* に注目し，その餌資源利用の結果を表9.1に示した．本流部のコノシロは，陸上の $C_3$ 植物に大きく依存しているのに対し，三日月湖のコノシロは，陸上の $C_3$ 植物だけではなく，セストンや底生藻類，つまり湖内の一次生産にも依存していることがわかる．このように，混合モデルを用いることで餌資源の利用割合を客観的な基準にもとづいて推定することができる．

## Box-9.3 栄養段階と食物連鎖長の算出方法

対象動物の栄養段階は，以下の（1）式のように対象動物と一次生産者の$\delta^{15}N$の差を濃縮係数（$\Delta\delta^{15}N$）で除すことにより算出できる．

$$栄養段階 (TL) = \{(\delta^{15}N_{対象動物} - \delta^{15}N_{一次生産者})/\Delta\delta^{15}N\} + 1 \quad (1)$$

この式では，一次生産者の$\delta^{15}N$を栄養段階＝1としたときに，対象生物の栄養段階を求めることになる．本文中にも述べたように，$\Delta\delta^{15}N$は経験的に，3.4‰を用いることが多いが，分類群などによっても異なるので検討が必要である．

しかし，（1）式で用いる一次生産者の$\delta^{15}N$は時間的・空間的な変動が大きいため，正確な栄養段階を推定できない．そこで，一次生産者より寿命が長く同位体比のバラツキが小さい一次消費者の$\delta^{15}N$を使うことがスタンダードな方法となりつつある．湖沼においては，二枚貝や動物プランクトンなどを使うことが多い．この場合は，一次消費者の$\delta^{15}N$を栄養段階＝2と仮定するので，（1）式を（2）式のように変更して計算する．

$$栄養段階 (TL) = \{(\delta^{15}N_{対象動物} - \delta^{15}N_{一次生産者})/\Delta\delta^{15}N\} + 2 \quad (2)$$

ただし，異なる2つの生息場所を利用する動物の場合，（1）（2）式を用いて栄養段階を単純に推定することはできない．たとえば，Vander Zanden and Rasmussen（1999）は，沖帯と沿岸帯を移動する魚の場合，沖帯の一次消費者である二枚貝の$\delta^{13}C$と沿岸帯の一次消費者である巻貝の$\delta^{13}C$の差異をもとに補正することで，栄養段階を正確に推定する方法を提案している．

食物網構造の尺度として重要な食物連鎖の長さ（FL: Food Chain Length）は，基底種（basal species）から最上位捕食者（top predator）までの食物網の「高さ」に相当するので，最上位捕食者の栄養段階を（2）式を用いて推定すれば，それを計算できる（Post 2002）．

$$食物連鎖長 (FL) = (\delta^{15}N_{最上位捕食者} - \delta^{15}N_{一次消費者})/\Delta\delta^{15}N + 2$$

Postらは，この手法を用いて，生態系サイズ（湖沼の容積）と食物連鎖の長さとに正の相関があることを明らかにしている（Post *et al.* 2000）．また最近では，水域だけではなく，陸域でもこのような傾向が認められている（Takimoto *et al.* 2008）．生態系構造を知るうえでも安定同位体を用いた食物連鎖長の算出は有効な手段といえる．

また，Matsuzaki *et al.*（2010）では，日本在来のコイが外来のコイと交雑することで，生息利用場所や餌資源利用などの機能的役割が変化することをIso-

表 9.1 テキサス州ブラゾス川の本流部と三日月湖の両方でみられたコノシロ（図9.3を参照）の IsoSource（Phillips and Gregg 2003）から推定された餌資源の利用割合. 表中のパーセンテージは, 各餌資源のもっとも確からしい平均利用割合を示しており, かっこ内は, 利用割合の確率分布（1-99 パーセンタイル）を示している（Zeug and Winemiller 2008 より改変）.

|  | $C_4$ 植物 | $C_3$ 植物 | 底生藻類 | セストン |
|---|---|---|---|---|
| 本流のコノシロ | 25% (21-32) | 62% (56-66) | 8% (0-21) | 5% (0-14) |
|  | $C_3$ 植物（草本） | $C_3$ 植物（木本） | 底生藻類 | セストン |
| 三日月湖内のコノシロ | 32% (0-66) | 16% (0-34) | 27% (3-49) | 25% (14-35) |

Source を用いて明らかにしている.

　もちろん，IsoSource は万能ではない．推定する餌資源の数が増えれば増えるほど，推定する確率分布にゼロが含まれるようになり，不確実性が増す．そのため，餌資源をいくつかのグループに分け，推定する餌資源数を少なくし再解析する方法が提案されており（Phillips et al. 2005），必要に応じて参考にするとよい．

## 9.5　今後の展望

　本章では，炭素窒素安定同位体を用いた食物網構造や栄養段階を推定する標準的な方法を紹介した．最近では，ベイズ推定を用いた食性解析など新しいデータ解析手法が提案されており，今後，安定同位体を用いた手法はますます強力かつ汎用性の高いツールとなることは間違いない．たとえば，Layman らは，個体群を扱う際に，同位体比の平均値ではなく，むしろばらつきをニッチ幅ととらえ，$\delta^{13}C$-$\delta^{15}N$ マップ上で個体群全体を結ぶ凸包（convex full）の面積を定量化する方法を提案している（Layman et al. 2007）．彼らは，この手法をもとに，バハマ諸島に広がるマングローブ湿地帯に生息する最上位捕食者ネズミフエダイ Lutjanus griseus の同位体比を調べ，それらのニッチ幅が，海とマングローブ湿地の連結性の程度によって大きく変わることを示している．また，循環統計（circular statistics）とよばれる特殊な統計手法を用いた群集構造や食物網構造全体のダイナミックな変化の評価法も提案されている（Schmidt et al. 2007）．

　安定同位体解析は，外来種や温暖化などの人為的影響が引き起こす食物網構

造や生態系機能の変化を明らかにするうえではすでに重要なツールとなりつつある (Gratton and Denno 2006; Finlay and Vredenburg 2007). また, 博物館などで長期保存されている標本試料をもとに過去の食物網を復元し, 人為的な環境変化がおよぼす長期的な影響を検出する研究も行われている. 海洋の研究例では, Pinnegar ら (2002) が, 過去 50 年にわたりさまざまな魚介類の $\delta^{15}N$ を分析し平均栄養段階を算出した結果, 漁業資源 (とくに大型魚) の過剰な捕獲により, それらの値が有意に低下していることを報告している. 人為的な環境変化による食物網構造の変化, ひいては生態系サービスの変化についての理解は, 今後さらに重要となるだろう.

**参考図書**

南川雅男・吉岡崇仁 (2006) 生物地球科学. 培風館, 東京.
永田俊・宮島利宏 (2008) 流域環境評価と安定同位体. 京都大学学術出版会, 京都.
大串隆之・近藤倫生・仲岡雅裕 (編) (2008) 生態系と群集をむすぶ. 京都大学学術出版会, 京都.
冨永修・高井則之 (編) (2008) 安定同位体スコープで覗く海洋生物の生態. 恒星社厚生閣, 東京.

**引用文献**

Finlay, J. C. and Vredenburg, V. T. (2007) Introduced trout sever trophic connections in watersheds: consequences for a declining amphibian. Ecology, 88: 2187-2198.

Fry, B. (1988) Food web structure on georges bank from stable C, N, and S isotopic compositions. Limnology and Oceanography, 33: 1182-1190.

Gratton, C. and Denno, R. F. (2006) Arthropod food web restoration following removal of an invasive wetland plant. Ecological Applications, 16: 622-631.

Layman, C. A., Quattrochi, J. P., Peyer, C. M. and Allgeier, J. E. (2007) Niche width collapse in a resilient top predator following ecosystem fragmentation. Ecology Letters, 10: 937-944.

Matsuzaki, S. S., Mabuchi, K., Takamura, N., Hicks, B. J., Nishida, M. and Washitani, I. (2010) Stable isotope and molecular analyses indicate that hybridization with non-native domesticated common carp influence habitat use of native carp. Oikos (in press).

Minagawa, M. and Wada, E. (1984) Stepwise enrichment of $^{15}N$ along foodchains - future evidence and the relationship between $\delta^{15}N$ and animal age. Geochimica et Cosmochimica Acta, 48: 1135-1140.

O'Reilly, C. M., Alin, S. R., Plisnier, P. D., Cohen, A. S. and McKee, B. A. (2003) Climate change decreases aquatic ecosystem productivity of Lake Tanganyika, Africa. Nature, 424 : 766-768.
Phillips, D. L. and Gregg, J. W. (2001) Uncertainty in source partitioning using stable isotopes. Oecologia, 127 : 171-179.
Phillips, D. L. and Gregg, J. W. (2003) Source partitioning using stable isotopes : coping with too many sources. Oecologia, 136 : 261-269.
Phillips, D. L., Newsome, S. D. and Gregg, J. W. (2005) Combining sources in stable isotope mixing models : alternative methods. Oecologia, 144 : 520-527.
Pinnegar, J. K., Jennings, S., O'Brien, C. M. and Polunin, N. V. C. (2002) Long-term changes in the trophic level of the Celtic Sea fish community and fish market price distribution. Journal of Applied Ecology, 39 : 377-390.
Post, D. M. (2002) Using stable isotopes to estimate trophic position : models, methods, and assumptions. Ecology, 83 : 703-718.
Post, D. M., Pace, M. L. and Hairston, N. G. (2000) Ecosystem size determines food-chain length in lakes. Nature, 405 : 1047-1049.
Schmidt, S. N., Olden, J. D., Solomon, C. T. and Vander Zanden, M. J. (2007) Quantitative approaches to the analysis of stable isotope food web data. Ecology, 88 : 2793-2802.
Takimoto, G., Spiller, D. A. and Post, D. M. (2008) Ecosystem size, but not disturbance, determines food-chain length on island of the Bahamas. Ecology, 89 : 3001-3007.
Tieszen, L. L., Boutton, T. W., Tesdahl, K. G. and Slade, N. A. (1983) Fractionation and turnover of stable carbon isotopes in animal tissues : implications for $\delta^{13}C$ analysis of diet. Oecologia, 57 : 32-37.
Vander Zanden, M. J. and Rasmussen, J. B. (1999) Primary consumer $\delta^{13}C$ and $\delta^{15}N$ and the trophic position of aquatic consumers. Ecology, 80 : 1395-1404.
Vander Zanden, M. J. and Rasmussen, J. B. (2001) Variation in $\delta^{15}N$ and $\delta^{13}C$ trophic fractionation : implications for aquatic food web studies. Limnology and Oceanography, 46 : 2061-2066.
Vander Zanden, M. J., Casselman, J. M. and Rasmussen, J. B. (1999) Stable isotope evidence for the food web consequences of species. Nature, 401 : 464-467.
Vanderklift, M. A. and Ponsard, S. (2003) Sources of variation in consumer-diet delta N-15 enrichment : a meta-analysis. Oecologia, 136 : 169-182.
Winemiller, K. O. (1990) Spatial and temporal variation in tropical fish trophic networks. Ecology, 60 : 331-367.
Zeug, S. C. and Winemiller, K. O. (2008) Evidence supporting the importance of terrestrial carbon in a large-river food web. Ecology, 89 : 1733-1743.

## 第10章
# 水田害虫に対する捕食性天敵の機能評価法
高田まゆら

---

**イネ害虫に有効な天敵と考えられる広食性捕食者を特定**

方法1：生命表解析や変動主要因分析(Box-10.1)
方法2：直接観察による食性分析(10.1(2))
方法3：分子的手法による食性分析(10.1(2))
方法4：野外パターン調査(10.1(2))

環境保全型稲作農家の調査協力(10.3)

**特定された広食性捕食者と害虫や被害レベルとの関係性を検証**

方法：捕食者の密度を操作する野外実験(10.2)

↓

**広食性天敵としての重要性を評価**

---

**今後の課題**(10.4)
1. 複数の天敵間の相互作用や形質介在効果を考慮した天敵の評価
2. 広食性天敵の多様性を増加させるための水田管理法の検討

近年わが国では，農薬や化学肥料をなるべく使わない環境保全型稲作が全国的に普及しつつある．その代表的な例としては，コウノトリの野生復帰が進められている兵庫県豊岡市の取り組みや，マガンなどの生息場所創出のための宮城県大崎市における「ふゆみずたんぼ」の取り組みがあげられる（鷲谷 2006, 2007）．環境保全型水田は，従来の慣行農法水田と比べて湿地性生物の多様性が高くなることから，近年劣化や減少が著しい湿地の代替地としての機能を果たすと期待されている．その一方で農薬を使わない水田は，イネの病害虫や雑草が増えることにより生産性が下がる場合があるという負の側面ももちあわせており，その減収分は取り組みを進めている自治体が補償したり農家個人が負担している．環境保全型稲作を長期的に持続させ，今後より一層普及させるためには，農薬に頼らず有害生物の被害を軽減させる農業技術が必要となる．

水田には，イネ害虫の天敵となりうるクモ類やカエル類などの広食性捕食者が多く生息していることから（桐谷 2004 など），それらを効果的に利用することでイネ害虫による被害を軽減できる可能性がある．環境保全型水田ではとくに多様な広食性捕食者が認められることから（村田 1995；小山ほか 2005），それらによるイネ害虫被害の防除効果が期待されている．広食性天敵を活かした環境保全型稲作技術を確立するためには，広食性天敵による害虫被害の防除効果を評価すること，そして環境保全型稲作という視点からの水田管理により天敵を増加させる方法を検討することの2つが重要となる．しかし，とくに前者の課題，すなわち環境保全型稲作により多様化した広食性捕食者のうちで，どの種（グループ）が有効な天敵となりうるかについては，それを評価した研究が非常に少ない．

一方，近年の環境保全型稲作の普及に伴い，農家や市民が行う田んぼの生きもの調査が各地でさかんに行われるようになった．2007年からは「農地・水・環境保全向上対策」が施行され，農地の多面的機能の保全・管理のための共同活動と環境負荷が小さい営農活動を実施する活動団体に対して農林水産省から資金的な支援がなされている．2007年は営農活動支援が全国で約4万6000 haの農地に対して，また共同活動支援が約116万3000 haに対して行われ，それらのうちの約8割が水田を対象にした活動であった（農村振興局 2007）．今後，農家や市民が行う水田に生息する生物調査や生物多様性保全活動がますますさかんになるだろう．このような調査・実践活動に生態学研究者が主体的にかかわることで，環境保全型水田を研究フィールドとして活用する

とともに，生物調査の経験をもつ農家から野外調査の協力を得ることで，野外調査にかかる労力的コストを軽減しつつ技術開発研究を進展させることができれば，双方にとって意義が大きいはずである．

そこで本章では，まず広食性天敵による害虫被害の防除効果の評価法のうち，とくに最近発展しつつある統計的手法や分子的手法に焦点をあてて紹介する．つぎに筆者と宮城県大崎市田尻の環境保全型稲作農家とが共同で行った広食性天敵評価の研究例を紹介し，その研究遂行上のメリットや調査時の注意点などをあげる．

## 10.1 広食性天敵の害虫抑制効果の評価法

### (1) 天敵による害虫被害の抑制の仕組み

天敵は害虫が増加すると，数の反応や機能の反応，もしくはその両方を通して害虫密度を抑え，農作物被害を軽減させる．数の反応とは，害虫の密度変化に対する天敵の密度変化を，また機能の反応とは，害虫の密度変化に伴う天敵1個体あたりの害虫捕食数の変化を指す．これら2つをかけあわせることで，害虫密度の変化に対する天敵による害虫の捕食数の変化を評価できる．これは天敵と害虫との間に生じる，食う食われる関係に注目したものであるが，近年では，害虫が天敵と遭遇した際，その行動を変化させるという形質介在効果の重要性も認識されている（Schmitz 2007）．たとえば，天敵からの捕食リスクを回避するため，害虫が採餌活動を抑制したり（Schmitz 1998 など），別の場所へ移動すること（Nakasuji $et\ al.$ 1973; Losey and Denno 1998 など）などである．

天敵は，その食性から，害虫に特殊化した単食性捕食者（捕食寄生者も含む）および害虫以外にも複数の餌種を捕食する広食性捕食者に大別される．単食性捕食者は，餌資源を完全に特定の害虫に依存するため，害虫密度が増加すると餌の発見効率の増加や，パッチ間の移動成功率の増大を通して数の反応を示し，害虫密度を効果的に抑えることができる．広食性捕食者は，害虫以外の餌生物や物理的な環境条件によって密度が制限されることが多い．そのため害虫不在時でも高密度に維持されれば，害虫の高密度化を未然に防ぐことができる（宮下 2009）．本章で注目する広食性天敵では，ハエ目を中心とした腐食連

## Box-10.1 生命表解析と変動主要因分析による広食性天敵の役割評価

わが国では 1960-1970 年代,生命表や変動主要因分析による天敵の役割評価が数多くなされてきた.その1つとして,ここではイネ害虫ツマグロヨコバイを対象とした研究例を紹介する.

Kiritani *et al.* (1970) は,高知県南国市におけるツマグロヨコバイの個体群密度の変動とその調節機構を明らかにするため,普通期稲地帯と二期稲地帯の水田を対象にツマグロヨコバイの生命表を作成し,それを用いて変動主要因分析を行った.まず各水田において株あたりの卵密度,1齢幼虫密度,5齢幼虫密度,羽化成虫密度などを推定し,考えられる死亡要因とあわせて表にした(表 10.1).このうちヨコバイの幼虫期に働く死亡要因の1つとして,クモ類による捕食が考えられた.クモ類による捕食の重要性については,直接観察によるクモ類の食性分析により検討した(Kiritani *et al.* 1972).その結果,クモ類の捕食はヨコバイが比較的低密度のときにのみ有効であり,高密度時にはヨコバイ自身の種内競争が重要になることがわかった.

約2年間,同様の調査を行い計10枚の生命表を作成した.つぎにツマグロヨコバイの個体数変動を以下の式で表し,変動主要因分析を行った.

$$\ln E_{n+1} = \ln E_n + \ln S_E + \ln S_L + \ln S_{AE} + \ln S_{sex} + \ln S_{(1-w)} + \ln F_n$$

ただし $E_n$:第 $n$ 世代の卵密度,$S_E$:孵化率,$S_L$:1齢から5齢までの生存率,$S_{AE}$:羽化率,$S_{sex}$:性比,$S_{(1-w)}$:アタマアブの寄生をまぬがれる率,$F_n$:1

表 10.1 1966 年普通期稲第2世代のツマグロヨコバイの生命表(Kiritani *et al.* 1970 より改変).

| 発育段階 | | 株あたり個体数 | 死亡要因 | 死亡個体数 | 発育段階内の死亡率 | 卵数に対する死亡率 | 累積死亡率 |
|---|---|---|---|---|---|---|---|
| 卵 | $E$ | 69.6 | 孵化失敗 | 21.52 | 30.92 | | |
| | | | 卵寄生蜂 | 2.47 | 3.55 | | |
| | | | 卵寄生菌 | 0.00 | 0.00 | | |
| | | | 不明死亡 | 15.25 | 21.91 | | |
| | | | | 39.24 | 56.38 | 56.38 | 56.38 |
| 1齢幼虫 | $L$-1 | 30.36 | 不明死亡(クモ類,種内競争) | 15.31 | 50.43 | 22.00 | 78.38 |
| 5齢幼虫 | $L$-5 | 15.05 | 羽化失敗 | 4.04 | 26.84 | 5.80 | 84.18 |
| 羽化成虫 | $A_E$ | 11.01 | 性 比 | 5.40 | 49.04 | 7.24 | 91.42 |
| 雌成虫 | $A_{E♀}$ | 5.61 | アタマアブによる寄生 | 0.88 | 15.74 | 1.26 | 92.68 |
| 産卵雌成虫 | $A_{E♀}(1-w)$ | 4.73 | | | | | |

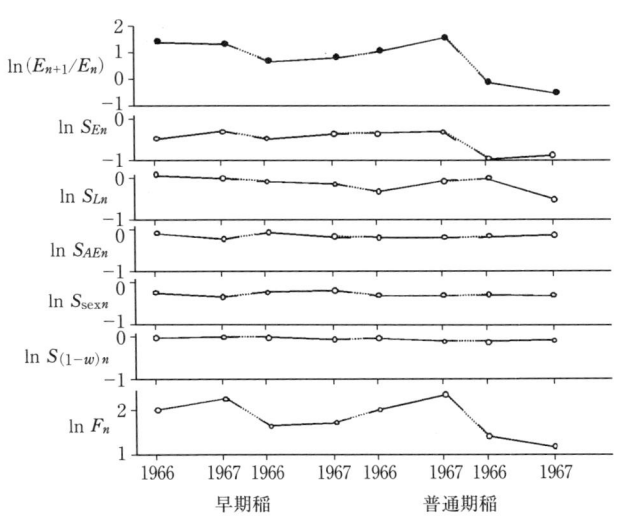

**図 10.1** ツマグロヨコバイの生命表を利用した変動主要因分析（Kiritani *et al.* 1970 より改変）.

雌あたりの産卵数

　変動主要因分析の結果，世代間の変化率 $E_{n+1}/E_n$ の変化と同調しているのは $F_n$, $S_E$, $S_L$ であることがわかり（図 10.1），$S_L$ に関与すると考えられるクモ類の捕食がツマグロヨコバイの密度制御要因の 1 つであることが示唆された.

鎖由来の餌昆虫（Halaj and Wise 2001; Miyashita *et al.* 2003; Shimazaki and Miyashita 2005）や，すみ場所としての構造物（Takada and Miyashita 2004; Miyashita and Takada 2007）が制限要因となることが知られている．それら制限要因を緩和するような農地管理により，害虫抑制効果を高める試みも行われている（Settle *et al.* 1996; Halaj and Wise 2001 など）.

　1960–1970 年代には害虫の天敵を特定するための研究がさかんに実施された（中筋ほか 2007 など）．そこでは人口統計学に由来する生命表解析，すなわち害虫の密度変化を発育ステージ内やステージ間の死亡率で評価し，それに関与している要因とともに表にして解析する手法が用いられた．死亡要因を特定する手法としては，次項で紹介する害虫による捕食の直接観察や，小規模な操作

実験などが用いられた．作成された複数の世代，あるいは場所から得られた生命表をもとに，変動主要因分析を行う．この解析では，害虫の世代間の個体数変動をよく説明する発育ステージを特定する．その発育ステージのおもな死亡要因が天敵である場合，その天敵は害虫の個体数を制限しているといえる（Box-10.1 参照）．

ただし，こうした詳細な生命表の作成には膨大な労力と時間がかかり，現実的でない場合もある．害虫や天敵の個体数が決定される適切な空間スケールを対象にした生命表の作成には，一般には膨大な労力を要する．そこで本節ではまず，比較的簡便かつ短期間で広食性天敵を探索・特定する方法を提案する．すなわち2種類の天敵の食性分析法および害虫や天敵の密度あるいは被害レベルの空間分布パターンをふまえて天敵を特定するための調査法である．

本章で紹介する天敵特定方法は簡便性や発見性に重点をおいている．そのため，これらの手法から得られた結果は必ずしも天敵による害虫被害の抑制効果を保証するものではない．そこで可能であれば複数の方法を適用するか，実験的手法により天敵−害虫−農作物の三者間に間接効果が生じているか否かを検証することが望ましい．そこでつぎに因果関係を検証するための野外操作実験法を紹介する．

なお近年の農業生態系における優れた研究として，畑地における狭食性天敵を扱った研究事例についても適宜紹介を加える．

## （2） イネ害虫に有効な広食性天敵の特定法

### 直接観察による食性分析法

捕食者の食性を調べる従来の代表的な方法は，胃内容や排泄物に残った組織から餌種を同定するというものである．しかし，この方法を胃内容物や排泄物が液体状になる節足動物に適用するのはむずかしい．捕食性節足動物が害虫を食べているかどうかを確かめる方法の1つとして，直接観察法がある．Ishijima et al.（2006）は，水田の代表的なクモ類であるコモリグモ類の食性を直接観察法によって調べた．キクヅキコモリグモとキバラコモリグモの2種を対象に，7月から9月まで月2回ほど野外観察を行った．コモリグモ類は夜間の捕食活動がさかんなため（Kiritani et al. 1972），昼夜連続の観察が必要となる．3時間ごとに50分間水田内をランダムに歩き，餌を捕食中のクモが観察された場合，その餌を採集して同定した．その結果，ツマグロヨコバイやウンカ類がもっとも多くなる8月には，クモの餌メニューの60-70%はそれらの害虫で

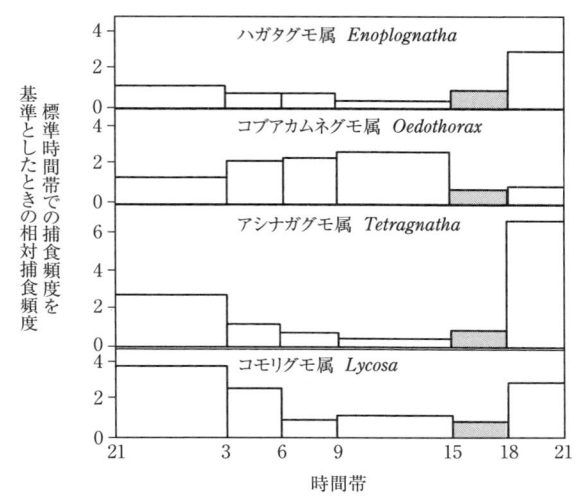

10.1 広食性天敵の害虫抑制効果の評価法　223

[図: 各クモ類の時間帯別捕食頻度を示す4段のヒストグラム]
- ハガタグモ属 *Enoplognatha*
- コブアカムネグモ属 *Oedothorax*
- アシナガグモ属 *Tetragnatha*
- コモリグモ属 *Lycosa*

縦軸: 標準時間帯での捕食頻度を基準としたときの相対捕食頻度
横軸: 時間帯（21, 3, 6, 9, 15, 18, 21）

**図 10.2** 各クモ類の捕食活動の日周性. グレーのバーは標準時間帯（本文参照）を指す (Kiritani *et al*. 1972 より改変).

構成されていることが明らかになった.

このような捕食の観察頻度を用いて，絶対捕食数を推定することもできる (Kiritani *et al*. 1972). 絶対捕食数を求めるためには，任意の時間帯における害虫捕食の観察頻度に加え，以下の2つを調べる必要がある. 1つめは害虫捕食の発見確率である. 害虫1匹の処理時間（摂食を始めてから終えるまでの時間）が長いクモでは捕食の現場が発見されやすく，逆に処理時間が短いクモの捕食は発見しにくい. そのため，クモの種ごとに異なる処理時間を把握して観察頻度を補正する必要がある.

Kiritani *et al*. (1972) は，この方法によりクモ類によるツマグロヨコバイのイネ株あたり日あたりの絶対捕食数を推定した. まず水田に優占する4グループのクモ類について，各々ツマグロヨコバイ1匹を捕食するのに要する時間を室内で調べた. その値を24時間で割ることで，1回（1匹）の害虫捕食が24時間以内に観察される確率を求め，発見確率（$P$）とした. 2つめは天敵の捕食活動の日周性への配慮である. 捕食活動に明らかな日周性がある場合には，観察頻度をそれに応じて補正する必要がある. 図10.2に Kiritani *et al*. (1972) の調査による各クモグループの野外における時間帯別捕食活動の頻度分布を示した. この図からコモリグモ類やアシナガグモ類は夜間の捕食活動が頻繁であ

り，一方，コサラグモ類はおもに早朝や昼間活発に餌を捕食することがわかった．こうした頻度分布を使うと，特定の時間帯（以下，標準時間帯）における害虫捕食の観察頻度が別の時間帯では何回に相当するのかを推定できる．こうしてすべての時間帯における捕食頻度を推定し，それらをたしあわせたものが1日における推定観察頻度（$C$）となる．

Kiritani et al.（1972）はこれらのデータを用いて，株あたり日あたりのツマグロヨコバイ捕食数（$n$）を以下の式から推定した．

$$n = \frac{F \cdot C}{P}$$

$F$は標準時間帯（Kiritani et al. 1972の場合15：00-18：00）の間に観察されたイネ株あたりのツマグロヨコバイ捕食の観察頻度を，$C$は標準時間帯における1回の捕食観察が24時間内で何回の捕食観察に相当するかを日周性から計算した値を，$P$は発見確率をそれぞれ指す．こうした推定を定期的に行い，グラフにプロットし，時間で捕食数を積分した値がその期間中のクモ類による全捕食数と考えることができる．クモ類によるツマグロヨコバイ捕食数の推定値とツマグロヨコバイの生命表とを比較したところ，クモ類はツマグロヨコバイ幼虫の4.4-63.3%，成虫の8.2-24.4%を捕食していることが明らかになった（Kiritani et al. 1972）．

### 分子的手法を用いた食性分析法

直接観察は有効な食性分析法の1つではあるが，昼夜を問わない観察は熟練した調査者にとっても容易ではない．とくに徘徊性クモ類では網という個体を探す目印がないので，捕食現場の観察すら容易でない．そこで近年，害虫の抗体やDNAマーカーを使った天敵の食性分析が注目されている（King et al. 2008など）．天敵の胃内容に害虫特有の抗原抗体反応が認められるか，もしくは害虫のDNAが検出されるかで各天敵個体による害虫の捕食を確かめるのである．これらの方法は，技術や資金の面からの制約が大きいものの，野外で行うべきことは，天敵の採集のみであるという大きな利点がある．

抗体を用いた分析法では，害虫の磨砕液をウサギなどの実験動物に注射し，その血液中に抗体をつくらせて血清をつくり，その血清と天敵の胃内容物を反応させる（桐谷1973）．抗原抗体反応による沈降反応が観察されれば，その天敵個体は害虫を捕食したと判断することができる．最初に抗体をつくる際，比較的高額な費用がかかるが，一度作成すれば大量の抗体が得られるため多数の

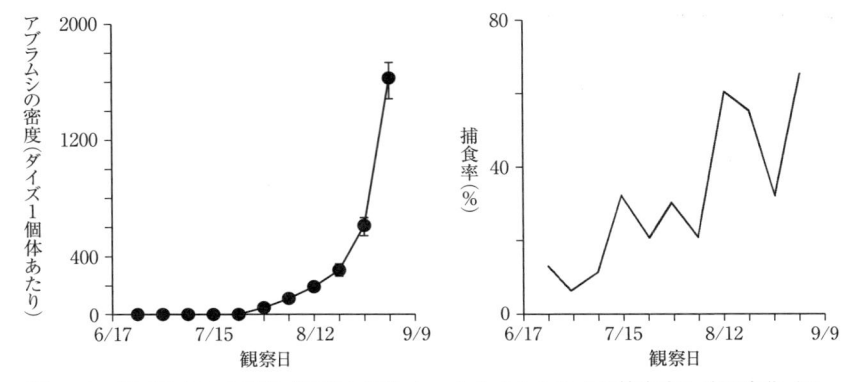

**図 10.3** アブラムシの密度（平均±SE）とハナカメムシによる捕食率の時間変化（Harwood *et al.* 2007 より改変）.

検体を一度にスクリーニングできる．DNA マーカーを用いた分析法は，天敵の胃内容から DNA を抽出し，害虫の種に特有のプライマーを用いて PCR を行い，増幅した PCR 断片をシーケンスして，害虫の DNA が増幅しているかを確認するものである（Sheppard *et al.* 2005 など）．近年の生態学や応用昆虫学の分野では DNA 分析の技術が広く利用されており，比較的実行しやすい手法であるが，1 匹あたりの分析費用はけっして安価とはいえず，多数の個体を分析するためには相当な費用が必要となる．ただし設計したプライマーが注目する害虫種のみに反応することが確認できれば，PCR で DNA が増幅したかどうかをチェックすることで捕食の有無を判断することができ（Harwood *et al.* 2007 など），シーケンスのコストを削減できる．

抗体を用いた分析法の研究例は桐谷（1973）や宮下（2009）で紹介されている．ここでは害虫の DNA マーカーを用いた食性分析法の例を 1 つ紹介する．Harwood *et al.*（2007）は，害虫ダイズアブラムシに対する天敵ハナカメムシの役割を明らかにするため，ハナカメムシによるアブラムシの捕食率とその季節動態を調べた．定期的にダイズ畑から約 20 匹のハナカメムシを採集し，各個体から DNA を抽出してアブラムシ特有のプライマーを用いて PCR を行った．アブラムシのプライマーに反応した個体の数を，採取した総個体数で割ることによりアブラムシの捕食率を求めた．捕食率と野外のアブラムシ密度の季節動態を比較したところ，アブラムシ密度が激増する前に，ハナカメムシによる捕食率が増加することがわかった（図 10.3）．こうした捕食率の増加が生じた時期は，ハナカメムシの代替餌であるアザミウマが減少した時期に相当する．

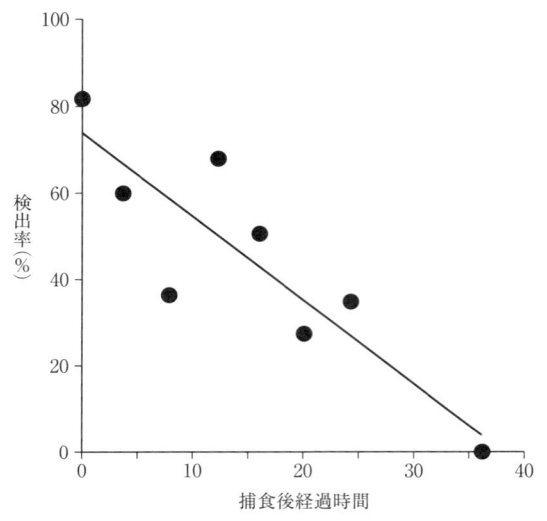

図 **10.4** ハナカメムシ体内からのアブラムシ DNA の検出率と捕食後経過時間との関係（Harwood *et al.* 2007 より改変）.

　これらの結果からハナカメムシは，発生初期におけるアブラムシ密度の急増を防いだり，増加時期を遅らせる役割をもつ天敵であると判定された.

　分子的手法を用いた食性分析に先立って，天敵の体内に残った害虫断片の検出可能時間を調べておく必要がある．消化速度は種によって大きく変わるため（Greenstone *et al.* 2007），代謝が速い捕食者種と餌種の組み合せでは捕食率は過小評価されるし，逆に代謝が遅い組み合せでは捕食率は過大評価されることになる．さきに紹介した Harwood *et al.*（2007）の例では，野外から多数採集したハナカメムシを丸 1 日水だけ与えて絶食させることで消化管を空にし，その後 1 匹のダイズアブラムシを与え，捕食後 0 時間後，4 時間後，8 時間後，……と時間をおいて 10 匹ずつ固定し，PCR により検出可能時間を調べた．その結果，ハナカメムシはアブラムシの捕食後約 1 日で検出できなくなることがわかった（図 10.4）．分子的手法による食性分析は，害虫を捕食したほかの天敵がさらに捕食されるという二次的な捕食（Sheppard *et al.* 2005）や死体食との区別がつかないこと，さらに気温により消化速度が大きく変わることなどの課題が残っている（King 2008 *et al.*）．しかし，野外における害虫の捕食を直接確かめる非常に有効な方法であるといえるだろう.

### 広食性天敵を特定するための野外パターン調査法

害虫や広食性天敵の密度および作物の被害レベルの時間的・空間的な変動パターンを分析することにより，害虫の被害抑制に有効な広食性天敵を特定できる場合もある．広食性天敵は，害虫以外の餌生物や環境条件を制限要因とすることが多いため（10.1節（1）項参照），害虫の密度には影響を与えるが特定の害虫の密度からはほとんど影響を受けないのが普通である．したがって，広食性天敵の密度は害虫密度と負の相関を保ちながら変動すると考えられる（図10.5）．

時間的な変動パターンを分析・評価に利用する場合は，ある圃場において天敵候補となる広食性捕食者と害虫の密度を長期的に観察し，上記のように害虫の密度変動と負の相関をもつ捕食者を天敵と判断する（Desneux $et\ al.$ 2006など）．空間分布パターンを利用する場合は，多数の圃場を対象に天敵候補となる広食性捕食者や害虫の密度，イネへの被害レベルを調べ，やはり害虫密度や被害レベルと負の相関関係をもつ捕食者を有効な天敵と判定する（図10.5）．以下には，比較的短期間の調査で簡便に広食性天敵を特定する方法として，空間分布パターンの調査・解析法を紹介する．

野外パターン調査を行う際に注意すべきことがいくつかある．1つめは，天敵密度とは独立に害虫密度に作用する要因（たとえば害虫の餌となる植物の量や環境条件など）を考慮してデータ解析を行うことである．それらの要因を考慮しないと，統計解析の際に天敵との関係が検出されにくくなることがある．一方，こうした交絡要因（confounding factor）の数が多くなるほど必要な反復数も多くなる．交絡要因を含んだ統計解析には，重回帰モデルや一般化線形モデルなどが使われる．2つめは，反復測定データが偽反復とならないように注意することである．天敵や害虫の繁殖，死亡などのプロセスが独立とみなせ

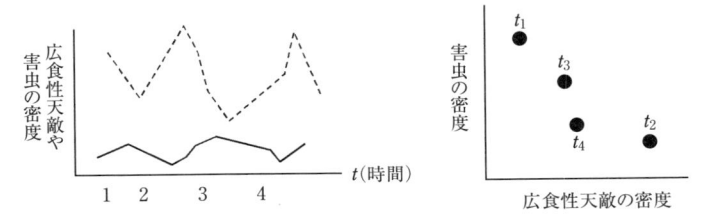

**図10.5** 想定される広食性天敵と害虫との時間的な密度変動パターンおよびそれら二者の密度の関係のイメージ．実線は天敵密度の変動パターンを，点線は害虫の変動パターンをそれぞれ表す．

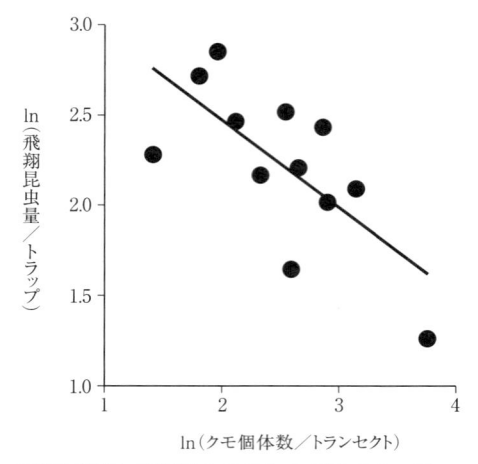

228　第 10 章　水田害虫に対する捕食性天敵の機能評価法

図 10.6　造網性クモ類の密度と飛翔昆虫の量との関係（Miyashita and Takada 2007 より改変）．

る程度に調査圃場間の距離をとることが望ましい．

　農業生態系を対象とした研究ではないが，広食性捕食者が餌昆虫の個体数抑制に果たす役割を野外パターンにより実証した数少ない研究の一例をつぎに紹介する．Miyashita and Takada（2007）は，森林林床において造網性クモ類がその餌となる飛翔昆虫類の量を制限していることを明らかにした．林床にすむ造網性クモ類は，餌による制限を受けるが，それ以上に網を張るのに必要な構造物の存在量が大きな制限要因となっている（Miyashita *et al.* 2004）．林冠木密度などの物理的環境条件が似通っているスギ人工林を 12 カ所選定し，各森林林床においてクモ類と飛翔昆虫の密度を調べた．交絡要因としては林冠木の胸高直径や土壌条件なども調査した．重回帰分析の一種であるパス解析を行ったところ，造網性クモ類の密度と飛翔昆虫の量との負の関係性が示された（図 10.6）．これは，造網性クモ類による飛翔昆虫への個体数抑制効果を示唆するものである．この因果関係は野外操作実験（10.2 節参照）により裏づけられた．

　筆者らは現在，野外パターン調査から水田害虫に有効な広食性天敵を特定することを試みている（Takada *et al.* 2012）．調査地である宮城県大崎市田尻地域は，ラムサール条約登録湿地である蕪栗沼とその周辺水田での生物多様性保全活動を中心に，多くの農家が環境保全型稲作に取り組んでいる地域である．環境保全型水田では水鳥や両生類などさまざまな生物が増加することが観察さ

れているが，なかでもクモ類の種数，個体数ともに増加が著しいことから，クモ類によるイネ害虫被害の抑制効果が期待されている．一方，本地域でもっとも問題になっているイネ害虫問題は，アカスジカスミカメによる斑点米被害である．アカスジカスミカメ（以下，アカスジ）は，イネ科やカヤツリグサ科植物の穂に餌資源を依存する斑点米カメムシ類の一種であり，イネの出穂期後に成虫が水田内に侵入し，登熟前の稲穂を吸汁することで米粒に黒い斑点をつくる（渡邊・樋口 2006）．近年，アカスジを含む斑点米カメムシ類による被害が日本全国で急増しており（農林水産省統計部 2008），0.1％の斑点米混入で二等米に落等するという厳しい基準が設けられていることもあり，環境保全型稲作普及の大きな障害となっている．

　筆者は，環境保全型水田におけるクモ類による斑点米被害の抑制効果に注目し，田尻地域にある農薬・化学肥料不使用水田 40 枚（各 2000 m$^2$ 程度）を対象に，クモ類やアカスジ密度，斑点米被害率などを調査した．またクモ類のほかに水田内のアカスジ密度や被害率に影響を与えると考えられる 2 つの要因を，交絡要因として調査項目に加えた．1 つめは水田内雑草の量である．ホタルイ類などアカスジの嗜好性が高い雑草が水田内に繁茂する場合，それらがアカスジを水田内に誘引することが知られている（大友ほか 2005; 横田・鈴木 2007）．2 つめは水田周辺に位置する牧草地・休耕田の量である．アカスジはこうした場所を発生源としていることから，発生源が近くにある水田ほどアカスジ密度や被害率も高くなることが予想された．

　一般化線形モデルなどを用いた予備解析から，水田内のアカスジ密度はアシナガグモ類とアゴブトグモの密度と負の関係をもっており，さらに斑点米被害率がアシナガグモ類密度と負の関係をもつ傾向があることがわかった．こうした結果から，これら 2 グループのクモ類がアカスジの天敵としての役割をもっていることが推測される（Takada *et al.* 2012）．筆者らはこうした野外パターン調査に加え，前節で紹介した害虫の DNA マーカーを用いた天敵の食性分析調査も行っている．その結果によると，アシナガグモ類は分析対象個体のうち最大約 5％が，アゴブトグモは約 10％がアカスジを捕食していることがわかった（Kobayashi *et al.* 2011）．この結果は，野外パターンから検出された 2 グループのクモ類密度とアカスジ密度，およびアカスジによる被害率との負の関係性が，実際にこれらクモ類によるアカスジへの捕食により生じていることを強く示唆する．

## 10.2 野外実験による因果関係の検証法

野外操作実験で検証すべき仮説は,「天敵候補種(グループ)の密度の増加(減少)に伴い害虫密度やイネへの被害レベルが減少(増加)する」である.まずこの仮説を検証するための適切な実験デザインや統計手法を検討する(宮下・野田 2003).実験デザインを決める際,①各実験地の初期状態を知ること,②適切な対照を用意すること,③反復を確保すること,の3つに留意する必要がある(ハーストン 1996).こうした野外操作実験の統計解析手法としては,分散分析がよく用いられる.

野外実験を用いた研究としては,近年では小山・城所(2003)がイネ害虫ツマグロヨコバイとクモ類との関係を検証した例がある.粘着液を塗布した畦シートを用いてクモ類の侵入を防いだ区を設置し,クモの除去がツマグロヨコバイ密度の増加をもたらすことを示した.また天敵の操作により,害虫が減るだけでなく農作物の被害のレベルを軽減させることを示した例としては,テントウムシ-ダイズアブラムシ-ダイズの三者関係に注目した研究がある.Costamagna et al.(2007)は,ミシガン州のダイズ畑において 1 m$^2$ の実験区を 18 個設け,①テントウムシや徘徊性捕食者などを除去する粗いネットをかけた区(捕食者除去区),②テントウムシ以外の捕食者(おもに徘徊性捕食者)のみを

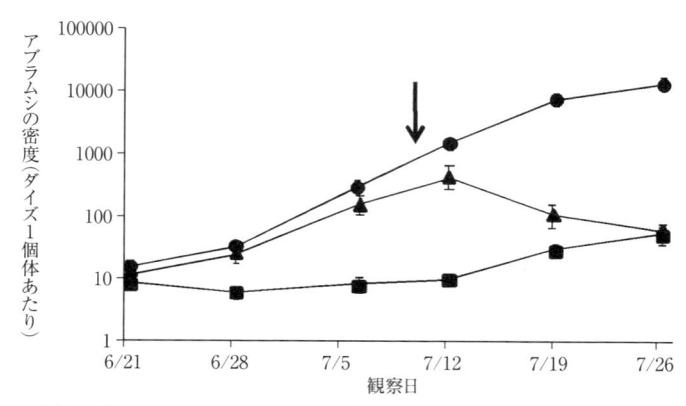

図 10.7 各処理区におけるアブラムシの密度(平均±SE)の時間変化. ●が捕食者除去区を,▲がテントウムシのみ侵入区,■が対照区をそれぞれ表す.矢印は▲の実験区においてテントウムシがより侵入しやすくなるように実験柵を改良した時期を示す(Costamagna et al. 2007 より改変).

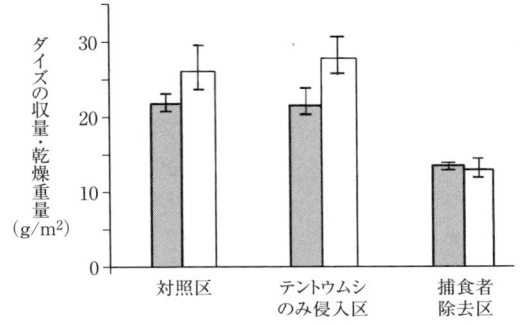

図 10.8 各処理区におけるダイズの収量（グレーのバー）と地上部乾燥重量（白いバー）（平均 ± SE）（Costamagna et al. 2007 より改変）．

除去するケージを設置した区（テントウムシのみ侵入区），③完全な開放区（対照区），の3つの処理区にそれぞれ6個ずつ振り分けた．まずすべての実験区でアブラムシや捕食者を除去した後，自然密度のアブラムシを放し，定期的にその密度を測定した．その結果，テントウムシのみ侵入区では，捕食者除去区に比べアブラムシ密度が有意に低かったが，対照区との間にアブラムシ密度の差はみられなかった（図10.7）．さらにテントウムシのみ侵入区では，捕食者除去区に比べダイズのバイオマス量は2倍，収量は1.6倍多かったことが示された（図10.8）．この結果は，自然密度の天敵が農作物被害のレベルを大幅に回復させることを示した数少ない報告事例の1つである（Costamagna et al. 2007）．

　野外操作実験は，注目する生物間で生じる相互作用を検証するには適しているが，本節の冒頭で述べた3つの条件を満たすためには実験の単位（空間スケール）が小さくならざるをえない場合が多い．そのため，実験で示された影響の強さが実際の圃場に外挿できるとは限らないことに注意しなければならない．実際の圃場における天敵の影響の強さは，適切な時間・空間スケールを対象に行った野外パターン調査から推定することができる．つまり野外操作実験により生物間の因果関係を立証し，野外パターン調査により実際の影響の強さを評価するというように，これら実験と調査はたがいの欠点を補い合う補完的関係にあるといえる．

## 10.3　農家の参加による生きもの調査とデータ活用

　前節で述べたように，天敵の役割を評価するには野外を中心としたさまざまな調査が必要となる．とくに野外パターン調査では，十分な反復データを得るため多数の水田を対象に生物量調査を行うことが望ましい．しかし，個人レベルの調査には労力的な限界がある．その問題の解決には，農家の参加を得た調査プログラムを実施することも有効である．筆者らは宮城県大崎市田尻地域において，農地・水・環境保全向上対策の支援を活用して，地元の環境保全型稲作農家の参加による野外パターン調査プログラムを実施することで，多数の水田を対象に生物量調査を行っている．そのようなプログラムでは非研究者による生物量調査から解析に耐えうるデータが得られるかをまず慎重に検討する必要がある．本節では，こうした農家との共同調査から得られた成果の一部を紹介する．

　すでに紹介したように，筆者らは同地域において，クモ類による斑点米カメムシの被害の抑制効果に注目し，野外パターン調査により広食性天敵の特定を行っている．2008年には，約20人の環境保全型稲作農家の協力を得て，30枚の農薬・化学肥料不使用水田を対象にクモ類やアカスジ密度，斑点米被害率を調査した．一般化線形モデルなどを用いた予備解析から，水田内のアカスジ密度はアシナガグモ類の密度と有意な負の関係をもっていることがわかった．この結果は，筆者自身が行った調査の結果と一致した．すなわち，環境保全型稲作農家の参加による野外パターン調査は，天敵の評価研究に有効に活かせることが示された．

　このような参加型調査プログラムを円滑に進めるうえで，とくに重要であったと思われる点を以下にあげる．まず，調査の意図と具体的な手順を参加者に十分に理解してもらうことが重要である．そのため筆者自身が地元NPOと自治体が主催する農地・水・環境保全向上対策講習会に複数回参加し，研究目的の説明と調査協力の依頼を繰り返し行った．また調査前には協力者全員参加の調査説明会を実施した．一度では理解できないむずかしい話も，繰り返し聞くことでより深い理解が得られたものと考えられる．2つめは，参加者にできるだけ負担（経済的負担を含む）をかけないで調査を実施することである．筆者らの試みでは生物量調査で必要となる捕虫網などを農地・水・環境保全向上対策の支援金で購入したため，個々の農家に金銭的な負担をかけずに調査ができた．つぎに重要なのは調査データの個人差の制御である．生物量調査の1つと

して行ったすくい取り調査は，簡便にイネ害虫やクモ類の定量調査を行うことができる一方，人によるばらつきが大きいという問題点もある．そこで協力者全員の前で筆者自身がすくい取りを実演することで調査方法の統一化を目指した．

こうした共同調査は研究者にとって大きなメリットとなるが，それと同時に農家側のメリットもけっして小さくないと思われる．環境保全型水田で安定して一定の収量を得るためには，農薬に頼らず害虫や雑草の被害を防除する必要があるが，そのためには農家自身が有害生物の生態を深く理解し，そこから被害防除法を学びとらなくてはならない．その際，生態学研究者がもつ知見や調査技術は被害のモニタリング法や防除法の確立に貢献できる可能性がある．

## 10.4　今後の課題

本章で紹介した広食性天敵による害虫被害抑制効果の評価法は，望ましい研究の流れに沿って以下のようにまとめられる．①生命表解析，2種類の天敵食性分析法，野外パターン調査法のいずれか，もしくは複数の方法により，天敵候補となる広食性捕食者を特定する．野外パターン調査を行う際に環境保全型稲作農家の調査協力を得られると，より多くの反復測定データをとることができるだろう．②天敵密度を操作する野外実験により天敵−害虫−農作物という三栄養段階で生じる間接効果を検証する．こうした実験により因果関係が示されれば，その捕食者種（グループ）が天敵としての役割をもっている可能性は非常に高い．そのための野外実験の遂行においても，農家の協力は大きな支えとなるはずである．③もし実験から因果関係が立証されなかった場合も，その捕食者が天敵の役割をもっていないとはいいきれない．なぜなら，ある捕食者が害虫へ与える影響の強さは，別の捕食者の存在，たとえば干渉や捕食者間の捕食などにより変化するからである（Losey and Denno 1998；Finke and Denno 2004；Schmitz 2007）．こうした相互作用が生じる場合，注目する捕食者の操作だけでなく，その相互作用に関与するもう一方の捕食者の操作も必要となる．10.1節（1）項で述べたように，天敵が害虫を直接食べていなくても害虫の行動を変えるなどの形質介在効果を通して農作物の被害を軽減させる可能性も指摘されている．たとえば天敵が害虫の採餌行動を抑制することにより農作物被害を軽減している場合，天敵を操作する実験では害虫密度の変化がみられない可能性がある（Rypstra and Marshall 2005）．以上のように，天敵どうしの関

係性や害虫の行動変化を通した形質介在効果も視野に入れた天敵の役割評価が今後の課題の1つといえるだろう．そのためには，複数の捕食者間の相互作用効果を取り入れた統計解析や，詳細な行動観察を行うための小規模実験，多元配置の野外操作実験などさらに多様な手法が必要になってくる．

④今後に残されたもう1つの重要な課題は，本章の冒頭でもあげた広食性天敵を増加させるための水田管理法の検討である．天敵の種数や個体数がどのような要因で制限されているかを明らかにし，その制限を緩和するような水田管理を行うことで，天敵による害虫被害防除効果を高めることができるだろう（Settle *et al.* 1996）．天敵の制限要因を検討する際，対象とする水田内の環境条件だけでなく水田周辺の景観構造も考慮する必要がある（田中 2009）．広食性天敵の多くは，水田周辺の休耕田や草地，森林のような人為的攪乱が少ない生息地から水田へ移入すると考えられるからである．水田周辺に位置する天敵の供給源を適度に維持することで，水田内の天敵の多様性や個体数をさらに高めることができると考えられる．こうした景観構造を考慮した天敵の多様性決定機構解明の研究については，宮下（2009）や田中（2009）で解説されているのでそちらを参考にしていただきたい．

以上述べてきたように，広食性天敵による害虫被害防除の効果を明確に評価するとともに，水田と周辺景観の2つのレベルを考慮した広食性天敵を増加させるための管理法を確立することは，天敵を活かした環境保全型稲作技術を確立するうえで重要な意義がある．それを実現することは，水田における生物多様性の保全と営農という一見相反する目的を両立させるうえで大きく貢献するであろう．

## 参考図書

桐谷圭治（2004）ただの虫を無視しない農業．築地書館，東京．
安田弘法・城所隆・田中幸一（編）（2009）生物間相互作用と害虫管理．京都大学学術出版会，京都．

## 引用文献

Costamagna, A. C., Landis, D. A. and Difonzo, C. D.（2007）Suppression of soybean aphid by generalist predators results in a trophic cascade in soybeans. Ecological Applications, 17：441–451.
Desneux, N., O'Neil, R. J. and Yoo, H. J. S.（2006）Suppression of population

growth of the soybean aphid, *Aphis glycines* Matsumura, by predators : the identification of a key predator and the effects of prey dispersion, predator abundance, and temperature. Environmental Entomology, 35 : 1342–1349.

Finke, D. L. and Denno, R. F. (2004) Predatdor diversity dampens trophic cascades. Nature, 429 : 407–410.

Greenstone, M. H., Rowley, D. L., Weber, D. C., Payton, M. E. and Hawthorne, D. J. (2007) Feeding mode and prey detectability half-lives in molecular gut-content analysis : an example with two predators of the Colorado potato beetle. Bulletin of Entomological Research, 97 : 201–209.

Halaj, J. and Wise, D. H. (2001) Impact of detrital subsidy on trophic cascades in a terrestrial grazing food web. Ecology, 83 : 3141–3151.

Harwood, J. D., Desneux, N., Yoo, H. J. S., Rowley, D. L., Greenstone, M. H., Obrycki, J. J. and O'Neil, R. J. (2007) Tracking the role of alternative prey in soybean aphid predation by *Orius insidiosus* : a molecular approach. Molecular Ecology, 16 : 4390–4400.

Ishijima, C., Taguchi, A., Takagi, M., Motobayashi, T., Nakai, M. and Kunimi, Y. (2006) Observational evidence that the diet of wolf spiders (Araneae : Lycosidae) in paddies temporarily depends on dipterous insects. Applied Entomology and Zoology, 41 : 195–200.

King, R. A., Read, D. S., Traugott, M. and Symondson, W. O. C. (2008) Molecular analysis of predation : a review of best practice for DNA-based approaches. Molecular Ecology, 17 : 947–963.

Kiritani, K., Hokyo, N., Sasaba, T. and Nakasuji, F. (1970) Studies on population dynamics of the green rice leafhopper, *Nephotettix cincticeps* UHLER : regulatory mechanism of the population density. Researches on Population Ecology, 12 : 137–153.

Kiritani, K., Kawahara, S., Sasaba, T. and Nakasuji, F. (1972) Quantitative evaluation of predation by spiders on the green rice leafhopper, *Nephotettix cincticeps* uhler, by a sight-count method. Researches on Population Ecology, 8 : 187–200.

Kobayashi, T., Takada, M., Takagi, S., Yoshioka, A. and Washitani, I. (2011) Spider predation on a mirid pest in Japanese rice fields. Basic and Applied Ecology, 12 : 532–539.

Losey, J. E. and Denno, R. F. (1998) Positive predator-predator interactions : enhanced predation rates and synergistic suppression of aphid populations. Ecology, 79 : 2143–2152.

Miyashita, T., Takada, M. and Shimazaki, A. (2003) Experimental evidence that aboveground predators are sustained by underground detritivores. Oikos, 103 : 31–36.

Miyashita, T., Takada, M. and Shimazaki, A. (2004) Indirect effects of herbivory by deer reduce abundance and species richness of web spiders. Ecoscience, 11 : 74–79.

Miyashita, T. and Takada, M. (2007) Habitat provisioning for aboveground predators decreases detritivores. Ecology, 88 : 2803-2809.
Nakasuji, F., Yamanaka, H. and Kiritani, K. (1973) The disturbance effect of micryphantid spiders on the larval aggregation of the tobacco cutworm, *Spodoptera litura* (Lepidoptera : Noctuidae). Kontyu, 41 : 220-227.
Rypstra, A. L. and Marshall, S. D. (2005) Augmentation of soil detritus affects the spider community and herbivory in a soybean agroecosystem. Entomologica Experimentalis et Applicata, 116 : 149-157.
Schmitz, O. J. (1998) Direct and indirect effects of predation and predation risk in old-field interaction webs. American Naturalist, 151 : 327-342.
Schmitz, O. J. (2007) Predator diversity and trophic interactions. Ecology, 88 : 2415-2426.
Settle, W. H., Ariawan, H., Astuti, E. T., Cahyana, W., Hakin, A. L., Hindanaya, D., Lestari, A. S. and Sartanto, P. (1996) Managing tropical rice pests through conservation of generalist natural enemies and alternative prey. Ecology, 77 : 1975-1988.
Shimazaki, A. and Miyashita, T. (2005) Variable dependence on detrital and grazing food webs by generalist predators : aerial insects and web spiders. Ecography, 23 : 485-495.
Sheppard, S. K., Bell, J., Sunderland, K. D., Fenlon, J., Skervin, D. and Symondson, W. O. C. (2005) Detection of secondary predation by PCR analyses of the gut contents of invertebrate generalist predators. Molecular Ecology, 14 : 4461-4468.
Takada, M. and Miyashita, T. (2004) Additive and non-additive effects from a larger spatial scale determine a small-scale density in a web spider *Neriene brongersmai*. Population Ecology, 46 : 129-135.
Takada, M. B., Yoshioka, A., Takagi, S., Iwabuchi, S. and Washitani, I. (2012) Multiple spatial scale factors affecting mirid bug abundance and damage level in organic rice paddies. Biological Control, 60 : 80-85.
ハーストン，N. G.（1996）野外実験生態学入門（堀道雄ほか訳）．蒼樹書房，東京．
桐谷圭治（1973）害虫に対する天敵の役割の量的評価法．植物防疫，27：113-117.
桐谷圭治（2004）ただの虫を無視しない農業．築地書館，東京．
宮下直（2009）腐食連鎖と生食連鎖の結合した相互作用網．（安田弘法・城所隆・田中幸一編）生物間相互作用と害虫管理．京都大学学術出版会，京都．
宮下直・野田隆史（2003）群集生態学．東京大学出版会，東京．
村田浩平（1995）環境保全型水田におけるクモと被食者に関する研究――栽培管理が発生消長に与える影響．Acta Arachnologica, 44：83-96.
中筋房夫・大林延夫・藤家梓（2007）害虫防除．朝倉書店，東京．
農村振興局（2007）農地・水・環境保全向上対策　平成 19 年度における取組状況．農林水産省，東京．

農林水産省統計部（2008）平成19年産作物統計．農林水産省，東京．
大友令史・菅広和・田中誉志美（2005）アカスジカスミカメの生態に関する2, 3の知見．北日本病害虫研究会報，56：105-107．
小山淳・城所隆（2003）寒冷地におけるクモ類の捕食が水田内のツマグロヨコバイ密度に与える影響．北日本病害虫研究会報，54：126-129．
小山淳・城所隆・小野亨（2005）水田の捕食性天敵類に与える農薬の影響．宮城県古川農業試験場研究報告，5：31-42．
田中幸一（1989）農耕地におけるクモ類の動き．植物防疫，43：34-39．
田中幸一（2009）生物多様性と害虫管理．（安田弘法・城所隆・田中幸一編）生物間相互作用と害虫管理．京都大学学術出版会，京都．
鷲谷いづみ（2006）水田再生．家の光協会，東京．
鷲谷いづみ（2007）コウノトリの贈り物．地人書館，東京．
渡邊朋也・樋口博也（2006）斑点米カメムシ類の近年の発生と課題．植物防疫，60：1-3．
横田啓・鈴木敏男（2007）水田畦畔におけるイネ科雑草の出穂程度がアカスジカスミカメ密度に及ぼす影響．北日本病害虫研究会報，58：88-91．

# 第11章 水文・水質環境の調査法

中田 達・塩沢 昌

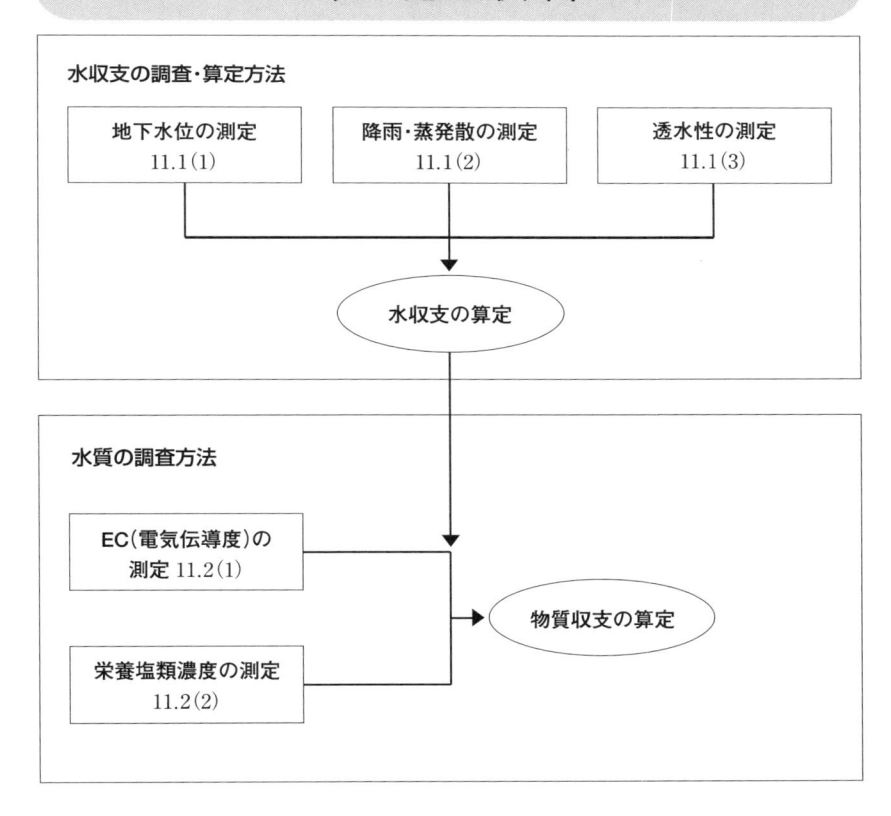

## 水収支の調査・算定方法

- 地下水位の測定 11.1(1)
- 降雨・蒸発散の測定 11.1(2)
- 透水性の測定 11.1(3)

→ 水収支の算定

## 水質の調査方法

- EC（電気伝導度）の測定 11.2(1)
- 栄養塩類濃度の測定 11.2(2)

→ 物質収支の算定

### 水文・水質環境調査の重要性

湿原は，常時，湛水状態にあるか地下水位が地表面近くに維持される場所であり，この独特の環境によって高い生物多様性を保持する生態系である．湿原に生育する植生を決定づけるもっとも大きな環境要因は水位と水質である．しかし，湿原といっても多様であり，比高が周囲より高く水の供給が降雨のみである高層湿原と，河川の氾濫原にあるような河畔や湖畔の湿原では，水位と水質およびその形成メカニズムは大きく異なる．

湿原が形成されるには，湿原周囲の水位が低下しても湿原内の地下水位は低下しにくい排水不良条件が必要である．たとえば，下部に粘土層や岩盤の難透水層があるなど，深部の地下水を通した排水はほとんどないのが一般的である．高層湿原は泥炭が厚く堆積して周囲より高くなっているにもかかわらず，地下水位を地表面近くに維持できるのは，泥炭の現場透水係数が小さいためである．湿原表層は生きた植生で形成されており（高層湿原ではミズゴケのマット），その透水性はきわめて大きいが，直下の泥炭の透水性は低く，湿原の水はほとんど表層のみを水平方向に流れている．水位がこの高透水の表層以下に低下すると著しく水が流れにくくなり，地下水位の低下はほとんど蒸発散のみで生じるようになる．

河（湖）畔に形成された湿原では，河川（湖）水位が湿原地盤よりも上昇する氾濫時に，河川（湖）から湿原に水が進入し，その後，河川（湖）水位が低下すれば湿原に進入した水は河川（湖）に流出する．氾濫時の湿原水位は河川水位によって決まり，河川と湿原との間の水交換が生じる．この水交換において，河川から進入する河川水は，河川水に溶解した栄養塩類や浮遊土砂を湿原内に運搬し，流出する水は湿原内の溶解物質を河川に運搬する．氾濫時に河川水が到達しやすい場所と到達しにくい場所では，河川からの栄養塩類の供給量が異なり，土壌栄養条件の違いを介して植生の種の分布にも違いが生じる．

湿原の水位や水質およびこれに適応した生態系は，水・物質循環の微妙なバランスの上に成り立っており，人為的な影響によって容易に変貌する．周囲の農地化による水位低下，河川管理による水位やその変動パターンの変化，河川・湖沼からの富栄養な水の流入による水質分布の変化などによって，湿原に生育する植物種は新たな環境に適応したものへと変化する．高層湿原におけるミズゴケ群落は高い地下水位によって維持されているが，農地開発などの排水に伴う地下水位低下が生じると，ササが侵入し，さらに水位低下が大きいと地

下水面上の泥炭が分解して地盤が低下（消失）するなどといった問題が起こる．また，釧路湿原では，土砂の流入やそれに伴う地下水質の変化がハンノキ林の拡大を促しているという指摘もある．

湿原植生の水環境を理解し人間活動の影響を予測するには，水位変化と水質の実態を把握するとともに，それらが個別の現場において特有の境界条件や水・物質循環のメカニズムによってどのように生じているのかを理解することが重要である．

### 水収支・物質収支

湿原などにおける水と物質の循環を理解する際に重要なのは，水や物質がどこから来てどこへ行くのか，それぞれの量はどれほどかを把握することである．ある空間範囲（系）での，一定時間内の水や物質の出入り（流入・流出）の形態と量を質量保存則にもとづいて記述することを「水収支」「物質収支」とよぶ．水や保存則の成立する物質の質量保存則は一般に以下の式で表現できる．

$$Input - Output = \Delta Storage \tag{1}$$

ここで $Input$ は系への流入量の総和，$Output$ は系からの流出量の総和，$\Delta Storage$ は系内の貯留量の変化である．水（物質）収支式を用いて，水（物質）収支項目のうち測定や推定の困難な1つの項目を，ほかのすべての項目を測定または推定したうえで求めることができる．一般に流域の水収支では蒸発散量が，また窒素収支では大気への正味放出量（脱窒量－生物的固定量）が測定困難な項目であり，水・物質収支式から推定可能である．

降雨以外に外からの水の流入がない流域においては，つぎの水収支式が成立する．

$$P - ET - Q_0 = \Delta S \tag{2}$$

ここに $P$ は降水量，$ET$ は蒸発散量，$Q_0$ は河川や地下水を通した流域外への流出，$\Delta S$ は流域内の貯留量変化である．湿原において貯留量は水位で決まり水位が同一の2時点の間で $\Delta S = 0$ であるから，$Q_0$ を測定可能な場合，$Q_0$ と $P$ の測定値から $ET$ を求めることができる．物質収支に関しても各項目の物質量を算定し求められる．植物の生育を制約するもっとも重要な栄養素で，また湖沼の富栄養化など環境への影響の大きいのは窒素である．湿地や農地における窒素収支式はつぎのようになる．

$$P_N + Q_{Nin} + Fertilizer - Q_{Nout} - Harvest - Loss = \Delta S_N \tag{3}$$

$P_N$ は降水に含まれる窒素量，$Q_{Nin}$ は流入する水に含まれてもちこまれる窒

素量，$Q_{Nout}$ は流出する水とともにもちだされる量，*Fertilizer* は（農地の場合）肥料による投入窒素量であり，*Harvest* は収穫・刈り出しによって系外へともちだされる窒素量，*Loss* は脱窒やアンモニア揮散による大気への放出量と，生物的窒素固定およびアンモニア沈着との差であり，差し引きの大気への放出量である．$\Delta S_N$ は貯留窒素量の変化（増加）で，バイオマスや土壌中に貯留される窒素の増加量である．経年的に蓄積バイオマス量が増加または減少しているような系でない限り，通常，$\Delta S_N$ は気象条件のような外的環境や灌漑・施肥などの人間活動によって季節的な周期変動と短時間の不規則変動はあるものの，1年単位でみれば定常状態にあり $\Delta S_N$ はゼロとみなされる．農地では *Fertilizer* が大きく，これに伴って *Loss* や $Q_{Nout}$ が大きいが，外からの流入（*Fertilizer* と $Q_{Nin}$）がない湿地では $P_N$ と *Loss* がほぼ釣り合う．

本章では，水収支の各項目のなかでも基本となる水位変化，降雨，蒸発散，透水性についての測定法を解説する．また，水質の調査として簡便な電気伝導度（EC）の調査法，無機栄養塩の定量において有効なイオンクロマトグラフィーを用いた水質分析法を紹介する．

## 11.1　水収支の調査・算定方法

### (1)　地下水位・湛水水位の測定

水位観測は湿原における水文観測の基本事項である．湿原における植生の生育に影響する水位は地表面からの水位である．一方，水の流れは水位の高いほうから低いほうに生じるので，流れの方向と動水勾配を知るには，水位の地点間の相対標高が必要で空間的な水位の比較が重要となる．比較的安価な水圧式水位計を用いて水位の連続測定が可能である．

水圧センサーによる水位計は，センサー位置における水圧を測定しているので出力値はセンサーの位置（水面からの深さ）に依存する．基準点から水面までの距離としての水位を得るには，一度この水位をスケールで測ってセンサー出力値と比較し，センサー出力値を水位に換算するための定数を決定する必要がある．

## Box-11.1 ゲージ圧式水位計と絶対圧式水位計

水圧式水位計は，ダイヤフラム（金属膜）の水圧による変形を，膜上にプリントされた半導体回路の抵抗変化でとらえ電圧出力するもので，大気圧を基準とする水圧（ゲージ圧）を測定するタイプと，水位センサー内の密閉空気室と水との圧力差から絶対圧を測定するタイプの2種類がある．ゲージ圧タイプはセンサー内の空気室の気圧を大気と繋げるためのチューブが電源・出力コードと一体になっており，これを水面上に出す．電源（電池）とデータロガーを水面上の風雨を防ぐ箱に入れておくが，箱を密閉すると測定値が気圧変化の影響を受けてしまうので，小さな穴を箱の底に設けるなどして大気圧に保つ必要がある．絶対圧タイプのセンサーは，密閉空気室の圧力が温度変化するため，センサー内の温度を測定して温度補正を行った値を出力するようになっている．しかし，この圧力は気圧変化によっても変化するため，別途，大気圧測定用センサーで地上の大気圧を測定し，大気圧補正を行って水位を計算する必要がある．また，絶対圧タイプは，センサー内に電源電池とメモリーが内蔵されており，水位計を水中の一定の深さに固定するだけでよく設置は簡単であるが，測定データの回収は水位計を引き上げて行う．一方，ゲージ圧タイプは水面上にデータロガーをおくのでデータの回収にセンサーを引き上げる必要はない．水位変化を精度よく測定するには，原理的にゲージ圧タイプがよい．

### （2） 降雨・蒸発散の測定

降雨と蒸発散は湿原の水収支においてもっとも基本となる収支項目である．降雨量は一般に，転倒マス雨量計で測定できる．受水口に落ちた降雨をシーソー状の転倒マスが受け，一定量の降雨量（0.2–0.5 mm）に対して1回倒れて電気接点が開閉し，この転倒時のパルス信号を，雨量計に繋いだデータロガーでカウントして一定時間内の雨量（降雨強度）が計測される．近くにアメダスなどの気象ステーションがあれば気象庁などの提供する雨量データを参照することができる．しかし，数 km も離れると雨の降り方はかなり異なるので，調査対象地のなかに雨量計を設置すべきである．

植物の蒸散（に伴う根からの吸水）と土壌面からの蒸発は，どちらも根圏の水分が大気に失われることであり区別して測定できないため，両者をあわせて

## Box-11.2 水位計の設置方法と水位計算方法

（1） 現地踏査を行い，観測地点を決定する．
（2） 観測地点において，ハンドオーガーなどで地下水位より下方 0.5 m ほどまでの穴を掘る．
（3） 直径 5 cm，長さ 1.5-2 m ほどの塩ビパイプを用意し，観測地点に地下 0.5-1 m 程度まで埋め込む．その際，地下に埋め込まれる部分には，水が自由に行き来できるよう，ドリルなどで数 cm おきに穴を開けておく．

　　塩ビパイプの長さは，調査対象地の水位変化がどの程度かによって決まる．短すぎると，水圧を記録するロガー部分が洪水時に水没し，故障してしまう．また，地面に埋め込む長さも，調査地によって異なる．パイプがぐらついたり沈下などで位置が変わったりしないように，カケヤなどを使って地盤の安定した深さまでしっかり打ち込む．
（4） 水位計をパイプ内部に投入する．生データとして得られる電圧はデータロガーなどによって自動連続測定できるようにするとよい．

　　また，設置後，水位が周囲と平衡するように時間をおいてから初期水深を測定する．メジャーなどでパイプ上端から地下水面までの長さを記録する．さらに，パイプ上端から地表面までの長さを測ることで，地下水面の深さを算出できる．この測定は現地踏査（データ回収）時に繰り返し行う．

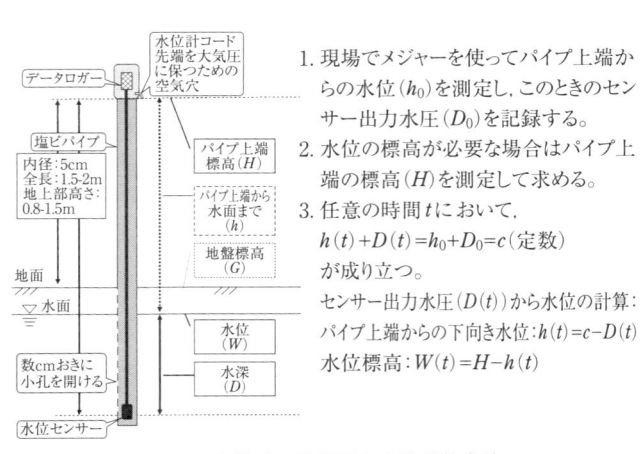

1. 現場でメジャーを使ってパイプ上端からの水位（$h_0$）を測定し，このときのセンサー出力水圧（$D_0$）を記録する．
2. 水位の標高が必要な場合はパイプ上端の標高（$H$）を測定して求める．
3. 任意の時間 $t$ において，
$$h(t)+D(t)=h_0+D_0=c\,(\text{定数})$$
が成り立つ．
センサー出力水圧（$D(t)$）から水位の計算：
パイプ上端からの下向き水位：$h(t)=c-D(t)$
水位標高：$W(t)=H-h(t)$

図 11.1　水位計の設置図と水位計算方法．

(5) 必要に応じて，水準測量，GPS測量などで観測地点の測量を行う．測量の際は，塩ビパイプの上端の標高を基準高さとするのがよい．
(6) 水位計の試験成績書に記載されている校正係数を用いて，水位センサーの生データを水深に変換する．そのうえで，図11.1より，標高としての地下水位，あるいは地表面から地下水面までの深さを算出する．

### Box-11.3 GPS測量

　水位などの地点間の相対標高を測定するのに，水準測量を行う必要がある．しかし，地盤が軟らかい湿原に光波セオドライトなどの測量機器を水準設置して操作するのは容易でないうえに，植生の高さがあると2地点間を見通して測量することが困難である．この点，干渉式GPS測量によれば，遠隔2地点間の標高と位置をきわめて正確に測定できる．携帯用GPSやカーナビに用いられるGPS測位は，GPS衛星からの電波の到達時間から受信機の位置を求めるもので，よくても数mの誤差がある．

　干渉式GPSは2地点においた2つの受信機が受信する同一衛星からの電波の位相差を波長（約20 cm）の80分の1の分解能で測定でき，衛星との距離の差を正確に得て受信器間の相対座標を正確に測定するものである．大気の状態が同一とみなせる限り，距離にかかわらず2点間の三次元相対座標を誤差1 cm以内で決めることが可能である．衛星との距離の位相差分は瞬時に測定されるが，波数差を得るのに衛星が解析に有意なだけに動く時間（20-30分程度の時間）を待つ必要がある（スタティック測位の場合）．1つの受信機を標高のわかっている基準点におき，もう一方の受信機の標高を求めることができる．

　GPS測量で衛星からの距離から求まる相対座標は，地球を回転楕円体とした座標であるが，水の流れにかかわるのは海面（等重力ポテンシャル面）を基準とする海抜標高である．測量する2点間の距離が離れる場合は，ジオイド（等重力ポテンシャル面の局所的なゆがみ）を補正する必要がある．この補正は，ジオイド情報を提供するWebサイトサービスがあるので容易にできる．干渉式GPSの受信機は高価であるが，一般の測量機器と同様にレンタルも可能である．

蒸発散とよぶ．

　蒸発散量には，熱収支法や渦相関法などの測定法があるが専門の研究者が用いるものであり，水収支から長期間の平均値を算出する以外は，信頼性の高い簡単な測定法はないといってよい．土壌水分が十分のときの蒸発散量は近似的に気象条件（おもに日射量と気温）で決まり，ポテンシャル蒸発とよばれる（のちに説明する (4) 式の $ET_0$ が相当する）．実際の蒸発速度は，土壌水分の有無による．砂漠のように蒸発散する土壌水分がない環境では，ポテンシャル蒸発速度は大きいが実蒸発はほぼゼロである．土壌水分が不足する乾燥時の蒸発散速度の推定は一般に困難であるが，幸い，湿原では地下水位がつねに地表面付近にあり，蒸発散速度はポテンシャル蒸発速度に等しいといってよく，つぎに紹介するペンマン・モンティース式によってかなり正確に推定できる．

### FAO-ペンマン・モンティース式による蒸発散量の推定

　地表で熱となった太陽からの放射エネルギー（純放射）は，地表で加熱された空気が上空運搬される（顕熱輸送）とともに，水蒸気のかたちで蒸発潜熱として，地表と上空との間の水蒸気濃度勾配によって上空に運搬される（潜熱輸送）．このように純放射が顕熱・潜熱・土壌への熱貯留に分配されることを熱収支とよぶ．空気が含むことができる水蒸気量（飽和水蒸気濃度）は温度が高いほど多く，上空への水蒸気輸送も大きくなるが，1 g の水が水蒸気になるた

---

#### Box-11.4 気象データの取得

　蒸発散量の計算に必要な温度，湿度，風速，純放射量または日射量などの気象要素は，各センサーを地上約 2 m の高さに取り付けた気象タワーを植生群落上に設置して測定する．地中（水中）への熱フラックス（$G$）は，日中は正で夜間は負となり 1 日では純放射（$R_n$）に比べて無視できる．日単位より短い時間単位で蒸発散速度を求めたい場合には，熱電対やサーミスタ温度計で地温（水温）分布変化も測定し体積熱容量から地中（水中）への熱フラックス（$G$）を計算できる．気象観測タワーを設置できない場合は，近隣の官公庁や気象台が提供する気象データで代用できる．日射量に関しては測定していない気象台も多いが，その際は日照時間を用い，図 11.2 の ⑧–⑬ 式より，短波放射量を算定する．

めには 2450 J（500 cal）もの潜熱が必要で，この熱が蒸発面に継続して供給されないと蒸発面の温度が低下して蒸発は低下する．そこで，蒸発散速度は蒸発表面の熱収支によって決まり，日射量が多いほど多く，また気温が高いほど熱となった放射のうち潜熱の割合が大きい．

熱収支式と，植物の気孔と群落内の抵抗を含めた大気の潜熱・顕熱の輸送式とを組み合わせ，純放射，気温などの気象条件から蒸発量を求めるのが，ペンマン・モンティース式であり，さまざまな気象条件でポテンシャル蒸発散量を精度よく推定できる．さらに，この式に含まれる群落抵抗などの植物群落に固有の特性値に標準作物の値を与えて，気象条件だけで簡単に蒸発散量を計算できるようにしたのが，FAO-ペンマン・モンティース式である．$ET$ は気象条件とともに蒸発面の特性に依存するため，標準作物（十分に水が与えられた，高さ 0.12 m の牧草）を想定したときの蒸発散量（$ET_0$）を気象条件による蒸発散要求量と考え，植生ごとの特性を示す植生定数 $K_c$ を $ET_0$ に乗じて植生の蒸発散量（$ET_c$）を求める．

$$ET_0 = \frac{0.408 s(R_n - G) + \gamma \dfrac{900}{T+273} u_2 (e_s - e_a)}{s + \gamma(1 + 0.34 u_2)} \qquad (4)$$

$$ET_c = K_c ET_0 \qquad (5)$$

ここに，$ET_0$：標準蒸発散量（mm day$^{-1}$），$ET_c$：作物の蒸発散量（mm day$^{-1}$），$R_n$：作物表面における純放射（MJ m$^{-2}$ day$^{-1}$），$G$：土中への熱フラックス（MJ m$^{-2}$ day$^{-1}$），$T$：2 m の高さの日平均気温（℃），$u_2$：2 m の高さの風速（m s$^{-1}$），$e_s$：大気の飽和水蒸気圧（kPa），$e_a$：大気の実際の水蒸気圧（kPa），$s$：飽和水蒸気圧-温度曲線の勾配（kPa ℃$^{-1}$），$\gamma$：サイクロメータ定数（kPa ℃$^{-1}$），である．（4）式の $ET_0$ は気象データのみで計算できる．その手順は図 11.2 である．

作物係数 $K_c$ は，さまざまな作物と地域で $ET_c$ をライシメータ実験で測定して $ET_0$ との比として求められており，FAO が表にしている．湿原では，草丈 1-3 m のヨシが群生するような沼沢地では 0.90-1.20，生育末期の枯れた植生に覆われた状態では 1.0 以下とされており，濡れた裸地面や湛水面は 1.0 である．しかし，$K_c$ は乾燥気候においては背の高い植生の場合に大きくなりうるが，わが国のような相対湿度の高い湿潤気候においては 1.05 を超えることはなく，土壌水分が十分で生育期にある蒸散のさかんな植物である限り 1.0 としてよい．すなわち，土壌水分が十分であれば蒸発散量は，植生の有無や種類や

$$P = 101.3 \left( \frac{293 - 0.0065z}{293} \right)^{5.26} \quad \text{式①}$$

$$\gamma = \frac{c_p P}{\varepsilon \lambda} = 0.665 \times 10^{-3} P \quad \text{式②}$$

$$T_{\text{mean}} = (T_{\max} + T_{\min})/2 \quad \text{式③}$$

$$e^0(T) = 0.6108 \exp\left( \frac{17.27 T}{T + 237.3} \right) \quad \text{式④}$$

$$e_s = \frac{e^0(T_{\max}) + e^0(T_{\min})}{2} \quad \text{式⑤}$$

$$s = \frac{4098 \left[ 0.6108 \exp\left( \frac{17.27 T_{\text{mean}}}{T_{\text{mean}} + 237.3} \right) \right]}{(T_{\text{mean}} + 237.7)^2} \quad \text{式⑥}$$

$$e_a = \frac{RH_{\text{mean}}}{100} \cdot \frac{e^0(T_{\max}) + e^0(T_{\min})}{2} \quad \text{式⑦}$$

$$R_a = \frac{24 \times 60}{\pi} G_{sc} d_r [\omega_s \sin(\phi)\sin(\delta) + \cos(\phi)\cos(\delta)\sin(\omega_s)] \quad \text{式⑧}$$

$$\delta = 0.409 \sin\left( \frac{2\pi}{365} J - 1.39 \right) \quad \text{式⑨}$$

$$d_r = 1 + 0.33 \cos\left( \frac{2\pi}{365} J \right) \quad \text{式⑩}$$

$$\omega_s = \arccos[-\tan(\phi)\tan(\delta)] \quad \text{式⑪}$$

$$R_s = \left( a_s + b_s \frac{n}{N} \right) R_a \quad \text{式⑫}$$

$$N = (24/\pi)\omega_s \quad \text{式⑬}$$

$$R_{ns} = (1 - \alpha) R_s \quad \text{式⑭}$$

$$R_{nl} = \sigma \left( \frac{T_{\max,K}^4 + T_{\min,K}^4}{2} \right) (0.34 - 0.14\sqrt{e_a}) \left( 1.35 \frac{R_s}{R_{so}} - 0.35 \right) \quad \text{式⑮}$$

$$R_n = R_{ns} - R_{nl} \quad \text{式⑯}$$

$P$：大気圧 [kPa], $z$：標高 [m], $\gamma$：サイクロメータ定数 [kPa ℃$^{-1}$], $\lambda$：蒸発潜熱＝2.45 [MJ kg$^{-1}$], $c_p$：空気の定圧比熱＝1.013×10$^{-3}$ [MJ kg$^{-1}$ ℃$^{-1}$], $P$：大気圧 [kPa] 式①で計算. $\varepsilon$：「水/空気」の分子量＝0.622. $T_{\text{mean}}$, $T_{\max}$, $T_{\min}$：日平均, 日最高, 日最低気温, $e^0(T)$：気温 $T$ における空気の飽和水蒸気圧 [kPa], $s$：飽和水蒸気圧－温度曲線の勾配 [kPa ℃$^{-1}$], 式③の $T_{\text{mean}}$ を使って式⑥で計算. $RH_{\text{mean}}$：日平均相対湿度 [%], $R_a$：大気圏外放射 [MJ m$^{-2}$ day$^{-1}$], $R_s$：短波放射（日射）[MJ m$^{-2}$ day$^{-1}$], 測定値がない場合, 式⑫により計算. $G_{sc}$：太陽定数＝0.0820 MJ m$^{-2}$ min$^{-1}$, $d_r$：太陽と地球との相対距離の逆数, 式⑩で計算. $\omega_s$：日没角 [rad], 式⑪で計算. $\phi$：緯度 [rad], $\delta$：日射角 [rad], 式⑨で計算. $N$：1日の可能最大日照時間 [hour], $n$：1日の実際の日照時間 [hour], $n/N$：相対日照時間, $a_s$：回帰係数：曇った日（$n=0$）に地表に達する大気圏外日射の割合, $b_s$：回帰係数：晴れた日（$n=1$）に地表に達する大気圏外日射の割合, その地方の回帰式がない場合 $a_s=0.25$, $b_s=0.5$. $R_{ns}$：純日射 [MJ m$^{-2}$ day$^{-1}$], $\alpha$：アルベド（短波放射の反射率；標準作物では $\alpha=0.23$）, $R_{nl}$：純長波放射 [MJ m$^{-2}$ day$^{-1}$], $R_{so}$：晴天日射 [MJ m$^{-2}$ day$^{-1}$], 式⑫で $n=N$ としたとした時の $R_s$ の値.

**図 11.2** FAO-ペンマン・モンティース式の $\gamma$, $s$, $T$, $e_s$, $e_a$, $R_n$ の計算方法（FAO Irrigation and Drainage Papers No. 56 より編集）.

葉面積指数にはほとんど依存せず，純放射の一定割合（気温が高いほど大きい）が蒸発潜熱となる．わが国の $ET_0$ は晴れた夏の日で 4-5 mm day$^{-1}$，年間では 500-700 mm year$^{-1}$ である．

## （3） 透水性の測定

### 飽和透水係数の重要性

　湿原は一般に深部に粘土層などの難透水層があり，表層は新しい泥炭や生きている植物からなる高透水層で，地下水はおもに表層を水位勾配によって水平移動する．湿原泥炭の透水係数は $10^{-4}$–$10^{-2}$ cm s$^{-1}$ 程度であるが，表層の透水係数が著しく高いため，水位が地表面下で低下すると透水量係数は著しく低下し水平方向の地下水流は抑えられる．表面付近の地下水位変化によって透水量係数が大きく変化するのが湿原における地下水流動の特徴である．湿原泥炭内には泥炭の分解によって発生する二酸化炭素やメタンの気泡が存在し大間隙を閉塞することで透水係数を1オーダー程度，低下する．このため，サンプリングした試料をもちかえり実験室で測定した透水係数は信頼性が低い（過大評価となる）．透水係数は一般に土壌・土層によってオーダーが異なるものである．局所的なスケールの透水試験によって求めた透水係数や透水量係数を使って流量を正確に得ることはむずかしく，むしろ逆に，自然の流れにおいて流量が推定できる場合に，水位勾配を測定して現場を代表する透水量係数を決めることができる．とはいえ，現場透水試験によって，水位や場所による透水量係数の大きさ（オーダー）を比較することは可能である．

　本項では地下水位の高い湿原において，帯水層の透水性を現場測定するためのオーガーホール法について説明する（中野ほか 1995 参照）．

### オーガーホール法

　オーガーホール法は，浅い井戸（オーガーホール）から瞬時に水をくみ出して空にしたあとの井戸内の水位の回復過程から透水係数 $k$ を算出する方法で，地下水位の浅い湿原に適した現場透水試験法である．$k$ が大きければ水位回復が速く，$k$ が小さければ遅い．水位の回復速度は透水係数 $k$ とともに，ホールの大きさと形状を表す無次元量 $H/r, y/H, s/H$ に影響される．ここで $H$ は周囲の地下水面からホールの底までの長さ，$r$ はホールの半径，$y$ はホール内の水をくみ上げたあとのホール内水位と周囲の水位との差，$s$ は不透水層からホール底部までの長さである．

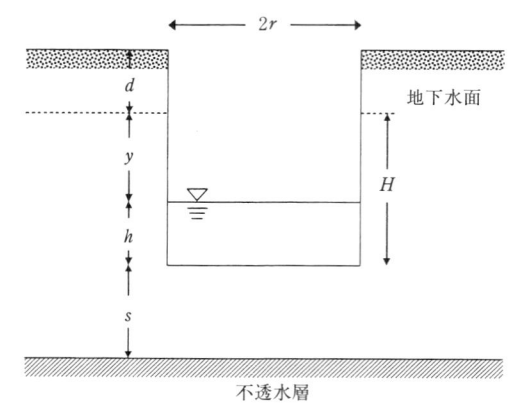

図 11.3 オーガーホールの形状.

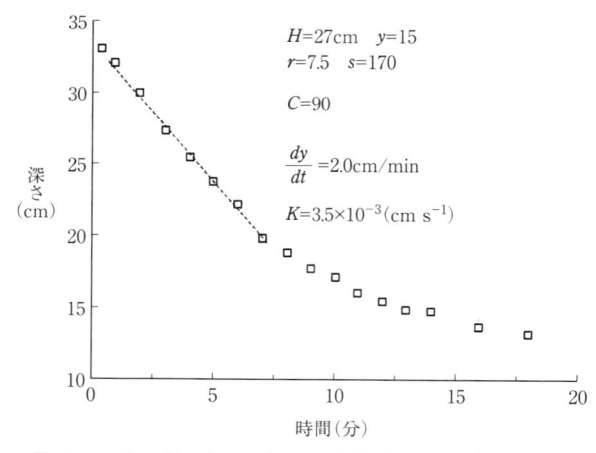

図 11.4 オーガーホール法の測定例（1993 年　美唄湿原）.

Boast and Kirkham（1971）は水位上昇速度と透水係数の関係をつぎの簡単なかたち

$$K = \frac{dy}{dt} \cdot \frac{C}{864} \tag{6}$$

で与え，ホールの形状などに依存する $C$ の値（shape factor）を表にして示した．$C$ は無次元量 $H/r, y/H, s/H$ の関数 $C=C(H/r, y/H, s/H)$ であり，表 11.1 に値を示した．

## Box-11.5 地下水の流量と透水係数および透水量係数

　土中水に対する駆動力は，重力と圧力勾配で，両者の合力は「全水頭」の勾配で表される．全水頭とは重力水頭（＝基準面からの高さ）と圧力水頭（＝水の圧力を静水圧下の水柱高さで表したもの）の和で，図 11.5 の土を詰めたカラムにおいて，2 地点の重力水頭は $z_1$ と $z_2$，圧力水頭は $h_1$ と $h_2$ で，全水頭は $H_1$ と $H_2$ で表される．全水頭の勾配

$$\frac{dh}{dx} = \frac{H_1 - H_2}{L} \qquad (\text{i})$$

は，単位体積の水に働く駆動力（重力が単位）であり，水のフラックス $q$（単位鉛直断面を単位時間に通過する水の体積）はこれに比例する（ダルシー式）．

$$q = -k\frac{dh}{dx} \qquad (\text{ii})$$

　比例係数 $k$ が土の透水係数である．図 11.6 のような地下水の透水層（難透水層上の透水係数が相対的に大きい土層）内では，鉛直方向の水圧分布は静水圧（全水頭が深さによらず一定で水位 $H$ となる）とみなせる．透水層を流れる水平方向の流量 $Q$（上からみて単位長さあたりの流量）は，フラックス $q$ を深さ（$Z$）方向に積分して得られる．

$$Q = -T\frac{dh}{dx} \qquad (\text{iii})$$

ここに $T$ は透水量係数で，透水係数 $k$ を深さ（$Z$）方向に積分したもので，

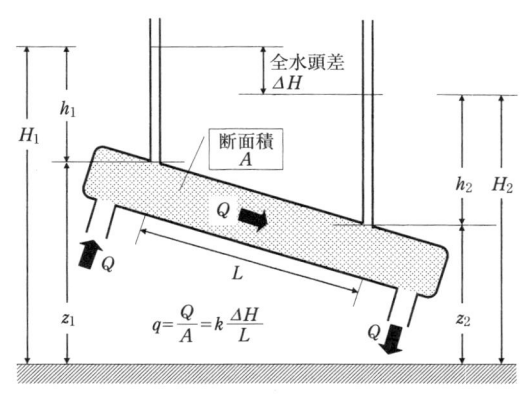

図 11.5　重力水頭（$Z$），圧力水頭（$h$），全水頭（$H$）．

$$T = \int_0^L k\,dz \qquad (\text{iv})$$

となる．透水層内（厚さ $L$）で $k$ が一定とすれば，$T=kL$ である．

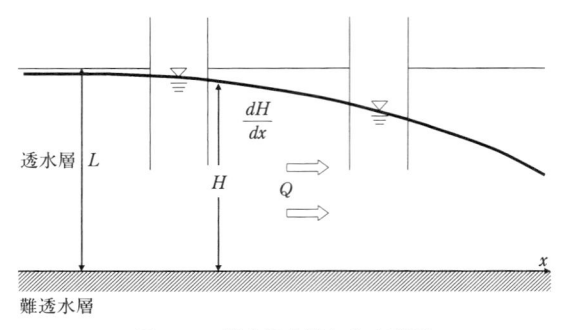

図 11.6　透水層を流れる水平流．

## Box-11.6　オーガーホール法による透水係数の測定法

（1）普通の場所ではハンドオーガーで穴をつくるが，湿原の表層は植生の根と泥炭の繊維が多いので，パン切りナイフのような刃の長いナイフで円筒状に側面をカットして手で取り除けば穴をつくれる．ホールの直径はくみ上げ容器が入る程度で地下水面下 20–30 cm まで掘る．

（2）ホール内の水位が周囲の地下水位と平衡するのを待って，$H, d, s, r$ の諸元を測定する（図 11.3）．

（3）ホール内の水を一気にくみ出し，この時間を $t=0$ として，ものさしなどで水位の変化を測定し，記録する．穴から水を瞬時にくみ上げるには，穴にちょうど入る程度の直径の円筒形の容器でくみ出す．

（4）水位がもとの水位まで回復するのを待ち，再び（3）の操作を行う．水位回復速度が前回と同じになるまで，この測定を繰り返す．掘ったばかりのホールは，壁面がこすられているとともに微粒子が底部にたまって，この部分の透水性が低下している場合がある．

（5）表 11.1 から $C$ の値を求め，式（6）によって透水係数 $k$ を計算する．$H/r, y/H, s/H$ などの値が表になければ，これらの対数を求め，対数軸上での直線補完によって $C$ を求める．

表 11.1  式 (6) の $C$ の値（Boast and Kirkham 1971 より作成）．

| $H/r$ | $y/H$ | 下層が不透水層の場合の $s/H$ | | | | | | | $s/H$ | 下層の透水性が無限に大きい場合の $s/H$ | | | |
|---|---|---|---|---|---|---|---|---|---|---|---|---|---|
| | | 0 | 0.05 | 0.1 | 0.2 | 0.5 | 1 | 2 | 5 | $\infty$ | 5 | 2 | 1 | 0.5 |
| 1 | 1 | 447 | 423 | 404 | 375 | 323 | 286 | 264 | 255 | 254 | 252 | 241 | 213 | 166 |
| | 0.75 | 469 | 450 | 434 | 408 | 360 | 324 | 303 | 292 | 291 | 289 | 278 | 248 | 198 |
| | 0.5 | 555 | 537 | 522 | 497 | 449 | 411 | 386 | 380 | 379 | 377 | 359 | 324 | 264 |
| 2 | 1 | 186 | 176 | 167 | 154 | 134 | 123 | 118 | 116 | 115 | 115 | 113 | 106 | 91 |
| | 0.75 | 196 | 187 | 180 | 168 | 149 | 138 | 133 | 131 | 131 | 130 | 128 | 121 | 106 |
| | 0.5 | 234 | 225 | 218 | 207 | 188 | 175 | 169 | 167 | 167 | 166 | 164 | 156 | 139 |
| 5 | 1 | 51.9 | 48.6 | 46.2 | 42.8 | 38.7 | 36.9 | 36.1 | | 35.8 | | 35.5 | 34.6 | 32.4 |
| | 0.75 | 54.8 | 52 | 49.9 | 46.8 | 42.8 | 41 | 40.2 | | 40 | | 39.6 | 38.6 | 36.3 |
| | 0.5 | 66.1 | 63.4 | 61.3 | 58.1 | 53.9 | 51.9 | 51 | | 50.7 | | 50.3 | 49.2 | 46.6 |
| 10 | 1 | 18.1 | 16.9 | 16.1 | 15.1 | 14.1 | 13.6 | 13.4 | | 13.4 | | 13.3 | 13.1 | 12.6 |
| | 0.75 | 19.1 | 18.1 | 17.4 | 16.5 | 15.5 | 15 | 14.8 | | 14.8 | | 14.7 | 14.5 | 14 |
| | 0.5 | 23.3 | 22.3 | 21.5 | 20.6 | 19.5 | 19 | 18.8 | | 18.7 | | 18.6 | 18.4 | 17.8 |
| 20 | 1 | 5.91 | 5.53 | 5.3 | 5.06 | 4.81 | 4.7 | 4.66 | | 4.64 | | 4.62 | 4.58 | 4.46 |
| | 0.75 | 6.27 | 5.94 | 5.73 | 5.5 | 5.25 | 5.15 | 5.1 | | 5.08 | | 5.07 | 5.02 | 4.89 |
| | 0.5 | 7.67 | 7.34 | 7.12 | 6.88 | 6.6 | 6.48 | 6.43 | | 6.41 | | 6.39 | 6.34 | 6.19 |
| 50 | 1 | 1.25 | 1.18 | 1.14 | 1.11 | 1.07 | 1.05 | | | 1.04 | | | 1.03 | 1.02 |
| | 0.75 | 1.33 | 1.27 | 1.23 | 1.2 | 1.16 | 1.14 | | | 1.13 | | | 1.12 | 1.11 |
| | 0.5 | 1.64 | 1.57 | 1.54 | 1.5 | 1.46 | 1.44 | | | 1.43 | | | 1.42 | 1.39 |
| 100 | 1 | 0.37 | 0.35 | 0.34 | 0.34 | 0.33 | 0.32 | | | 0.32 | | | 0.32 | 0.31 |
| | 0.75 | 0.4 | 0.38 | 0.37 | 0.36 | 0.35 | 0.35 | | | 0.35 | | | 0.34 | 0.34 |
| | 0.5 | 0.49 | 0.47 | 0.46 | 0.45 | 0.44 | 0.44 | | | 0.44 | | | 0.43 | 0.43 |

## 11.2　水質の調査方法

　植物の生育状態は，地下水質，土壌の種類や特性，そして植物の栄養塩摂取環境に支配される．とくに栄養塩の供給源を知るため，無機イオンなどの水質環境に着目することで，湿原環境の変化の原因を推測することができる．農地が隣接するような湿原では，窒素やリンなどの栄養塩が地下水を通じて流入する場合がある．また，河川の氾濫原などでは，氾濫による溶存した栄養塩だけでなく，河川からの懸濁態としての土砂の流入による物質の流入が生じる．

### (1)　電気伝導度（EC）の測定

　物体の電気抵抗は断面積に反比例し長さに比例する．単位断面積（1 cm$^2$）の媒体の単位長さ（1 cm）あたりの抵抗が比抵抗（Ω cm：オーム・センチメ

ートル)である.電気伝導度(EC)は物質の電気伝導性を表す指標である.比抵抗の逆数でその単位はS cm$^{-1}$(Sは1/Ωのことでジーメンスという)であるが,水のECの単位としては$\mu$S cm$^{-1}$($=10^{-6}$ S cm$^{-1}$)がよく使われる.イオンが溶存しない水は電気を通さず,ECにより溶存イオンの総量を把握することができるが,イオン組成についてはわからない.現在では携帯用EC計によって現地で簡単にECを測定できる.

降水は(海の近くでなければ)無機イオンをあまり溶解しておらずECは低く,10-100 $\mu$S cm$^{-1}$程度である.地下水やこれが流出する河川水や湖沼水は(水道水も)土壌や砂礫帯水層から自然に溶脱する無機イオン($Ca^{2+}$,$Na^+$,$Cl^-$など)によってECが比較的高く,わが国では100-500 $\mu$S cm$^{-1}$である(降雨が少なく蒸発散により塩濃度が濃縮される乾燥地では数倍高い).降水がおもな涵養源である高層湿原の地下水のECは降雨のECと同程度となる.それに対してヨシ植生が優占するような低層湿原では,砂層などの鉱物性の非泥炭層から供給された水で涵養されるため,ECが高くなる.河川氾濫原では,流入する湖沼水・河川水の値に近くなり,EC値の分布から河川水の流入影響範囲を知ることができる.

(2) 栄養塩類濃度の測定

植物が必要とするおもな栄養塩類は窒素,リン,カリウムである.水中に存在する窒素やリンの形態はさまざまであるが,工場などの排水基準や湖沼・海域の環境基準に用いられる公定法に準じて求める.

水に溶存している窒素にはいくつかの形態がある.無機成分として溶存しているものは,おもに,硝酸態窒素($NO_3^-$-N),亜硝酸態窒素($NO_2^-$-N),アンモニア態窒素($NH_4^+$-N)の3つである.これらの無機態窒素はイオンクロマトグラフィーで定量が可能である.全窒素(TN)は無機態窒素と有機態窒素の総量で表される.溶存態の有機態窒素にはタンパク質や尿素,有機酸などの窒素がある.全窒素の定量には,TNを独立で測定する方法と,無機態窒素・有機態窒素を測定し総和する方法とがある.TNを独立で測定する場合は,試料中の窒素をすべて硝酸態窒素に酸化分解して吸光度分析で定量化する方法や,熱分解法に準拠した測定機器を用いて定量化する方法などがある.有機態窒素の測定には,ケルダール法などの測定法を用いる(日本分析化学会北海道支部2005参照).現場でサンプリングした溶液の無機イオンの測定法のうち,イオンクロマトグラフィー法をBox-11.7で説明する.

> **Box-11.7 イオンクロマトグラフィー法によるイオン濃度の測定法**
>
> 　イオンクロマトグラフィーは，試料中の各イオン成分を分離し定量する方法である．一定流量の溶液（移動相）に注入された試料溶液中の各々のイオン成分は同時にカラムに入るが，カラム内に充填されたイオン交換樹脂に対する"吸着のしやすさ"の違いにより移動速度が異なるためにカラムから流出する時間が異なり分離される．分離されたイオン成分の濃度は電気伝導度などにより検出される．測定結果は横軸に時間，縦軸に検出器応答（イオン濃度に比例）の図（クロマトグラム）として出力される．この図におけるピークの時間から成分が同定され，ピークの面積からその成分の濃度を定量できる．ピーク時間とイオン種の対応および面積と濃度との関係は，濃度組成がわかっている溶液を使って別途求めておく．
>
> 　イオンの同定や定量方法はイオンクロマトグラフィー以外にもある．無機陽イオンについては原子吸光分光法やICP発光分光法などがあり，これらは吸収波長や発光波長で成分を特定できる．一方，陰イオンについては適当な試薬で発色させ吸光度測定を行う方法や滴定法があるが，それぞれの成分について個別に測定する必要があり，イオンクロマトグラフィーのように同時に複数成分の測定はできない．

## 参考図書

丸山利輔・三野徹（1999）地域環境水文学．朝倉書店，東京．
宮﨑毅・粕渕辰昭・長谷川周一（2005）土壌物理学．朝倉書店，東京．
中野政詩・塩沢昌・宮﨑毅・西村拓（1995）土壌物理環境測定法．東京大学出版会，東京．
日本分析化学会北海道支部（2005）水の分析．化学同人，東京．
山路永司・塩沢昌（2008）農地環境工学．文永堂出版，東京．

## 引用文献

Andersen, H. E.（2004）Hydrology and nitrogen balance of a seasonally inundated Danish floodplain wetland. Hydrological Processes, 18：415–434.
Bendix, J. and Hupp, C. R.（2000）Hydrological and geomorphological impacts on riparian plant communities. Hydrological Processes, 14：2977–2990.

Boast, C. W. and Kirkham, D. (1971) Auger Hole Seepage Theory. Soil Science Society of American Journal, 35：365-373.

Casanova, M. T. and Brock, M. A. (2000) How do depth, duration and frequency of flooding influence the establishment of wetland plant communities ? Plant Ecology, 147：237-250.

Takatert, N., Sanchez-Pérez, J. M. and Trémolières, M. (1999) Spatial and temporal variations of nutrient concentration in the groundwater of a floodplain：effect of hydrology, vegetation and substrate. Hydrological Processes, 13：1511-1526.

Trémolières, M., Roeck, U., Klein, J. P. and Carbiener, R. (1994) The exchange process between river and groundwater on the central Alsace floodplain (Eastern France)：II. The case of a river with functional floodplain. Hydrobiologia, 273：19-36.

Wassen, M. J., Peeters, W. H. and Olde Venterink, H. (2003) Patterns in vegetation, hydrology, and nutrient availability in an undisturbed river floodplain in Poland. Plant Ecology, 165：27-43.

Witte, J. P. M., Meuleman, J. A. M. and van der Schaaf, S. (2004) Eco-hydrology and bio-diversity. In Unsaturated Zone Modelling：Progress, Challenges and Applications (eds. R. A. Feddes, G. H. de Rooij and J. C. van Dam), pp. 301-329. Kluwer, Netherlands.

Yoshikawa, N., Shiozawa, S. and Ardiansyah (2008) Nitrogen budget and gaseous nitrogen loss in a tropical agricultural watershed. Biogeochemistry, 87：1-15.

国立環境研究所 (1997) 湿原の環境変化に伴う生物群集の変遷と生態系の安定化維持機構に関する研究．国立環境研究所特別報告書．

工藤啓介・中津川誠 (2005) 釧路湿原の水循環と地下水の動向について．北海道開発土木研究所月報，(626)：25-47.

釧路湿原自然再生プロジェクトデータセンターHP──釧路湿原記事集──ハンノキ林の拡大．[URL]：http://kushiro.env.gr.jp/saisei1/modules/xfsection/article.php?articleid=78

中野政詩・塩沢昌・宮﨑毅・西村拓 (1995) 土壌物理環境測定法．東京大学出版会，東京．

中田達・塩沢昌・吉田貢士 (2009) 霞ヶ浦妙岐ノ鼻湿原における水位変化と水循環．水文・水資源学会誌，22：456-465.

日本分析化学会北海道支部 (2005) 水の分析．化学同人，東京．

塩沢昌・粕渕辰昭・宮地直道・神山和則 (1995) 一次元定常地下水流動モデルによる美唄湿原の地下水位分布の解析．農業土木学会論文集，63：131-142.

橘治國・辰巳健一 (2007) 泥炭地環境保全と地下水質．土壌の物理性，105：99-109.

高木健太郎・坪谷太郎・井上京・高橋英紀 (1999) サロベツ湿原のササ群落とミズゴケ群落の蒸発散特性──植物個体の気孔制御の視点から．北方林業，51：185-189.

矢部和夫・中村隆俊・河内邦夫・高橋興世（1999）排水路と国道がミズゴケ湿原に与えた影響．ランドスケープ研究（日本造園学会誌），62：557-560．
山路永司・塩沢昌（2008）農地環境工学．文永堂出版，東京．

# 第12章 リモートセンシングによる植生評価法

石井 潤・清水 庸

---

**ハイパースペクトルリモートセンシングの特徴と利点(12.1)**
・ハイパースペクトルリモートセンシングと植生の分光特性(12.1(1)).
・ハイパースペクトルセンサーの種類およびデータ取得(12.1(2)).

ハイパースペクトルリモートセンシングによる植生評価法(12.2)

```
┌─────────────────────────────┐         ┌─────────────────┐
│ ハイパースペクトル画像の撮影の決定  │ ←──→  │  現地の植生調査   │
│ ・画像の撮影時期(12.2(1)).       │         │ (12.2(2),Box-12.3)│
│ ・画像の空間分解能と撮影範囲        │         └─────────────────┘
│   (12.2(1)).                 │
└─────────────────────────────┘
              ↓
          画像の撮影
              ↓
┌─────────────────────────────┐
│  画像の補正と画像データの変換      │
│  (12.2(1),Box-12.1,Box-12.2)   │
└─────────────────────────────┘
              ↓
┌─────────────────────────────┐
│ ハイパースペクトル画像・植生データの解析 │
│ ・統計モデルを用いた解析(12.2(3),Box-12.4). │
│ ・推定精度の評価(12.2(3),Box-12.5).    │
└─────────────────────────────┘
              ↓
┌─────────────────────────────┐
│ 絶滅危惧種を含む草本植物の潜在的ハビタットの地図化 │
│              (12.2(4))              │
└─────────────────────────────┘
```

生物多様性や生態系の保全・再生のためには，指標種の個体群や生物群集の動態，環境の変化のモニタリングが欠かせない．植生は，それ自体が保全対象となるだけでなく，生態系の基盤をなす要素としてしばしばモニタリングの対象となる．植生のモニタリングを現地踏査によって行おうとすれば，対象地域が大面積になるほど，多くの時間と労力を要する．省力化のための手法の1つとして，リモートセンシングの活用がある．

リモートセンシングは，人工衛星や航空機に搭載されたセンサーを用いて上空から画像を撮影し，その画像を解析することによって，土地被覆や森林構造，バイオマス，土壌水分のような物理的環境条件など，撮影対象の組成や状態を推定する技術である（図12.1）．広域にわたる植生の現状を即時的に把握できるため，これまでさまざまな生態系における植生の評価に用いられてきた．

リモートセンシングのなかでも，近年開発されたハイパースペクトルリモートセンシングは，従来の技術では困難だった植物種の識別を可能とする新しい調査技術である．多様な植物が入り組んで生育する自然植生において特定の植物種を峻別して量的に把握できる可能性があり，さまざまな植物種の広域にわたる分布特性の把握などの応用が期待されている．すでに湿生植物種（Artigas and Yang 2005）や侵略的外来植物（Pengra *et al.* 2007）の分布の把握，植生図の作成（Filippi and Jensen 2006），沿岸にある淡水の湿地の塩分濃度

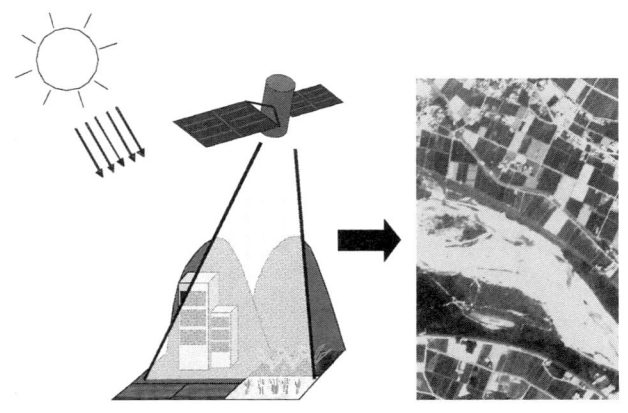

**図 12.1** リモートセンシングによるデータ収集．左：人工衛星などに搭載されたセンサーで画像を撮影．右：画像の例（中央部下側に河川が流れている．その両側には農地が広がり，住宅が点在している）．

（Tilley et al. 2007）や塩湿地の栄養状態（Siciliano et al. 2008）の把握などに応用例がある．

　本章では，ハイパースペクトルリモートセンシングの特徴と利点を説明したうえで，植生の特徴を把握するための手順について説明する．なお，画像処理など一般的なリモートセンシング技術と共通する内容に関しては，概要を説明するにとどめた．さらに詳細を知りたい場合は，専門の書籍（たとえば，日本リモートセンシング研究会 2004；加藤 2007；長澤ほか 2007）を参照されたい．

## 12.1　ハイパースペクトルリモートセンシングの特徴と利点

### （1）　ハイパースペクトルリモートセンシングと植生の分光特性

　ハイパースペクトルデータの最大の利点は，その波長分解能の高さにある．1つのバンド（計測時の波長帯）の波長幅は約 10 nm 以下であり，可視域から近赤外域 400-1300 nm の波長領域において数十から数百のバンドによって構成されているため，連続量に近い分光反射率の情報をもつ．多くのバンドで分光反射率を得ることは，地表面の物体の吸光・反射特性について，より多くの情報を得ることを意味する．図 12.2A にハイパースペクトルリモートセンシングを用いて計測した植物と土壌の分光反射率を示す．植物は光合成により，光の物理エネルギーを有機物の化学エネルギーに変換するが，その際すべての波長の光を等しく利用するわけではない．光合成に有効なのは 400-700 nm の波長域（可視域）の光である．とくに，主要な植物色素であるクロロフィルの吸収帯である青色光 435 nm と赤色光 680 nm 付近の波長の光を多く吸収する．そのため，あまり吸収されない 550 nm 付近の光の反射率が相対的に高くなる．また 800-1300 nm の近赤外域の光はほとんど吸収しないため，可視域と比較してとくに反射率が高くなる．これに対して，土壌の分光反射率は，可視域から近赤外域において緩やかに上昇していく．このような分光反射率の違いから植物と土壌を明瞭に識別することができる．

　ハイパースペクトルデータに対して，NOAA-AVHRR センサーや Landsat-7 ETM+ センサーのように，1つのバンドが 70-400 nm と波長の幅が広く，5-10 バンド程度で構成されているリモートセンシングデータをマルチスペク

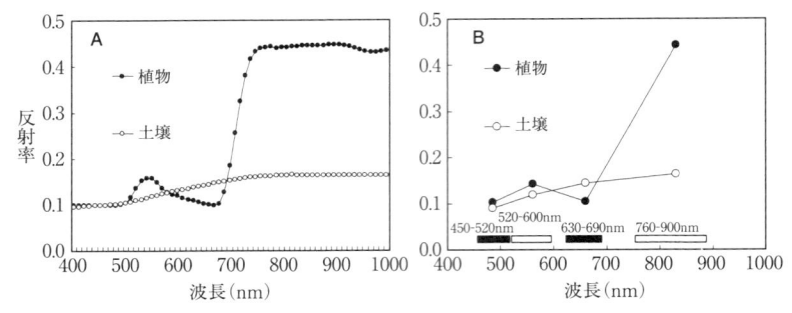

図 12.2 植物・土壌の分光反射率. A：ハイパースペクトルデータの例, B：マルチスペクトルデータの例.

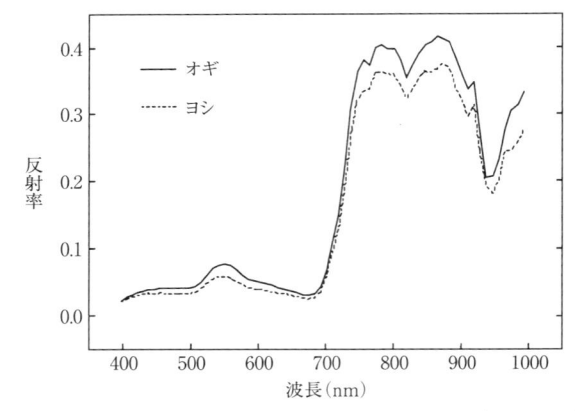

図 12.3 ハイパースペクトルリモートセンシングによるオギとヨシの分光反射率.

トルデータとよぶ. 図 12.2B に, A 図と同じ波長域における Landsat-7 ETM+ センサーでの植物と土壌の分光反射率を示す. 2 つの図の比較から, ハイパースペクトルデータからは, より多くの分光反射情報が得られることがわかる. マルチスペクトルデータは, 1970 年代以降の長期のデータ蓄積があり, これまでの植生の評価にはこれがおもに利用されてきた. しかし, 分光反射情報が類似した植物種の判別が必要となる植物種ごとの密度・分布推定などには利用がむずかしい. それに対して, 高い波長分解能をもつハイパースペクトルデータを用いれば, 植物種の反射特性の微妙な違いの判別に利用できる. 図 12.3 に, 一例としてオギ *Miscanthus sacchariflorus*（Maxim.）とヨシ *Phragmites australis*（Cav.）Trin. ex Steud. の分光反射率を示した. 680-730 nm で

は両種の分光反射率はほぼ完全に重なっているが，可視域の 550 nm 付近や近赤外域の 750-900 nm において，若干の違いがみられる．これらの違いは，葉内の色素や葉のつき方や形状，毛の有無など，生理学的・形態学的な違いを反映している．

### （2） ハイパースペクトルセンサーの種類およびデータ取得

表 12.1 に代表的なハイパースペクトルリモートセンシングのセンサーの特徴を比較して示す．いずれのセンサーも可視域から近赤外域 400-1000 nm の波長域を計測しており，Hyperion および AVIRIS センサーは，短波長赤外域

**表 12.1** 代表的なハイパースペクトルリモートセンシングのセンサー．

| センサー名 | Hyperion | CHRIS<br>Compact High Resolution Imaging Spectrometer | AVIRIS<br>Airborne Visible/Infrared Imaging Spectrometer | CASI-1500<br>Compact Airborne Spectrographic Imager | AISA Eagle<br>Airborne Imaging Spectroradiometer for Applications |
|---|---|---|---|---|---|
| プラットフォーム<br>人工衛星（衛星名）・航空機 | 人工衛星<br>（EO-1） | 人工衛星<br>（PROBA） | 航空機 | 航空機 | 航空機 |
| 波長域 | 400-2500 nm | 415-1050 nm | 400-2500 nm | 380-1050 nm | 400-1000 nm |
| 波長分解能もしくはバンド数 | バンド数<br>220 | バンド数<br>62/18 | 波長分解能<br>10 nm<br>バンド数<br>224 | 波長分解能<br>2.4 nm<br>バンド数<br>288 | 波長分解能<br>2.9 nm<br>バンド数<br>190 |
| 観測時の飛行高度<br>空間分解能および観測幅 | 飛行高度<br>705 km<br>空間分解能<br>30 m<br>観測幅<br>7.5 km | 飛行高度<br>556 km<br>空間分解能<br>34/17 m<br>観測幅<br>14 km | 飛行高度<br>4 km のとき<br>空間分解能<br>4 m<br>観測幅<br>2 km | 空間分解能<br>0.91-5.4 m<br>観測幅<br>1.5-4.7 km | 飛行高度<br>1.4 km のとき<br>空間分解能<br>1.5 m<br>観測幅<br>1 km |
| 回帰日数 | 16 日 | 7 日 | — | — | — |
| 日本国内のデータ計測 | ○ | ○ | ×（北米，ヨーロッパ） | ○ | ○ |
| データ提供・データ計測サービス機関など | USGS-EROS データセンター／財団法人リモート・センシング技術センター | European Space Agency | NASA Jet Propulsion Laboratory | ITRES Research | 株式会社パスコ |

表中の数値は，データ提供機関もしくはセンサー開発機関の WEB およびカタログによるものである．

第12章 リモートセンシングによる植生評価法

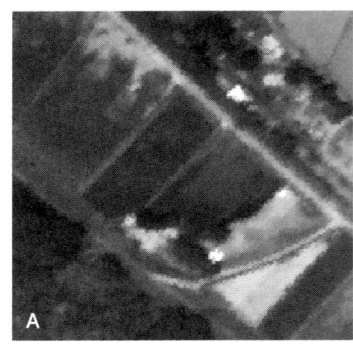

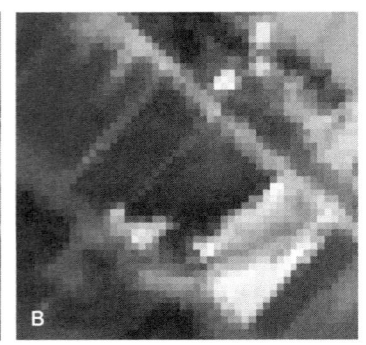

**図12.4** 空間分解能が異なる画像. A：1ピクセル1.5 m, B：1ピクセル4.0 m.

の2500 nmまでの計測が可能である．波長分解能とバンド数は，センサーごとに必ずしも固定されていないため，表中には波長分解能について最大値を示した．なお，CHRIS センサーのバンド数は空間分解能と連動して変化する．

空間分解能は，近接する2点を識別する能力を意味し，画像を構成する最小単位である"ピクセル"の大きさで表される．ピクセルが小さいほど空間分解能は高い（図12.4）．空間分解能およびセンサーの観測幅（センサーを搭載する人工衛星や航空機をプラットフォームとよぶが，プラットフォームの進行方向に対してセンサーが観測できる垂直方向の幅）は，計測時の飛行高度によって変化するため，ここにあげた航空機搭載センサーの数値は一例である．人工衛星に搭載されたセンサーは，航空機搭載のセンサーと比較して観測幅が広く，一度に広域のデータが取得できるが，飛行高度の低い航空機搭載センサーほどの空間分解能は望めない．また，人工衛星搭載のセンサーの場合，衛星の軌道にしたがい回帰日数が固定されるため，必ずしもデータ利用者が希望する時期のデータを入手できるとは限らない．

これらのデータはそれぞれのデータ提供・データ計測サービス機関のウェブサイトから購入の申し込みをすることができる（表12.1）．必要な画像が存在しない場合，計測の対象地域（国名・都市名・中心緯経度），時期（最長3ヵ月間）を指定し，新たに計測を依頼する必要がある．この場合は，計測の費用がかかるためデータ購入代金は高額となる．

データの解析には，Leica Geosystems Geospatial Imaging 社の「ERDAS IMAGINE」や ITT Visual Information Solutions 社の「ENVI」などの有償のリモートセンシング画像解析ソフトウェアが利用できる．これらのソフトウ

ェアを用いれば，データの入出力，画像の切り出しなどの前処理，画像強調，幾何補正，画像分類などの一連の画像解析が行える．無償のソフトウェアで，ERDAS社から入手できる「ViewFinder」は，多くの画像ファイル形式の読み込みが可能であり，画像強調など一部の画像処理機能も利用できる．「ENVI」については，期間限定で利用できる無償評価版があり，ソフトウェア購入前に実際に使用して，機能を確かめることができる．

## 12.2 ハイパースペクトルリモートセンシングによる植生評価法

　ハイパースペクトルリモートセンシングは，多様な植生を識別したり，特定の種を峻別してその個体数を推定するうえで，きわめて有効な手法であることはすでに述べた．この節では，ハイパースペクトルリモートセンシングを用いて湿地の優占種の密度を推定して，絶滅危惧種を含む草本植物の潜在的ハビタット（生育適地）を地図化した研究（Ishii et al. 2009）を例に，本技術を活用した植生評価法の手順を説明する．

　対象地は，本州以南で最大の面積（約2000 ha）をもつ湿地である渡良瀬遊水地である．関東平野の中央に位置する渡良瀬遊水地は，全国的に絶滅が危惧される植物が59種生育しており，生物多様性保全上重要なウェットランドの1つである．渡良瀬遊水地の植生は，高茎草本であるヨシとオギが優占し，その下層に絶滅危惧種を含む多様な植物（下層植物）が生育する（大和田・小倉1996）．早春以外の季節には，ヨシとオギに阻まれて，上空から直接下層植物をみることはむずかしい．

　優占するヨシとオギの相対的なシュート密度（単位面積あたりのシュートの数）には，水位（Yamasaki 1990），氾濫による攪乱頻度（大和田・小倉1996）などの環境条件や履歴の相違によって，空間的に不均一性が認められる．また，ヨシとオギは下層に生育する植物にとっての光条件を規定する．そのため，両種の相対的なシュート密度は，その場所の下層植生にとっての環境条件の指標となる．そこで，以下の手順によって，下層植物の潜在的ハビタットの把握が試みられた．

　① 　ハイパースペクトルリモートセンシングを用いてヨシとオギのシュート密度を推定する．
　② 　植生タイプを類型化し，ヨシとオギのシュート密度との関係を明らかに

③ 調査地全域のヨシとオギのシュート密度を①の手法によって推定し，②を用いて，下層植物の潜在的ハビタットとして植生タイプを地図化する．

## （1） ハイパースペクトル画像の取得と画像処理

### 画像の撮影時期

ハイパースペクトル画像を取得する手順として，まず，画像の撮影時期を決める必要がある．撮影時期を選ぶ第1のポイントは，植生のどのような性質にもとづいてリモートセンシングを行うかにある．たとえば，植物体の色などの形態にもとづいて植物を識別する場合は，対象とする植物とほかの植物の差異がもっとも明瞭になる生育時期の画像を利用するのが望ましい．落葉など植物の季節的な変化（フェノロジー）を検出して植生を識別する場合は，変化の前後に撮影された時系列の画像が必要となる．また，リモートセンシングでよく利用される可視・近赤外域の波長は，天候の影響を受けることも考慮しなければならない．とりわけ雲は太陽光を妨げるため影響が大きく，雲の下は観測できないことに留意する必要がある．

渡良瀬遊水地における研究では，ヨシとオギを区別してシュート密度を推定するために，両種の反射スペクトル（図12.3）がわずかに異なることを利用した．そのため，撮影時期はヨシとオギのシュートが出芽後ある程度伸長してそれらの差異が明瞭になる5月下旬とし，天気が良好な日を選んで航空機に搭載したAISA Eagleセンサー（表12.1）を用いて画像を取得した．

### 画像の空間分解能と撮影範囲

航空機をプラットフォーム（飛行高度1400 mで撮影）とすることで，現地の予備調査で明らかになっている，ヨシとオギのシュート密度の数m単位という小さなスケールでの不均一性に対応する高い空間分解能をもつデータ（空間分解能1.5 m）を得ることができた．

一般に，空間分解能が高くなると観測幅は小さくなり，調査地全体をカバーするためには複数の画像が必要となる．これらの画像は，モザイク処理という隣接する画像を結合する処理によって1つの画像に統合しなければならない．モザイク処理は，次項に説明する画像の補正時にあわせて行う．

## 12.2 ハイパースペクトルリモートセンシングによる植生評価法

**画像の補正と画像データの変換**

人工衛星や航空機によって取得されたリモートセンシングデータは，さまざまな要因による誤差や歪みを含んでいるため，取得された画像を補正する必要がある．一般的に，誤差を取り除くためリモートセンシングデータの画像解析前に行われる補正には，放射量の誤差を除去するための放射量補正（ラジオメトリック補正）と幾何学的な誤差を除去するための幾何補正（ジオメトリック補正）がある（Box-12.1）．

画像の補正を行った後，画像強調と特徴抽出という画像データの変換を行う場合がある（Box-12.2）．画像強調は，画像内の対象を視覚的に認識しやすく

---

### Box-12.1 放射量補正と幾何補正

放射量補正には，大きく3つあり，センサーの感度特性に関連した補正と，太陽高度や地形の影響に関連した補正，大気の影響の補正が含まれる．一方，画像の幾何学的な歪みは，センサーの機構の特性や，センサーによる画像の取得時のプラットフォームの水平位置の誤差や地形の起伏，画像の座標系の定義や地図の投影方法などに起因している．図12.5では，一例としてMODISセンサーで取得した東海から関東地方にかけての画像について，幾何補正前後のものを比較して示した．これらの補正方法は，補正式を用いるもの，画像解析から誤差のパターンを明らかにして補正するもの，現地データとの比較によるものなどがある（日本リモートセンシング研究会 2004）．

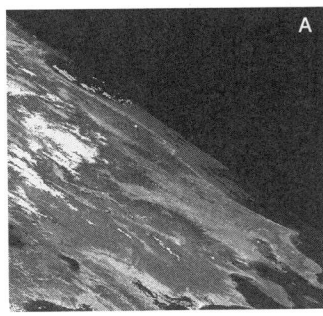

図 12.5 衛星リモートセンシング画像（MODISセンサー）の幾何補正の例．
A：幾何補正前の画像，B：幾何補正後の画像．

## Box-12.2 画像データの変換

　画像強調のおもな方法として，濃度変換，カラー合成，HSI 変換がある．濃度変換は，線形関数などの関数や濃度値の頻度分布にもとづいて，画像の濃淡を変換する手法である．カラー合成は，いくつかのバンドに原色を割り当ててカラー表示する手法で，天然色に近い色をトゥルーカラー，特定の対象を強調するように変換した色をフォールスカラーとよぶ．近赤外，赤色，緑色の波長領域に，それぞれ赤色，緑色，青色を割り当てると，植物が赤色に表示されてその特徴が強調される．画像解析ソフトウェアでは，画像ファイルを開く際にこれらの指定ができる．HSI 変換では，カラーディスプレイなど RGB 信号の輝度で規定される表示色（RGB 表色系では，すべての色を，赤，緑，青の三原色の混色で表す）を調整するときに，一旦，色相，彩度，明度に変換して調整を行い，再び RGB 信号に戻してカラー合成を行う．

　特徴抽出は，リモートセンシングの推定精度を向上させる目的で行う．ハイパースペクトルデータとヨシおよびオギのシュート密度との関係を直接解析した Ishii et al.（2009）の研究では，このデータ変換は行われていない．特徴抽出には，スペクトル特徴抽出，幾何学的特徴抽出，テクスチャ特徴抽出の 3 種類がある．スペクトル特徴抽出の代表的なものは，正規化植生指数（Normalized Difference Vegetation Index; NDVI; Rouse et al. 1973）である．NDVI は，可視域と近赤外域における反射率の違いを利用して計算する，植生の密度を示す指標である（1）．$R_{Red}$ と $R_{NIR}$ は，それぞれ，可視域（赤色光 680 nm）と近赤外域における反射率を示している．

$$NDVI = \frac{R_{NIR} - R_{Red}}{R_{NIR} + R_{Red}} \qquad (1)$$

　（1）の分子において近赤外域と可視域における反射率の差を求め，分母はその値を正規化（$-1 \leq NDVI \leq 1$）しており，観測地点が植物に多く覆われている場合，NDVI の値は大きくなる．

　NDVI 以外では，多変量解析の 1 つである主成分分析もよく利用される．主成分分析は，多くの変量（各バンド）の測定値をできるだけ情報量を失わずにより少ない総合的指標に集約できるため，バンド数の多いハイパースペクトルデータでとくに有用な手法である（Lu et al. 2009）．

　幾何学的特徴抽出は，空間フィルタリングという手法で行うことができ，画像内のノイズの除去や値が急激に変化する箇所であるエッジ（境界）や線の強調・抽出，画像の平滑化などの処理がある．テクスチャは画像のきめの

ことを指し，リモートセンシングの対象の性質が，テクスチャの周期性や均質性，きめの細かさや密度の違いとして表される．これらのテクスチャの特徴を指標化するのがテクスチャ解析であり，森林の分類や区分でよく用いられている．

したいときに用いる．特徴抽出は，画像データから解析に有用な各種パラメータを求め，画像の特性を定量化することをいう．Ishii *et al.*（2009）では，画像解析ソフト「ERDAS IMAGINE」の機能を用いてこれらの補正を行った．

### （2） 現地の植生調査

　現地調査は，リモートセンシングの分野ではグランドトゥルースともよばれ，リモートセンシングの結果と対照させるための植生データの取得を意味する．そのため画像の撮影時期と同じ時期か，撮影した画像と状態が同じとみなせる時期に行うのが基本となる（Box-12.3）．植生データは，リモートセンシングの目的に応じて，特定の種や優占種の分布情報，種組成の空間情報などとなる．また，種の在・不在（ある区画に存在する／しない）のデータに加えて，個体数や被度，バイオマスのデータなどが有効なこともある．解析や結果の検証においては，"種の不在"の情報も不可欠である点に留意する必要がある．

　Ishii *et al.*（2009）は，ヨシとオギのシュート密度データを得るため，画像の撮影時期にあわせて植生調査を実施した．解析対象地全体に5×5 m の方形区を23個設置し，さらに各方形区内に設置した3つの1×1 m の小方形区でヨシとオギのシュート密度を記録し，その平均値を各方形区の値として利用した．方形区の大きさは，リモートセンシングで撮影された画像の位置座標に誤差があることと，ヨシとオギのシュート密度の変化の空間スケールを考慮して決定された．各方形区の位置座標の記録は，できるだけ誤差を小さくするため，水平誤差1 m 以内の GPS（Global Positioning System; 全地球測位システム）を用いて行った．この GPS データを用いてハイパースペクトル画像中における方形区の位置を特定したあと，各方形区の反射率データを抽出し，以後の解析に供した．

## Box-12.3 グランドトゥルースとして利用できる既存資料

　植生データとして，既存の資料が利用可能な場合がある．その1つは空中写真であり，国土地理院など行政機関や民間会社が全国各地で撮影したものがある．空中写真を直接判読することによって，優占種や植生の相観，樹種の密度などの情報を得ることができるが，外観が類似している種の識別や小型の種の同定，種組成の正確な把握，個体数など量的な推定には技術的な限界がある．また，大学や行政機関などが実施している毎木調査（対象とする範囲のすべての木の胸高直径や樹高を測定する調査）などの森林調査の結果が利用できる場合もある．全国で行われている植生調査として，環境省が実施している自然環境保全基礎調査と，国土交通省が直轄管理河川109水系123河川で実施している河川水辺の国勢調査がある．いずれの調査でも植生図が作成されている．前者に関しては，一部のデータが環境省生物多様性センターの生物多様性情報システム（http://www.biodic.go.jp/J-IBIS.html）のホームページから無償でダウンロードできる．後者に関しては，「河川水辺の国勢調査年鑑」で公表されているもの，および河川環境データベース（http://www3.river.go.jp/index.htm）で公開されているものが利用できる．これらの植生図は，最近では位置情報が付加されてGIS（地理情報システム）を用いて整備されるようになってきており，簡単にリモートセンシングデータと重ね合わせて比較できる．ハイパースペクトルリモートセンシングでは，補助データとして役立つ．

### （3）　ハイパースペクトル画像・植生データの解析

#### 統計モデルを用いた解析

　ハイパースペクトル画像と植生データが得られたら，両者の関係を統計モデルを用いて解析する段階に進む．Ishii *et al.*（2009）の解析では，ヨシあるいはオギのシュート密度を目的変数に，ハイパースペクトルデータの各バンドの値を説明変数としたモデルを作成し，一般化線形モデル（Generalized Linear Model; GLM）を用いて解析を行った．具体的には，誤差構造を正規分布としたGLMを用いて1ないし2変数からなるすべてのバンドの組み合せの候補モデルを作成し，AIC（赤池情報量規準）にもとづくモデル選択を行って，植生データをよく説明するバンドの組み合せを特定した．

## Box-12.4 画像の分類

　画像の分類では，画像内の各ピクセルがもつバンド値（たとえば，分光反射率データ）の類似度を利用し，数学的手法によって各ピクセルを，いくつかのクラス（たとえば，土地被覆の種類や植物種ごと）に分類する．分類方法には，大別して「教師無し分類」と「教師付き分類」がある．「教師無し分類」では，バンド値の類似度が高いピクセルをクラスタリングなどの手法でグループ化する．この方法ではあらかじめクラスが設定されるのではなく，グルーピングの結果，クラスが推定される．「教師付き分類」は，画像に含まれるクラスが既知のときに利用され，画像のなかから既知のクラスのデータ（教師データ）を抽出し，そのデータへの類似度にもとづいてグルーピングを行い，クラスが推定される．

　図12.6Aには，分類に使用した河川敷におけるハイパースペクトルデータの合成図（3バンド分）を示した．図はモノクロで示されているが，濃淡の違いが土地被覆タイプの違いを表している．図中左下の黒色と薄い灰色の部分は，それぞれ水域と砂礫であり，反対側の濃い灰色の部分は植生となっている．図12.6Bは「教師無し分類」の結果の例であり，ISODATA法というクラスタリングの手法を用いて分類したものである．分類の際にクラス数を8と指定したため，画像では8つのクラスに分類されており，モノクロの濃淡の違いがそれらのクラスを示している．図12.6Cは，「教師付き分類」の結果の例であり，最尤分類法によって分類したものである．A図に示すハイパースペクトル画像から，あらかじめ，画像中で認識できている「砂礫，水域，植物種A，植物種B」の4種類のクラスの教師データを取得して，それらのデータにもとづいて画像を分類した．最尤分類法は，バンド

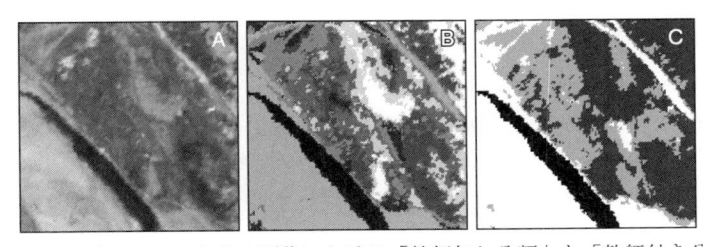

**図12.6** ハイパースペクトル画像における「教師無し分類」と「教師付き分類」結果の例．A：合成図（Red：780 nm, Green：680 nm, Blue：550 nm），B：「教師無し分類」の結果（ISODATA法による分類），C：「教師付き分類」の結果（最尤分類法による分類）．

間に高い相関性がみられるデータの利用に適さないため,68次元(バンド数68)のハイパースペクトルデータを主成分分析によって次元数を減らし,たがいに無相関である第1–第12主成分(バンド数12)を使って分類を行っている.モノクロの濃淡の違いが「砂礫,水域,植物種A,植物種B」の4つのクラスを表現している.

## Box-12.5 種の在・不在データや植生区分などカテゴリーデータのときの推定精度の評価

　リモートセンシングの対象が,種の在・不在データや植生区分などカテゴリーデータのときは,検証用の植生データを用いて推定結果との一致率(正答率)を算出する方法がよく用いられる.一致率の性質を示す指標として,感度と特異度がある.感度は,対象が真である場合に真であると推定する確率であるのに対して,特異度は,対象が偽である場合に偽であると推定する確率である.たとえば,種の在・不在のリモートセンシングを考えた場合,感度が高くて特異度が低いことは,種が分布している場所の推定精度は高いが,分布していない場所を誤って分布するとみなす可能性が高いことを意味する.逆に,感度が低くて特異度が高いときは,種が分布している場所をみのがす確率は高いが,分布していない場所を推定する精度は高い.感度と特異度の両方を考慮する指標としては,種の在・不在データではROC(Receiver Operating Characteristic)曲線下の面積であるAUC(Area Under Curve),複数の植生区分などのカテゴリーデータでは $\kappa$(カッパ)統計量がよく用いられる.

　このような解析は,種の在・不在データでも同様に可能である.植生区分が対象の場合は回帰樹木モデル(Classification and Regression Trees; CART)が有用である.また,ハイパースペクトルデータを主成分分析などの特徴抽出によっていくつかの総合的指標に統合して,説明変数として用いることもできる(Box-12.2).

　ほかに,リモートセンシング画像の解析方法としてよく利用される方法として「画像の分類」がある.この方法は,画像中の植生・植物の種類や土地被覆の種類を分類する方法である(Box-12.4).

表 12.2　ハイパースペクトルデータにもとづくヨシとオギのシュート密度の推定式.

［ヨシ］
　シュート密度 $=25.487\times$（バンド 58/バンド 1）$-9.611\times$（バンド 66/バンド 1）

［オギ］
　シュート密度 $=129.347\times$（バンド 19/バンド 1）$-53.078\times$（バンド 36/バンド 1）$-234.769$

バンド 1, 19, 36, 58, 66 の中心波長は，それぞれ 397.79, 550.11, 701.42, 901.52, 974.95 nm に対応する．各バンドはバンド 1 で割って基準化したうえで，説明変数として供した．

**推定精度の評価**

推定に用いるモデルが選択されたら，その精度を調べる．推定対象が連続変数の場合は，一般的に $R^2$（決定係数）が用いられる（対象が種の在・不在データや植生区分などカテゴリーデータの場合の方法は Box-12.5 を参照）．この研究においては解析結果は良好で，ハイパースペクトルデータからヨシとオギのシュート密度を，それぞれ $R^2=0.69$ と 0.71 の精度で推定する式が得られた（表 12.2）．

### （4）　絶滅危惧種を含む草本植物の潜在的ハビタットの地図化

こうして，ハイパースペクトルリモートセンシングを用いてヨシとオギのシュート密度を推定することが可能となった．下層植物の潜在的ハビタットを地図化するためには，ヨシとオギのシュート密度と植生タイプとの関係を明らかにする必要がある．そこで，現地で $1\times1$ m の方形区を多数設置して，下層植物の種組成を調査した．得られた植生データは多変量解析の 1 つであるクラスター分析によって解析した．その結果，ヨシとオギ以外の草本種の種組成に応じて，4 つの植生タイプが認められた．これら 4 つの植生タイプは，ヨシとオギのシュート密度の特徴から，オギ純群落，オギ優占群落，ヨシ優占群落，ヨシ純群落と分類することにした（図 12.7）．

以上の結果を利用すれば，ハイパースペクトルリモートセンシングで推定したヨシとオギのシュート密度から下層植物の植生タイプの地図が作成できる（図 12.8）．作成した地図を用いて，絶滅危惧種の分布特性を解析すれば，絶滅危惧種ごとに出現頻度が高い植生タイプを特定することも可能であり（Ishii et al. 2009），今後の保全・管理を行ううえで有用な情報が得られる．

ハイパースペクトルリモートセンシングは，空間的に不均質な植生のモニタリングに有効であり，本章で示したように，絶滅危惧種の潜在的生育適地の把

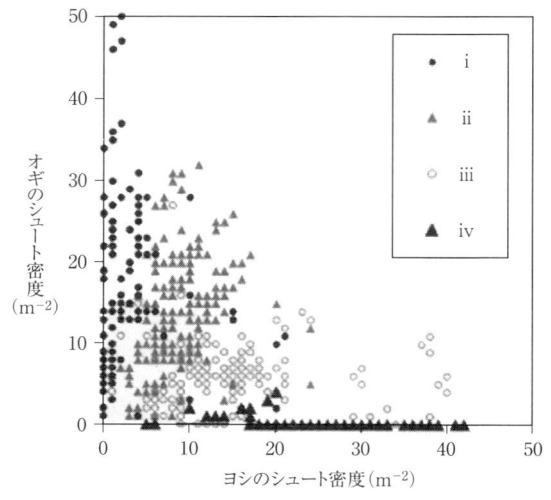

図 12.7 渡良瀬遊水地における下層植物の植生タイプとヨシ・オギシュート密度との関係. i：オギ純群落, ii：オギ優占群落, iii：ヨシ優占群落, iv：ヨシ純群落.

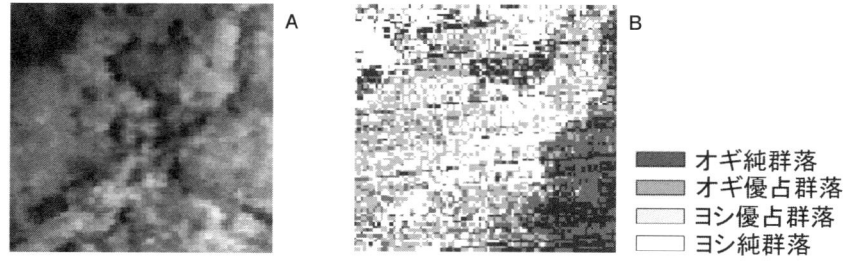

図 12.8 渡良瀬遊水地の下層植物の植生タイプ地図の例. A：ハイパースペクトル画像, B：下層植物の植生タイプ地図.

握にも有用である. まだ利用例は少ないが, 今後この技術の現場での実践的な貢献への期待は大きい. そのため, 研究レベルでも現場レベルでも, 推定のための技術を改良しつつ経験を蓄積していく必要がある.

## 参考図書

加藤正人（編）（2007）改訂森林リモートセンシング．日本林業調査会，東京．
長澤良太・原慶太郎・金子正美編（2007）自然環境解析のためのリモートセンシング・GIS ハンドブック．古今書院，東京．
日本リモートセンシング研究会（編）（2004）改訂版図解リモートセンシング．日本測量協会，東京．

## 引用文献

Artigas, F. J. and Yang, J. S.（2005）Hyperspectral remote sensing of marsh species and plant vigour gradient in the New Jersey Meadowlands. International Journal of Remote Sensing, 26：5209–5220.

Filippi, A. M. and Jensen, J. R.（2006）Fuzzy learning vector quantization for hyperspectral coastal vegetation classification. Remote Sensing and Environment, 100：512–530.

Ishii, J., Lu, S., Funakoshi, S., Shimizu, Y., Omasa, K. and Washitani, I.（2009）Mapping potential habitats of threatened plant species in a moist tall grassland using hyperspectral imagery. Biodiversity and Conservation, 18：2521–2535.

Lu, S., Shimizu, Y., Ishii, J., Funakoshi, S., Washitani, I. and Omasa, K.（2009）Estimation of abundance and distribution of two moist tall grasses in the Watarase wetland, Japan, using hyperspectral imagery. ISPRS Journal of Photogrammetry and Remote Sensing, 64：674–682.

Pengra, B. W., Johnston, C. A. and Loveland, T. R.（2007）Mapping an invasive plant, *Phragmites australis*, in coastal wetlands using the EO-1 Hyperion hyperspectral sensor. Remote Sensing of Environment, 100：74–81.

Rouse, J. W., Haas, R. H., Schell, J. A. and Deering, D. W.（1973）Monitoring Vegetation Systems in the Great Plains with ERTS. Third ERTS Symposium, NASA SP-351 I, pp. 309–317.

Siciliano, D., Wasson, K., Potts, D. C. and Olsen, R. C.（2008）Evaluating hyperspectral imaging of wetland vegetation as a tool for detecting estuarine nutrient enrichment. Remote Sensing and Environment, 112：4020–4033.

Tilley, D. R., Ahmed, M., Son, J. H. and Badrinarayanan, H.（2007）Hyperspectral reflectance response of freshwater macrophytes to salinity in a brackish subtropical marsh. Journal of Environmental Quality, 36：780–789.

Yamasaki, S.（1990）Population dynamics in overlapping zones of *Phragmites australis* and *Miscanthus sacchariflorus*. Aquatic Botany, 36：367–377.

加藤正人（編）（2007）改訂森林リモートセンシング．日本林業調査会，東京．
長澤良太・原慶太郎・金子正美（編）（2007）自然環境解析のためのリモートセンシング・GIS ハンドブック．古今書院，東京．
日本リモートセンシング研究会（編）（2004）改訂版図解リモートセンシング．

社団法人日本測量協会，東京．
大和田真澄・小倉洋志（1996）渡良瀬遊水地の植物相．栃木県立博物館研究紀要，13：31-108．

# 第13章
# 湿地履歴の研究法

ホーテス・シュテファン

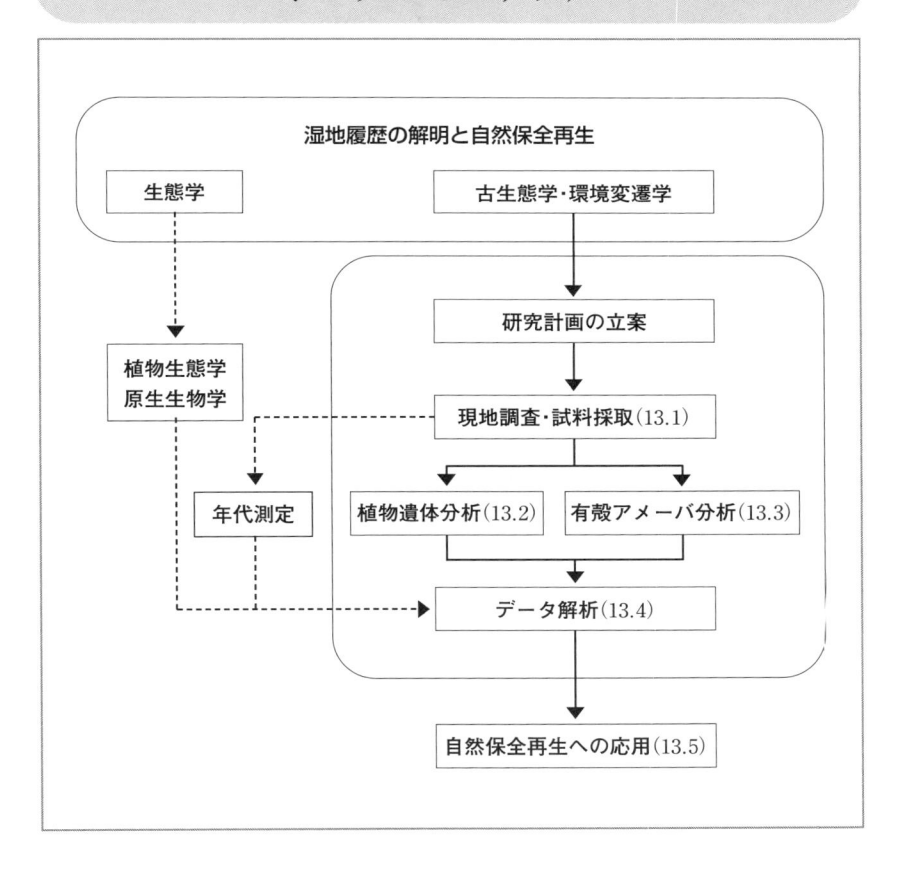

```
湿地履歴の解明と自然保全再生

  生態学              古生態学・環境変遷学

                        研究計画の立案
  植物生態学
  原生生物学              現地調査・試料採取 (13.1)

           年代測定    植物遺体分析 (13.2)  有殻アメーバ分析 (13.3)

                        データ解析 (13.4)

                        自然保全再生への応用 (13.5)
```

湿地は自然保全・自然再生上重要な「生命の宝庫」である（辻井ほか 1994；Millennium Ecosystem Assessment 2005a）．それだけでなく，湿地はその周辺も含んだ環境の変遷を記録した「自然の日記」でもある．周辺の土地に比べて相対的に低い場所に発達する湿地には時間とともにさまざまな物質が厚く堆積するため，堆積した時代の生物群集や環境条件に関する情報が残されている．たとえば，無機的堆積物のうち，粒径の粗い礫や砂と細かいシルトのどちらがたまるかは，水の流速に影響される．したがって，粒径分布から堆積物が積もった時代の物理的環境についてある程度推定できる．湿地には，動植物の遺体や花粉など生物由来のものも堆積する．冠水した条件下では酸素が不足し，微生物の活動が妨げられるため，生物体は完全に分解されず破片が残る．この破片や遺体を層ごとに分析すると，生物群集の時間に伴う変遷が把握できる．遺体として残された生物種の生育・生息環境に関する情報を活用すれば，それを手がかりとして過去の環境変化を読み解くこともできる．このような研究分野が古生態学である．

本章では古生態学の基本的な考え方や調査法について簡潔に説明したうえで，古生態学的知見を自然の保全・再生に活かした研究事例を紹介する．とくに水深の浅い湖沼や湿原における有用な調査手法としての植物遺体分析と有殻アメーバ分析とに焦点をあて，調査の手順を解説する．最後に古生態学と保全生態学の連携に関する今後の研究課題について述べる．

## 13.1　古生態学の考え方

　古生態学では，堆積物の分析から古環境と古生物の関係や古生物間相互作用について検討する．しかし，過去における環境条件や生物間相互作用は直接的には観測できないため，現存の環境・生物に関する知見をもとに堆積物から得られる情報を解釈する．そのような分析では，現存の生物における個体数変動のメカニズムや生物間の関係が過去にも同様なものであったと仮定する．遠い過去に関する研究にはこの仮説があてはまらない可能性もあるが，第四紀，とくに更新世や完新世においては，マクロな環境要因（大気・海洋の主要な物質の組成，大陸の配置，おもな生物分類群など）に関しては現在と根本的な違いはなく，このような推定は有効であると考えられている（Delcourt and Del-

**表 13.1** 湿地履歴の解明に有用な生物学的研究手法．分類群とともに分析の際に対象となる主要な植物・動物の形態的単位が記されている（Warner 1990 より改変）．

| 分 類 群 | 形 態 的 単 位 |
| --- | --- |
| 藻類（珪藻類，黄金色藻類，緑藻など） | 殻，嚢子（シスト） |
| コケ類 | 胞子，植物遺体 |
| シダ植物 | 胞子，植物遺体 |
| 種子植物 | 花粉，植物遺体 |
| 菌類 | 胞子，分生子，卵生子 |
| 有殻アメーバ | 殻 |
| 貝虫亜綱 | 殻 |
| ミジンコ目 | 殻 |
| ユスリカ科 | 顎 |

court 1991）．

　古生態学的研究手法を用いて生物群集・環境要因の変遷を解明する際には3つの大きな課題がある．1つめは過去の生物群集の組成や，ある生物種の生育・生息状況を，遺体・破片など限られた材料から推定することにかかわる問題である．さまざまな動植物遺体が研究に使われているが（表13.1），同定の鍵となる特徴が風化・分解過程を経て消えていることも多く，属・科・目など種より上の分類単位または分類群に必ずしも合致しない「タイプ」にしか区別できないことがしばしばある（表13.2）．同定にあたっては現場で評価できる項目もあるが，たいていは実験室での分析が必要となる．

　2つめの課題は生物群集の組成や特定の種の生育・生息状況の変化の時間的特徴を明らかにすることである．古生態学的手法におけるもっとも短い時間単位は「季節」である．季節変化は，融雪期に起こる集水域での侵食，プランクトン群集の季節変化を反映した湖沼堆積へのパターン，年輪などから推定することができる．年よりも長いスケールでの時間の推定には，火事，洪水，火山噴火などが残した跡を基準にした相対的年代測定や，放射性崩壊にもとづく絶対年代測定手法（炭素14，セシウム137など）が用いられる（Taylor and Aitken 1997）．

　3つめの課題は，局所で得られたデータを生態系全体に適用して拡大解釈すること，つまり点から面への展開の有効性にかかわるものである．古生態学的情報はふだん堆積物の層序や破片・遺体などの構造（年輪など）に隠れているので，サンプル採取や情報の抽出に相当の労力がかかり，多数の点からサンプルを得ることはむずかしい．この問題は，後述するとおり，解析やデータの解

表 13.2 北海道の泥炭地における植物遺体の分類．レベル1は倍率10-40倍（実体顕微鏡）で区別可能な単位である．レベル2のより詳細な分類の場合には倍率100-200倍（顕微鏡）が必要となることがあり，レベル3の場合には倍率100-400倍まで必要である．

| レベル1 | レベル2 | レベル3 |
|---|---|---|
| ミズゴケ属（*Sphagnum*） | オオミズゴケ節（Section Sphagnum） | オオミズゴケ（*Sphagnum palustre*）<br>イボミズゴケ（*Sphagnum papillosum*）<br>ムラサキミズゴケ（*Sphagnum magellanicum*）<br>クシノハミズゴケ（*Sphagnum imbricatum*） |
| | スギバミズゴケ節（Section Acutifolia） | チャミズゴケ（*Sphagnum fuscum*）<br>スギバミズゴケ（*Sphagnum capillifolium*）<br>ワラミズゴケ（*Sphagnum subfulvum*） |
| | ユガミミズゴケ節（Section Subsecunda） | ユガミミズゴケ（*Sphagnum subsecundum*） |
| | ハリミズゴケ節（Section Cuspidata） | ハリミズゴケ（*Sphagnum cuspidatum*） |
| マゴケ類（ミズゴケ以外のコケ類，Bryidae）"brown mosses"ともいう | スギゴケ属（*Polytrichum* spp.）の葉，葉がついている茎 | スギゴケ（*Polytrichum juniperinum* var. *strictum*）の葉，葉がついている茎 |
| | ヒモゴケ属（*Aulacomnium* spp.）の葉，葉がついている茎 | オオヒモゴケ（*Aulacomnium palustre*）の葉 |
| | ヤナギゴケ科（Amblystegiaceae）の葉，葉がついている茎 | |
| シダ植物 | *Thelypteris* spp. の根，胞子嚢<br>*Osmundastrum cinnamomeum* の根 | |
| 単子葉植物（monocotyledonous plants もしくは monocots） | スゲ属（*Carex*）の根，地下茎，果実，種子 | ムジナスゲ（*Carex lasiocarpa*）の果実・種子<br>トマリスゲ（別名ホロムイスゲ）（*Carex middendorffii*）の果実・種子 |
| | イネ科（Poaceae）の根，地下茎，果実，種子 | ヨシ（*Phragmites australis*）の地下茎<br>ヌマガヤ（*Moliniopsis japonica*）の地下茎 |
| ツツジ科（Ericaceae） | 根，（細い）地下茎，葉 | ツルコケモモ（*Vaccinium oxycoccus*）の地下茎，葉<br>イソツツジ（*Ledum palustre*）の葉 |
| ヤチヤナギ（*Myrica gale*） | 葉 | |
| 木片（Wood） | | ツツジ科（Ericaceae），イソツツジ（*Ledum palustre*），ホロムイツツジ（*Chamaedaphne calyculata*），ヒメシャクナゲ（*Andromeda polifolia*）など<br>ヤチヤナギ（*Myrica gale*）<br>ハンノキ属（*Alnus* spp.）<br>ヤチダモ（*Fraxinus mandshurica*）<br>ヤナギ属（*Salix* spp.） |
| 同定不可能な有機質（Unidentifiable Organic Matter；UOM） | | |

釈においてもっとも留意が必要な点である．

## 13.2 湿地履歴の調査手法

　ここでは植物遺体および有殻アメーバの分析による湿地の変遷の解析手法を概説する．一般に「植物遺体」という用語は枯死した植物全体を指すが，ここでは「肉眼でみえる枯死した植物の部分」，つまり英語の"plant macrofossil"という意味で用い，顕微鏡でしか検出できない"microfossil"（花粉，胞子，藻類や原生生物の殻など）と区別する．

　分析可能な植物遺体は湖沼堆積物や無機質土壌からも検出されるが，植物遺体分析は，とくに泥炭地における調査で広く用いられる．泥炭堆積物の大部分が植物遺体から構成されており，植物遺体分析によって過去においてその場に発達していた植生の種組成や種など分類群の相対量を評価することが比較的容易だからである．

　一方，有殻アメーバは，土壌，コケ，湖など湿潤な環境に広く分布する原生生物である．泥炭地にも多く出現し，1 cm$^3$ に数万匹も生息する．細胞はさまざまなかたちをした殻に囲まれているのが特徴で，殻は細胞が排出するカルシウムやシリシウムのプレートや，周辺環境から拾う物質（砂，珪藻の殻など），およびこれらプレート・物質を接着するタンパク質で構成されている．細胞の形態にもとづいて2つの基本的なタイプが区別され，細かい糸状の仮足を出すタイプと太い仮足を出すタイプがある．殻は還元状態の堆積物（泥炭，湖沼堆積物）において数千年にわたって保存されることから，古環境の「プロクシー」（指標）として注目されている（Charman *et al.* 2000）．湿原の有殻アメーバ群集の種組成にもっとも大きな影響を与える要因は地下水位であるが，pHとも相関がみられる．海岸沿いの湿地の場合には塩分濃度の影響も報告されている（Charman 2001）．

　古生態学的調査にあたっては，まず研究計画を入念に立てる必要がある．湿地生態系の形成過程を解明し，自然条件の変化や人為的影響と関連させて解析するための第一歩は，現状についてのデータを整理することである．一般に，対象とする湿地やその周辺の地形，気候条件，水文，水質，現存植生，土地利用などの湿地の表面に関するデータや，地質，土壌，そのほか堆積物などの地下の状況についてのデータが有用である．これらの情報源としては地形図以外にさまざまな専門図（地質図，土壌図，植生図など）や航空写真，気象庁の記

## Box-13.1　湿地履歴の調査手法

**現地調査・試料採取**

① 堆積物層の形態を探る

現地調査では，柔らかい有機的堆積物層（泥炭，湖沼堆積物など）の場合には，金属製の棒をさすことによって，基盤を構成している固い無機質層の上端の深さを探ることができる．棒のかわりに，先端が半筒状に刻まれた検土杖を使用することで，よりくわしい情報が得られる．検土杖を固形物にぶつかるまで堆積物層にさしこみ，目標の深度で1回ひねることで粘土質など粘着性のある細かい物質が杖の先に入り，固形物の性質について調べることができる．地点ごとに堆積物層の厚さを地図に落とすと，湿地生態系を三次元に表すことができ，詳細な調査計画が立てられるようになる（Berglund 2003）．

② 植物遺体分析用試料採取

植物遺体分析用の試料を採取する際には，層序を攪乱せずに柱状試料を堆積物層から切り取ることが重要である．このためにはいろいろな手法や道具が使われている．表層のサンプルを深さ約30 cmまで採取するのには鋸歯状の刃のパン切りナイフが便利である．最初は約10 cm×10 cmの四角を切り，表層を手が届く深さまで慎重に抜き，穴の横におく．分析用の柱状試料をこの穴の壁から切り，現場において記載してから（記載する項目については以下を参照）ラップを巻き，運送用の箱に保管する．

保管する際には試料の向き（上下関係）を明記することが重要である．表層全体ではなく，決まった深さ（5 cmおき，10 cmおきなど）のサンプルのみを分析する場合には柱状試料からサブサンプルを切り取り，チャック付きのビニール袋に入れる．ビニール袋に事前に地点名や深さを書いておくと現場における作業が円滑に進む．サブサンプルの厚さや容量は室内分析の調査項目にもよるが，たいていは厚さ1 cmで，容量5-10 cm³程度が十分である．

深さ約30 cmを超えると，ナイフと手で採取するのは困難である．この場合，泥炭断面が露出する排水溝や泥炭採掘地を利用したり，大きな穴を掘り，その壁からサンプルを採ったりすることもあるが，試料採取による攪乱や労力を最低限に抑えるために，ピートサンプラーという道具を使う（図13.1）．

ピートサンプラーのかたちはいろいろあるが，断面が半円状の試料が採れる「ロシア式」ピートサンプラーや穴の壁から試料を削る「ヒラー式」ピー

**図 13.1** 泥炭地の柱状試料とピートサンプラー．A：パン切りナイフで深さ 30 cm まで採取したサロベツ湿原原生花園付近の表層の柱状試料．深さ 5 cm までは生きているミズゴケ（イボミズゴケ，ムラサキミズゴケ）で，その下は分解度が低いミズゴケ泥炭である．生きている矮性灌木やホロムイスゲ，ヌマガヤの地下茎や根も含まれている．B：表層を深さ 1 m まで採れる「箱型」ピートサンプラー．固い繊維質の多い泥炭の場合にはサンプルが採れないこともあるが，分解度がやや高いと断面がきれいに採れる．C：6 m まで延長ロッドを追加した「ロシア」式ピートサンプラー．この地点（サロベツ湿原原生花園付近）では泥炭層の厚さが 6 m 前後である．D：「ロシア」式ピートサンプラーで深さ 250-300 cm から採取された柱状試料．上（右側）から深さ 283 cm まではやや分解された，カヤツリグサ科やイネ科の地下部（地下茎，根）を主体とする泥炭で，その下は有機質を含む無機質堆積物（粘度，シルト）である．

トサンプラーが多い．泥炭が柔らかいときには「ロシア式」ピートサンプラーが便利であるが，無機質が多く泥炭層が固いときは「ヒラー式」ピートサンプラーのほうが丈夫である．これらのピートサンプラーは手動であり，深さ約 5-6 m まで採取できる．堆積物が固い場合やより深い層を採取したい場合は機械を使う必要があり，サンプル採取を専門業者に委託することになる．

試料を堆積物層から抜き出すと，その瞬間に還元状態であった試料が空気に接し，表面が酸化され，変色する．また運送の際に圧縮されたり伸びたりすることもある．そのため，採取してまもなく，現場において試料の色や手触りを記載することが重要である．

色の記録では地質学・土壌学において開発された体系とその記号が正確で伝えやすいが，大まかな記載で十分な場合は一般の言葉（「褐色」「暗褐色」「黒」「灰色」など）も使える．無機質層の場合には色のほかに粒度（粘土，シルト，砂，礫など）を記録する．肉眼で同定可能な植物遺体（たとえばヨシ，ワタスゲ，シダ類，ミズゴケ類，木片など）を記し，分解度を推定する．

試料の量が十分な場合，分解度を推定するために10-20 $cm^3$ を手で握り，von Post 法や Troels-Smith 法によって分解度を表す（Troels-Smith 1955）．試料を手で握ったり指先でちぎったりすると，肉眼でみえない無機質や木片などが検出できる．

③　有殻アメーバ分析用試料採取

柱状試料の採取法は基本的に植物遺体の場合と同様である．現存有殻アメーバのサンプルを採るために，リター層や土壌の表層，コケ層などを約50 $cm^3$ パン切りナイフなどで切り取り，ビニール袋に保管する．現存有殻アメーバ相全体を把握するために，深さ約5 cm までを1つのブロックとして採取する．垂直分布をくわしく調べるには，ブロックを層ごとに切り，個別に保管する．しかし，試料に繊維質が多く含まれる場合などには現場で正確に切ることが困難であり，一旦凍らせてから実験室において鋸で切ったほうがよいこともある．生きている細胞を含む殻と空の殻を区別したい場合は，試料を採取した直後に，染色液（Rose Bengal など）を試料全体に届くように数 ml 添加し，細胞を染色する．

現存の有殻アメーバ相の生息環境を記載するため，現地において水位，水位変動，水質，植生などを調査することが望ましい．環境要因に関するデータがあると，現存有殻アメーバ相に影響を与える項目を統計解析によって評価でき，堆積物から抽出される有殻アメーバ相をもとに過去の環境条件を計算できるようになる（伝達関数，13.3節を参照）．

**室内分析**

①　植物遺体分析

室内分析の目的は，試料に含まれている植物遺体を詳細に記載し，できる限り量的に表すことである．そのためにはさまざまな調査法が開発されたが，ここでは比較的に簡単な"leaf-quadrat-count 法"を紹介する（Barber *et al.* 1994；Janssens 1983）．

サンプル処理のはじめに柱状試料（もしくは現場においてビニール袋に保管したサブサンプル）から一定の容量（約 1-2 cm³ が普通）のサブサンプルを解剖用メスなどで採る．サブサンプルの容量はなるべく統一することが望ましい（Janssens 1987）．そのうえで測定項目（植物遺体など）の量を相対的に（パーセントで）表すことが多い．

サブサンプルを 125 μm のふるいにかけ，洗浄びんなどで水をかけ泥やそのほか細かい物質を洗い落とす．より目の粗いふるい（300 μm まで）が使われることもある．

濾過された物質を含む懸濁は泥炭の分解度を計るために用いられる．懸濁を蒸発皿に入れ，乾燥機で水分を蒸発させ，細かい物質の重さを量る．無機質含有量を計るために，物質をるつぼに移し，有機炭素を焙焼するために 4 時間 550℃ で高熱処理し，灰の重さを量る．灰の重量を細かい物質全体の重量で割って，無機質含有量をパーセンテージとして表す．

植物遺体を含む，ふるいに残った物質は透明な皿（たとえば直径 10 cm のペトリ皿など）に移し，水を加え，物質が均一にならぶように皿にまきだす．皿を方眼紙に載せ，実体顕微鏡（倍率約 10-40 倍）で一定の面積において植物遺体同定し，それぞれの遺体のタイプが占める割合を推定する．直径 10 cm のペトリ皿の場合には，たとえば 15 の 1 cm² のコドラートをランダムに選び，各コドラートにおける植物遺体の割合を推定し，その平均値を求める手順が有効である．果実，種子，胞子嚢など被度が小さく形状から判別しやすい遺体はその数を数える．ミズゴケが多い場合は，枝葉 100 枚をランダムに選び，ピンセットで取り除き，スライドガラスに移し，顕微鏡で節または種まで同定する．

植物遺体の同定は，生きている植物のかたちが保存されている場合（たとえば葉や蕾，果実などが残っている場合）には植物図鑑が使える．しかし，図鑑ではわかりにくい地下部（根，地下茎など）も多く含まれる（梅田 1992）．植物遺体の図鑑が出版されているものの（Grosse-Brauckmann 1972; Grosse-Brauckmann and Streitz 1992; Kats and Kats 1933），入手が困難なため，現地調査の際に現存植生において主要な植物の地上部・地下部をともに採取し，遺体と比較するために標本をつくるとよい．

植物遺体分析において広く使われている分類を表 13.2 に示した．植物遺体を種まで同定できる場合は少なく，量的データ（「被度」，パーセント）がとれるのはレベル 1 にとどまる．ミズゴケの場合は枝葉を抽出することによって節や種まで同定し，その相対的量が推定できるが，維管束植物の遺体の場合には基本的には種の有無についてしか評価できず，量を正確に把握するのはむずかしい．

サンプル数が多い場合には，精度は落ちるものの，ふるいをかけずサンプルを直接ペトリ皿に移し，水を加えて被度を推定する簡便な手法が用いられることもある（Hotes *et al.* 2006）．

② 有殻アメーバ分析

有殻アメーバの相対密度は以下の手順で評価する．

- 200 cm$^3$ のビーカーを用意し，殻とほぼ同じ大きさ（約 50-150 μm）のマーカー（ヒカゲノカズラ属の胞子やガラス製の粒など）を一定の数加える．
- 殻を抽出するために堆積物約 1-2 cm$^3$ を採り（リター，生きているコケなどの場合には 10-20 cm$^3$），ビーカーに入れ，蒸留水を約 100 cm$^3$ 加えて，よくかき混ぜる．加熱したほうが泥と殻がよく分離されるという見解もあるが，普段はしなくても十分な数が抽出できる．
- よくかき混ぜてから懸濁液を 300 μm のふるいにかけ，洗浄びん（蒸留水）で細かい物質を 15 μm のふるいに洗い落とす．15 μm メッシュの目が詰まりやすいので，水を落とすために吸引する場合もある．
- 15 μm のふるいに残った物質を遠心管に移し，3000 回転/分で約 5 分間遠心分離する．
- 遠心分離した後水を捨て，有殻アメーバの殻を含む細かい物質を 5-10 cm$^3$ のバイアルに移し，防腐剤としてエタノールを追加する（Hendon and Charman 1997；Charman *et al.* 2000）．15 μm のメッシュから直接バイアルに移せるときは遠心分離は必要ない．
- 有殻アメーバを同定し，数を数えるためにバイアルを振って内容を均一にしてから細い棒（竹串など）を懸濁液に差し込み，数滴をスライドガラスに移す．液体の蒸発を防ぐために蒸留水を数滴追加し，エタノールを希釈し，大きなカバーグラスをかける．プレパラートを長期間保存したい場合にはカバーグラスの縁をネイルエナメルで固定する．
- 倍率 100-400 倍で有殻アメーバを同定し，数を数える．表層のサンプルの場合には生きている細胞を含む殻と空の殻を別に記録する．

同定するための検索表はいくつか発表されている．これらの検索表はヨーロッパや北アメリカ，ニュージーランドなどの種が掲載されており，北海道の湿原に出現している種であれば大部分は同定できる．検索表で同定不可能な殻がみいだされた場合は，これを記載し（顕微鏡にカメラがついていれば写真を撮ることがよい），似たようなものが複数出現すれば変種・新種の可能性があるため原生生物の専門家に相談するのがよい．群集の均一性を評価するために種の数対殻の数を記録し，グラフ化する．群集の特性を正しく把握するために必要な計測数は重要な点であるが，植生学などで使われている

> 「最小面積」の概念のように，サンプルの容量（もしくは殻の数）あたりの種の数を調べ，容量（数えた殻の数）を増やしても種の数が上がらなくなったら，この容量を「最小容量（最小殻数）」にする．これまでの研究では，150の殻を数えたら，1サンプルに出現する種がだいたい把握できるという結果が得られ，これを目安にすることができる．マーカー（サンプル処理の際に加えたヒカゲノカズラ属の胞子）の数も記録する．

録，そのほか既応調査の報告書などがある．

　上にあげたような項目について既存の情報を整理したうえ，詳細な分析のための柱状試料の採取地点を決める．調査地点の選定のために堆積物の厚さに関する情報は必ず必要である（Last and Smol 2001）．基本的には，堆積物層がもっとも厚く，もっとも長い柱状試料が採れる場所は，湿地履歴の解明に有効である．しかし，その場所をみいだすのは必ずしも容易ではない．堆積物の厚さについて既存の情報がない場合には，地形図から湿地が位置している盆地の地形を推定し，堆積物層がもっとも厚いと推定される場所を通るように調査線を設ける．必要に応じて調査線の本数を増やしたり，地点を網状に配置したりする（Hotes *et al.* 2001；北海道開発庁 1963）．

　古生態学的研究において欠かせないのは試料の年代測定であるが，放射性炭素年代測定などの手法は精密機械や多額の費用が必要となる．しかし，平均的な堆積速度がわかれば，堆積物の表面からの距離からおよその年代を推定できる．泥炭の堆積速度は多くの研究で1年に約1mm程度と見積もられており，泥炭層の年代の大まかな推定にはこの値を参考にすることができる．しかし，条件次第で堆積速度が異なるので注意が必要である．一方，日本のように活火山の多い地域においては，堆積物に挟まれているテフラ（火山噴出物）層から，隣接する堆積物の年代を測定したり，堆積速度を推定することもできる．詳細については年代測定の教科書を参照されたい（Taylor and Aitken 1997）．標準的な手法をBox-13.1に示した．

## 13.3　調査データの解析手法

　データ解析の目的は，野外調査・室内分析の際に集めた湿地環境に関するデータや群集の移り変わりに関するデータなどを整理・統合し，変遷のパターン

を記載することである．さらに変遷の要因との因果関係の解明が最終目的となることもある（Berglund 2003；Birks *et al.* 2009 expected）．データ処理の第一歩として各サンプルにおいてそれぞれの植物遺体の「被度」を合計し，この合計に対する割合を計算する．数によって定量化可能な遺体（種子，胞子囊，有殻アメーバの殻など）の場合には割合を計算するか，絶対量（数）をそのまま使うかどちらかを選択する（後者の場合にはサンプルの容量が等しいことが条件となる；Box-13.1 を参照）．データを統合した後，各項目の相対量の変化をグラフで層ごとに表す（図 13.2）．グラフ形式として曲線などが使われることも多いが，サンプルが隣接していないときやサブサンプル間の間隔が等しくない場合には，正確さを期すため横棒グラフを使うほうがよい．グラフから，植物遺体組成やその他の変数（分解度，木炭や無機質の量など）が大きく変わる深さを検出する．これらの情報をもとに植生タイプや有殻アメーバ群集の変遷が再現できる．また，木炭粒の数から火事の頻度を推定したり，あるいは同定不可能な有機質が占める割合から，分解度や水文学的条件の変化などについても考察できる．

　サンプリング地点における植物群集の変遷が大まかに記述されれば，環境要因の変化についてもある程度の検討が可能である．このような記述的な解析法に加え，環境変遷を量的に把握する調査法も開発されている（Birks 1995）．たとえば，種組成の類似度を表す主成分分析，クラスター分析などの多変量解析も広く使われるようになってきている．これらの手法を用いる場合には多数の調査項目から同時に情報を抽出し，各サンプルの特徴をより数少ない二次的項目で表現し，生データに含まれたおもなパターンを把握しやすくする．たとえば，隣接するサンプルの類似度が基準の値を下回る場合には，異なる植生タイプ・有殻アメーバ群集などに属していると判断することで，タイプ・群集などを客観的に区別する．

　現存の生物群集の生育・生息環境に関する情報を使用し，過去の環境条件の変化を群集の変化から推定する統計解析手法が 1970 年代に開発され，有殻アメーバにも適用されている（Charman *et al.* 2000）．解析は 3 段階からなる．最初は現存の環境条件と現存有殻アメーバ群集との関係を多変量解析（Canonical Correspondence Analysis；CCA, Redundancy Analysis；RDA など）によって明らかにする．環境要因が群集の種組成に影響を与えることが確認できたら，つぎは逆に群集の種組成を用いて環境要因を推定するための回帰モデル（transfer function；伝達関数）を構築する．この手法は CCA・RDA などの

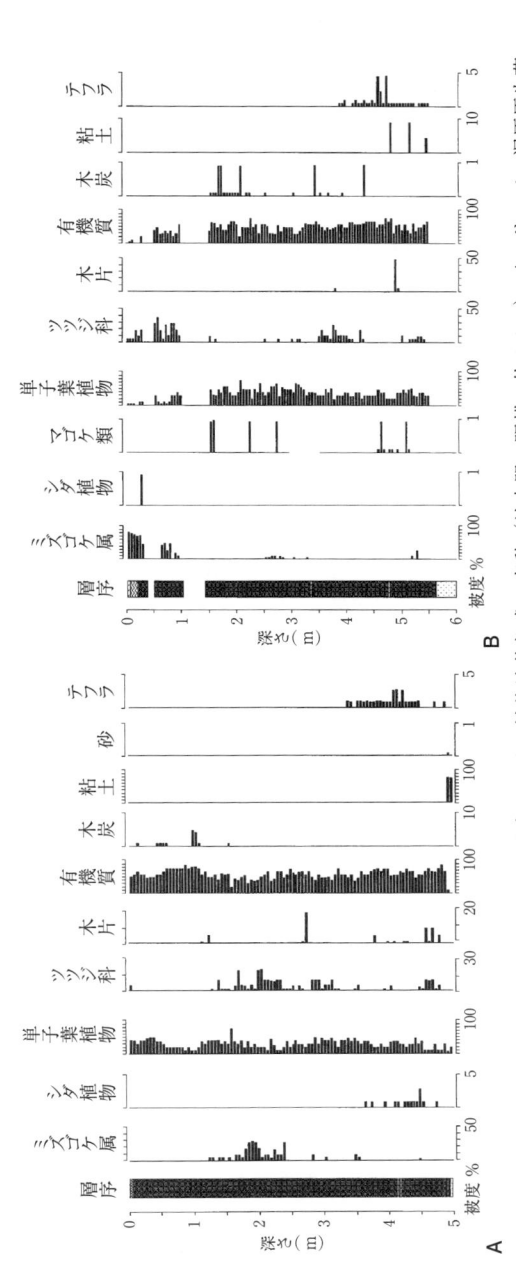

図 13.2 サロベツ湿原原生花園の対照的な 2 地点における植物遺体組成の変動（地点間の距離：約 200 m）．A：サロベツ湿原原生花園西部の植物遺体分析結果（K 地点，サブサンプルの間隔 5 cm）．湿原の発達過程においてミズゴケ属が遺体の 30% を占める時期もあったが，深さ 1.2 m より上では検出されない．ツツジ科も似たようなパターンを示している．単子葉植物はすべてのサンプルにおいて出現し，多くの場合に大部分を占めた．泥炭の分解度の指標となる同定不可能な有機質は発達過程を通じて高く，ミズゴケが多いサンプルでは若干少ない．木炭は深さ 1 m において 5% を占めている．砂は泥炭層の基盤をなし，テフラ（火山噴出物）は形成過程初期において微量堆積した．B：サロベツ湿原原生花園東部の植物遺体分析結果（W 地点，サブサンプルの間隔 5 cm．テフラ，粘土，サンプル以上では試料が採取できなかった．深さ 5.5-6 m は未分析）．ミズゴケ属は湿原の形成過程初期から出現したが，深さ 0.5 m 前後と 1.0-1.5 m では著しく増加し，遺体の 80% 以上を占めるようになった．シダ植物，マゴケ類は主にミズゴケの増加に伴って減少し，同定不可能な有機質は表面付近では少ない（分解度が低くなる）．ツツジ科は増減を繰り返した．単子葉植物はミズゴケの増加と連動している．木炭は K 地点より少なく，火事は局所的であったと推定される．柱状試料の下部において粘度を含むサンプルが検出され，洪水時の堆積物と思われる．テフラの分布は K 地点と似ていて，微量のテフラが広域的に降下したことを示している．

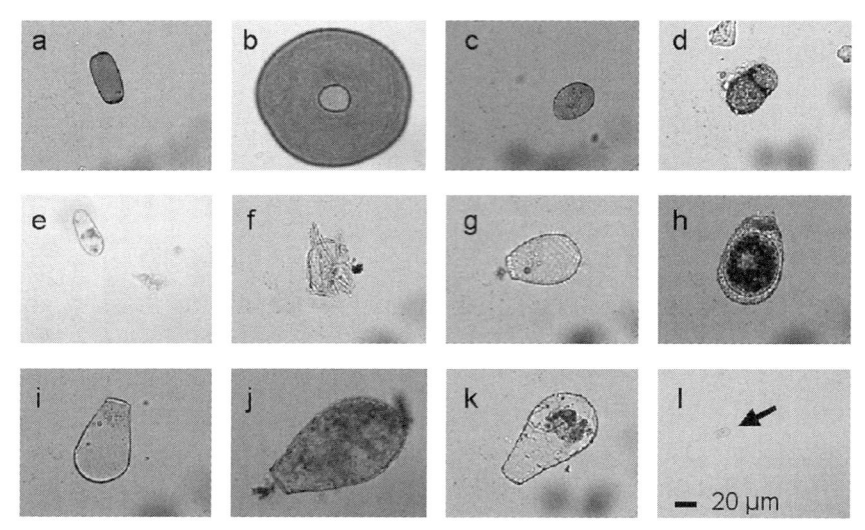

図 13.3 サロベツ湿原の表層（イボミズゴケ，ムラサキミズゴケが優占する植物群落）に出現する有殻アメーバの殻の事例（倍率200倍で撮影）．透明な殻のなかにみられる黒いかたまりは染色剤（ローズベンガル）によって染色された，生きていた細胞のなごりである．a：*Amphitrema flavum*, b：*Arcella artocrea*, c：*Assulina muscorum*, d：*Centropyxis platystoma*, e：*Corythion-Trinema type*, f：*Difflugia bacillariarum*, g：*Euglypha compressa*, h：*Heleopera sphagni*, i：*Hyalosphenia papilio*, j：*Nebela marginata*, k：*Quadrulella symmetrica*, l：*Trinema lineare*.

"ordination"と対照的で，"calibration"とよばれている．このモデルの有効性は，モデル構築の際に利用したデータとは別のデータで検証することが望ましい（Jongman *et al*. 1995；Telford and Birks 2009）．最後にこの回帰モデルに泥炭柱状試料から抽出した過去の有殻アメーバ群集に関するデータを導入し，過去における環境要因の変動を推定する．

これまでの研究では，有殻アメーバ群集の構造と地下水位との間にもっとも密接な関係があり，地下水位の長期的変動が再現された例がある．しかし，最近では現存の群集データに空間自己相関がある場合に回帰モデルのあてはまり具合が正しく評価されないという問題が生じることが指摘されている（Telford and Birks 2009）．伝達関数を作成する際には，このことへの配慮が必要である．具体的には，モデル構築に使われる地点における環境要因の測定値の残差に空間自己相関があるかどうかを確認する．空間自己相関を検証するためにさまざまな手法が開発されているが，Telford and Birks（2009）によると

バリオグラム（variogram）解析はとくに有効である．回帰モデルの残差に自己相関があれば，モデルの有効性を評価するためのクロス確認の際にバリオグラムから読み取った空間自己相関が存在する地域内の調査地点をデータから除き，予測値の誤差（たとえば Root Mean Squared Error of Prediction; RMSEP）を計算する．これによって空間自己相関による偏りが除去され，モデル（伝達関数）の有効性を正しく評価できる．モデルが有意でない場合には，環境要因が実際に群集の種組成に影響を与えていない可能性，および影響を与えているのにこれを示すためにデータに含まれている情報量が足りない可能性の2つが考えられる．後者であると判断される場合には，新たにデータを（なるべく空間的に独立した地点において）収集し，解析をしなおす．

## 13.4　古生態学と保全生態学

　最近では，古生態学が保全生態学において重要な役割を果たす事例が増えている．たとえば，国連のミレニアム生態系評価報告に掲載された生物の絶滅率の変化を表す図（Millennium Ecosystem Assessment 2005b）は，その成果の一例である．この図では化石の研究から推定された過去における「自然の」絶滅率と人為的な影響を大きく受けている現在の絶滅率とシミュレーションモデルにより将来予測による絶滅率を比較し，絶滅率が人為的な影響によって著しく増加していることを示唆している．化石の研究から得られたデータは相対的に大きい誤差を免れないが，人間活動の生物多様性への影響を評価するうえで不可欠な情報を提供する．

　具体的にある地域における過去の生物群集の変化を解明し，自然再生の目標設定や手法の選択に役立てるための研究事例を以下に紹介する．1つはイギリス，アイルランドやノルウェーの西部に分布しているいわゆる"blanket mire"（ブランケット湿原，土地起伏を覆う湿原）を対象とし，植物遺体分析や有殻アメーバ分析を用いた研究である．このタイプの湿原は面積が土地利用の変化などによって著しく減少し，残存する湿原は保全上の重要性が高い（Chambers *et al.* 1999）．現在は，ヨウシュヌマガヤ *Molinia caerulea* やギョリュウモドキ *Calluna vulgaris*，ワタスゲ *Eriophorum vaginatum* などの植物が優占している．現存植生に関するもっとも古い記録，つまり数十年前の調査報告が行われた時点で，すでにこれらの種が優占していたため，それらは自然植生の要素であるとされ，生態系管理における保全目標種となっていた．しかし，泥

炭層のなかで保存されている植物遺体・花粉などを分析した結果，19世紀まではミズゴケなど別の植物が優占していたことが明らかになった（Ferguson and Lee 1983）．その後，土地利用の集約化に伴う排水強化や火事の影響などによって植生が変化したと考えられる．化石燃料を燃やす際に発生する二酸化硫黄による酸性化も，この古生態学的研究から得られた新しい知見をもとに再生目標がみなおされ，ヨウシュヌマガヤ *Molinia caerulea* の除去などが試みられるようになった（Chambers *et al.* 2007）．

　植物遺体を分析することによって植生の変遷が解明でき，環境条件の変化についても推定できるが，より正確な古環境再現のためには，多数の調査手法を同時に使用する研究（英語で"multi-proxy"という）が主流となりつつある．その1つが本章で紹介した，有殻アメーバの群集変化を調べる手法である．現存有殻アメーバ群集の生息地において環境条件を測定し，このデータをもとに群集の種組成から環境条件を予測する数理モデル（伝達関数）を構築する．このモデルを使い，過去の群集の種組成から環境変遷を再現する．ミズゴケが優占する降水涵養性の湿原における地下水位の変動の推定は，この手法が有効である．有殻アメーバにもとづいた伝達関数の開発が進んだイギリスにおいては，周辺の土地利用が湿原生態系におよぼす影響と気候変動による環境条件の変化とを区別するために有殻アメーバ分析が使われた例もある（Hendon and Charman 2004）．周辺が植林された湿原と植林されていない湿原とにおいて泥炭表層から柱状試料を採取し，過去200年における有殻アメーバ群集の変遷を調べたところ，両湿原において同じような変遷が確認され，周辺の土地利用よりも広域的な気候変動が水文学的条件に影響を与えていると結論された．そのことから，植林を伐採してももとの湿原生態系を再生することはできない可能性が高いと推察された．

## 13.5　保全・再生への応用

　保全・再生に伴う諸問題――目標設定，場所の選定，手法の選定など――を解決するには生態系の長期的変遷，つまりその履歴についての知見が不可欠である．したがって，古生態学的研究によって得られる情報は保全・再生のさまざまな場面で活用できる．たとえば，開発によって失われた湿地生態系の再生を計画する際，堆積物を調べることによって開発が始まる前の植生や水文学的条件，もとの湿地面積，さらには生態系の時間変遷を明らかにすることができ

る（Anderson *et al.* 2006）．このような知見は，自然再生計画や目標の設定のために有用である．もう1つ注目される点は湿地が提供する生態系サービスの評価である．湿地はミレニアム生態系評価において定義された人間社会を支える生態系サービスを多く提供している．湿地保全が地球温暖化対策に果たす貢献を正確に把握するために，堆積物中に固定されている炭素の量などを調べる必要がある．温暖化のもっとも大きな原因となる大気中の二酸化炭素の増加は，化石燃料の燃焼のみならず，森林破壊とともに土壌中の有機炭素の酸化・放出も重要な要因である．泥炭が形成される湿地生態系はこの関連でとくに注目すべきである．炭素を森林よりも長期的に（数千年以上）固定できることは，気候変動の緩和策にとって大きな価値である．過去において固定された炭素量やその固定率の変動などを明らかにすることも古生態学的研究の課題の1つである．

　日本においては湿地の発達史に関するさまざまな知見があるが（阪口 1974；Sakaguchi 1979；橘 2002），これまで保全生態学や自然保全の実践にはそれらは十分に活用されてこなかった（ホーテス 2007）．最近では，たとえば北海道の湿原において古生態学的情報を保全再生に活かす試みが始まっている．湿原の形成年代・形成過程，残存する湿原の分類とその面積，湿原の存在を脅かす要因などに関する総合的な研究である（Fujita *et al.* 2009）．たとえば道北のサロベツ湿原において自然保全・自然再生のための基礎データを収集したり，新たな手法を開発したりするために古生態学的研究を含む異分野連携の研究プロジェクトが進められている．このプロジェクトにおいては湿原の形成過程が花粉分析や植物遺体分析，有殻アメーバ分析によって解明される一方で，水文・水質，植生がさまざまな手法で解析され，多様な情報が湿原形成モデルの構築を通じて統合された．これらの研究成果は，自然再生事業において活用される予定である．今後，湿地堆積物の堆積挙動などを表す理論モデルやある地域における環境要因と生物群集の関係を示す統計モデルをはじめとする湿地の保全再生に不可欠な既存の情報がより有効に活用されるよう，研究者と行政・企業・民間団体などの連携を強化する必要がある．これは国際的にも重要視されている課題であり，すでに研究機関の協力が広がりつつある（Nativi *et al.* 2009）．データベースの構築・データ形式の統一などに関してまだ多くの課題があるものの，今後，古生態学は，保全生態学を介して，持続可能な社会の発展に貢献する重要な研究分野となるであろう．

## 引用文献

Anderson, N. J., Bugmann, H., Dearing, J. A. and Gaillard, M.-J. (2006) Linking palaeoenvironmental data and models to understand the past and to predict the future. Trends in Ecology and Evolution, 21：696–704.

Barber, K. E., Chambers, F. M., Maddy, D., Stoneman, R. and Brew, J. S. (1994) A sensitive high-resolution record of late Holocene climatic change from a raised bog in northern England. The Holocene, 4：198–205.

Berglund, B. E. (2003) Handbook of Holocene Palaeoecology and Palaeohydrology. Blackburn Press, New Jersey.

Birks, H. (1995) Quantitative palaeoenvironmental reconstructions. In Statistical Modelling of Quaternary Science Data, Technical Guide 5 (eds. D. Maddy and J. S. Brew), pp. 161–254. Quaternary Research Association, Cambridge.

Birks, H. J. B., Juggins, S., Lotter, A. F. and Smol, J. P. (2009 expected) Tracking environmental change using lake sediments：data handling and statistical techniques. In Developments in Paleoenvironmental Research (ed. J. P. Smol), Springer, Heidelberg.

Chambers, F. M., Mauquoy, D. and Todd, P. A. (1999) Recent rise to dominance of *Molinia caerulea* in environmentally sensitive areas：new perspectives from palaeoecological data. Journal of Applied Ecology, 36：719–733.

Chambers, F. M., Mauquoy, D., Gent, A., Pearson, F., Daniell, J. R. G. and Jones, P. S. (2007) Palaeoecology of degraded blanket mire in South Wales：data to inform conservation management. Biological Conservation, 137：197–209.

Charman, D. J. (2001) Biostratigraphic and palaeoenvironmental applications of testate amoebae. Quaternary Science Reviews, 20：1753–1764.

Charman, D. J., Hendon, D. and Woodland, W. A. (2000) The Identification of Testate Amoebae (Protozoa：Rhizopoda) in Peats. Quaternary Research Association, Gwynedd.

Delcourt, H. R. and Delcourt, P. A. (1991) Quaternary Ecology：A Paleoecological Perspective. Chapman & Hall, London.

Ferguson, P. and Lee, J. A. (1983) The growth of *Sphagnum* species in the southern Pennines. Journal of Bryology, 12：579–586.

Fujita, H., Igarashi, Y., Hotes, S., Takada, M., Inoue, T. and Kaneko, M. (2009) An inventory of the mires of Hokkaido：their development, classification, decline and conservation. Plant Ecology, 200：9–36.

Grosse-Brauckmann, G. (1972) Über pflanzliche Makrofossilien mitteleuropäischer Torfe I. Gewebereste krautiger Pflanzen und ihre Merkmale. TELMA, 2：19–55.

Grosse-Brauckmann, G. and Streitz, B. (1992) Pflanzliche Makrofossilien mitteleuropäischer Torfe III. Früchte, Samen und einige Gewebe (Fotos von fossilen Pflanzenresten). TELMA, 22：53–102.

Hendon, D. and Charman, D. J. (1997) The preparation of testate amoebae (Protozoa : Rhizopoda) samples from peat. The Holocene, 7 : 199-205.

Hendon, D. and Charman, D. J. (2004) High-resolution peatland water-table changes for the past 200 years : the influence of climate and implications for management. The Holocene, 14 : 125-134.

Hotes, S., Poschlod, P., Sakai, H. and Inoue, T. (2001) Vegetation, hydrology, and development of a coastal mire in Hokkaido, Japan, affected by flooding and tephra deposition. Canadian Journal of Botany, 79 : 341-361.

Hotes, S., Poschlod, P. and Takahashi, H. (2006) The effect of volcanic activity on mire development : case studies from Hokkaido, northern Japan. The Holocene, 16 : 561-573.

Janssens, J. A. (1983) A quantitative method for stratigraphic analysis of bryophytes in Holocene peat. Journal of Ecology, 71 : 189-196.

Janssens, J. A. (1987) Ecology of Peatland Bryophytes and Paleoenvironmental Reconstruction of Peatlands Using Fossil Bryophytes. Manual for Bryological Methods Workshop, Minneapolis.

Jongman, R. H. G., ter Braak, C. F. J. and van Tongeren, O. F. R. (1995) Data Analysis in Community and Landscape Ecology. Cambridge University Press, Cambridge.

Kats, N. J. and Kats, S. W. (1933) Atlas der Pflanzenreste im Torf. Zentrale Torfstation des Volkskommissariats der Landwirtschaft, Moskau und Leningrad.

Last, W. M. and Smol, J. P. (2001) Tracking environmental change using lake sediments : basin analysis, coring, and chronological techniques. In Developments in Paleoenvironmental Research (ed. J. P. Smol), pp. 576. Springer, Heidelberg.

Millennium Ecosystem Assessment (2005a) Ecosystems and Human Well-Being : Wetlands and Water Synthesis. World Resources Institute, Washington, D. C.

Millennium Ecosystem Assessment (2005b) Ecosystems and Human Well-Being : Biodiversity Synthesis. World Resources Institute, Washington, D. C.

Nativi, S., Mazzetti, P., Saarenmaa, H., Kerr, J. and Tuama, E. O. (2009) Biodiversity and climate change use scenarios framework for the GEOSS interoperability pilot process. Ecological Informatics, 4 : 23-33.

Sakaguchi, Y. (1979) Distribution and genesis of Japanese peatlands. Bulletin of the Department of Geography, University of Tokyo, 11 : 17-42.

Taylor, R. E. and Aitken, M. J. (1997) Chronometric dating in archaeology. In Advances in Archaeological and Museum Science, pp. 420. Springer, Heidelberg.

Telford, R. J. and Birks, H. J. B. (2009) Evaluation of transfer functions in spatially structured environments. Quaternary Science Reviews, 28 : 1309-1316.

Troels-Smith, J. (1955) Karakterisering Af Lose Jordarter (Characterization of Unconsolidated Sediments). C. A. Reitzels Forlag, Axel Sandal, Kobenhavn.

Warner, B. G. (1990) Methods in quaternary ecology. *In* Geoscience Canada Reprint Series, pp. 170. Geological Association of Canada, Canada.

北海道開発庁（1963）北海道未開発泥炭地調査報告．北海道開発庁，札幌．

ホーテス・シュテファン（2007）湿原生態系の多様性—その分類と保全再生．地球環境，12：21-36．

阪口豊（1974）泥炭地の地学．東京大学出版会，東京．

橘ヒサ子（2002）北海道の湿原植生とその保全．（辻井達一・橘ヒサ子編）北海道の湿原．北海道大学図書刊行会，札幌．

辻井達一・中須賀常雄・諸喜田茂充（1994）湿原生態系．講談社，東京．

梅田安治（1992）泥炭地用語辞典．エコ・ネットワーク，札幌．

# 第14章
## 湿地の土壌シードバンク調査法
### 西廣 淳・西廣美穂

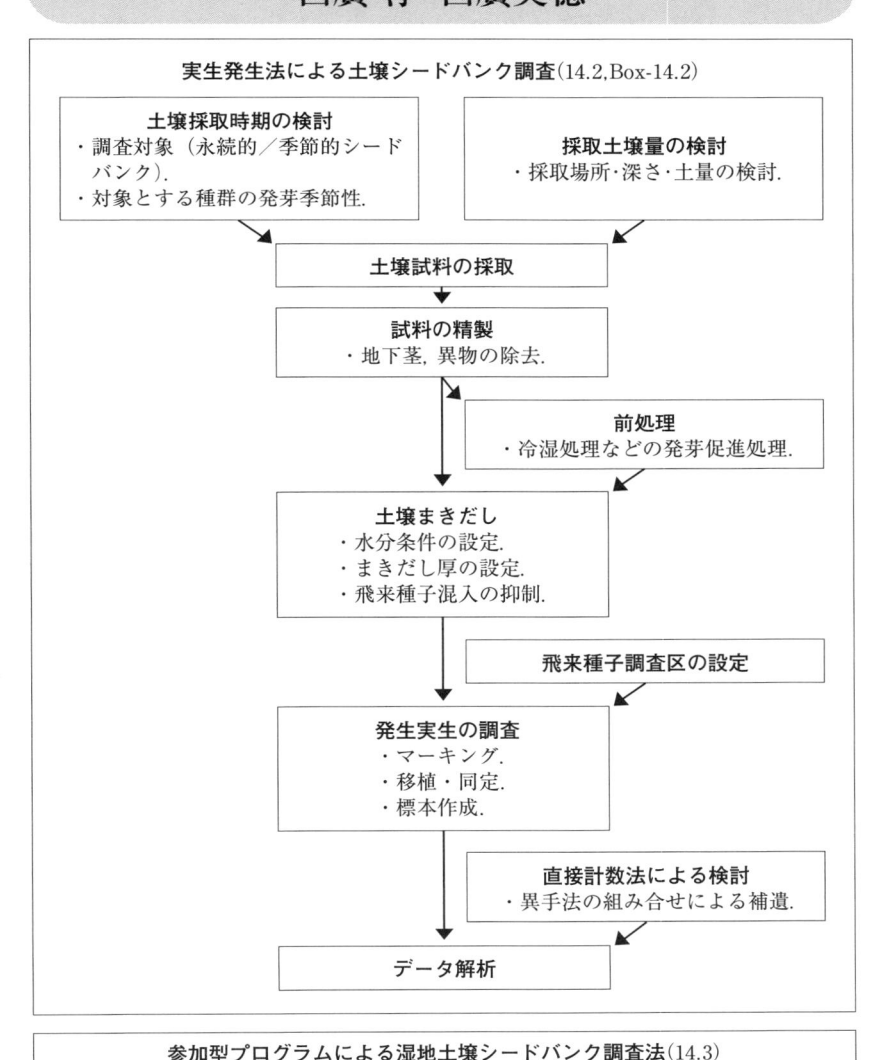

```
実生発生法による土壌シードバンク調査 (14.2, Box-14.2)

  ┌─────────────────────┐      ┌─────────────────────┐
  │  土壌採取時期の検討      │      │   採取土壌量の検討    │
  │ ・調査対象（永続的／季節的 │      │ ・採取場所・深さ・土量 │
  │   シードバンク）.       │      │   の検討.            │
  │ ・対象とする種群の発芽    │      │                   │
  │   季節性.              │      │                   │
  └─────────┬───────────┘      └──────────┬──────────┘
            │                              │
            ▼                              ▼
         ┌──────────────────────────┐
         │      土壌試料の採取        │
         └────────────┬─────────────┘
                      ▼
         ┌──────────────────────────┐
         │        試料の精製          │
         │  ・地下茎, 異物の除去.       │
         └────────────┬─────────────┘
                      │          ┌───────────────────────┐
                      │          │        前処理          │
                      │          │ ・冷湿処理などの発芽促進処理. │
                      │          └──────────┬────────────┘
                      ▼                     ▼
         ┌──────────────────────────┐
         │        土壌まきだし        │
         │  ・水分条件の設定.          │
         │  ・まきだし厚の設定.        │
         │  ・飛来種子混入の抑制.      │
         └────────────┬─────────────┘
                      │          ┌───────────────────────┐
                      │          │   飛来種子調査区の設定    │
                      │          └──────────┬────────────┘
                      ▼                     │
         ┌──────────────────────────┐       │
         │      発生実生の調査        │       │
         │  ・マーキング.             │       │
         │  ・移植・同定.             │       │
         │  ・標本作成.              │       │
         └────────────┬─────────────┘       │
                      │          ┌───────────────────────┐
                      │          │   直接計数法による検討    │
                      │          │ ・異手法の組み合せによる補遺.│
                      │          └──────────┬────────────┘
                      ▼                     ▼
         ┌──────────────────────────┐
         │        データ解析          │
         └──────────────────────────┘
```

**参加型プログラムによる湿地土壌シードバンク調査法 (14.3)**
・土壌のサンプリングと精製・前処理.　・池の造成とまきだし.

土壌シードバンク (soil seed bank) とは「土の中で生きている種子の集団」のことであり，埋土種子集団ともいう．土壌シードバンクの種組成や密度は植生や植物個体群の動態の理解にとって不可欠であり，とくに1970年代以降，植物生態学における重要な研究対象とされてきた (Harper 1977)．また近年では，劣化・消失した植生を再生させるための材料としても期待されている．森林・湿地・草原など多様な環境で「自然再生」が進む欧米では，土壌シードバンクの調査は計画立案における必須項目と認識されている．自然再生の実践の現場では，基礎生態学的な目的での調査に比べて，より多量・多地点の土壌を対象とした調査が求められることがあり，効率化の観点からの調査手法の工夫が必要である．本章では，植生の動態における土壌シードバンクの役割について概説し，湿地の自然再生事業における土壌シードバンクの調査手法を紹介する．

## 14.1 植生の動態と土壌シードバンク

### (1) 永続的土壌シードバンクとは

温帯の植物のほとんどは，特定の季節にのみ発芽する性質をもっており，種子は散布後，発芽に適した季節が訪れるまで，発芽せずに土壌中に維持される．種子が散布されてから最初の発芽季節までの期間のみ土壌中に維持される種子の集団を，季節的土壌シードバンク (seasonal soil seed bank) という．これに対して，微環境の異質性や種子の休眠・発芽特性に依存して，散布された種子の一部が最初の発芽季節を過ぎても発芽せず，土壌中に残存する場合がある．これらの種子の集団を永続的土壌シードバンク (persistent soil seed bank) という (図14.1)．永続的土壌シードバンク中の種子は，特別な温度条件や光条件を経験するか，なんらかの理由で死亡するまで，休眠状態（第1章参照）を維持したまま，数年から数十年にわたり土中に保存される．

種子が永続的土壌シードバンクとして長期間維持されるためには，休眠を可能にする生理的メカニズムや，さまざまな食害者・病原菌が存在する土壌中で生存し続けるための堅固な種皮などの外被をもつ必要がある．これらの性質をもつには，物質的・エネルギー的なコストを伴うため，それにみあうだけのべ

14.1 植生の動態と土壌シードバンク　*299*

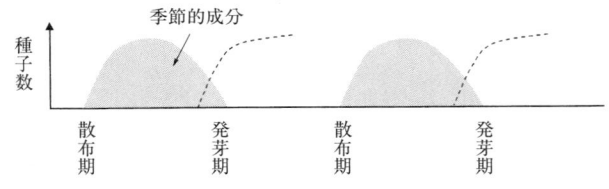

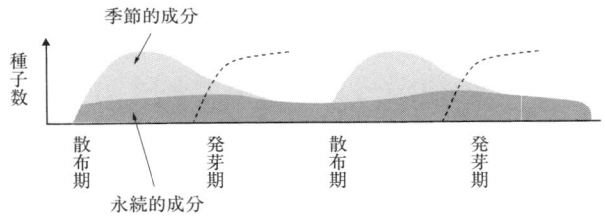

**図 14.1**　季節的土壌シードバンクのみを形成する植物（上段）および永続的土壌シードバンクを形成する植物（下段）における種子数の動態の模式図．下に影をつけた曲線はシードバンク中の種子数，点線は発芽数の季節的動態を示す．

ネフィットがあってはじめて土壌シードバンク戦略は進化しうる．

　永続的土壌シードバンクを形成することのおもな適応的意義は，散布された種子が到達した場所がその種の生育に適する環境になるまで「待つ」という時間的散布にある．たとえば，小型でかつ生育に明るい条件が必要な植物では，地上に植生が繁茂している条件で発芽しても生存することができない．裸地的な条件になるまで種子の状態で待つことが適応的である（Bullock 2000）．裸地の生成は，多くの場合，洪水による植生の流出や強風による倒木など，攪乱（disturbance）によって生じる．このような攪乱は偶発的・不規則的に生じることが多いため，攪乱後の裸地を生育場所とする植物（攪乱依存種）が個体群を存続させるためには，攪乱の生起を長期間にわたって種子の状態で待つ（＝時間的散布）か，あるいは攪乱が生じた場所にいちはやく種子を散布させる（＝空間的散布）ことが適応的である（Cohen 1966; Kuno 1981）．空間的散布のみに頼る戦略は，種子が到達可能な近距離の場所で頻繁に攪乱が生じる条件では有効に働くと考えられる（Venable and Brown 1988）．そうでない場合には時間的散布を可能にする，すなわち永続的土壌シードバンクを形成する戦略が適応的になるだろう．このように，生育適地の生成・消失が不規則的に生じ

## Box-14.1 湿地植生の動態と土壌シードバンク

　湿地に生育する植物には永続的土壌シードバンクをつくる種が多い．それは，湿地が長期的にみると変動性の高い環境であるためと考えられる．たとえば平野を流れる河川下流部周辺の湿地は，河川水位の変化や大雨による攪乱の発生，植物種間の競争などの作用によって，まばらな湿地植生，植物の密度の高いヨシ原，沈水植物群落など，さまざまな状態に変化する（図14.2）．その過程を通じて土壌シードバンク中にはさまざまな植物種の種子が蓄積される．そして，そのようにして形成された土壌シードバンクの種組成や密度は，将来その場所に成立しうる植生の種組成や密度に影響する（図14.2）．このように湿地の土壌シードバンクは，その場所での変化の歴史の蓄積であると同時に，将来の変化に備えた資源とみることができる．

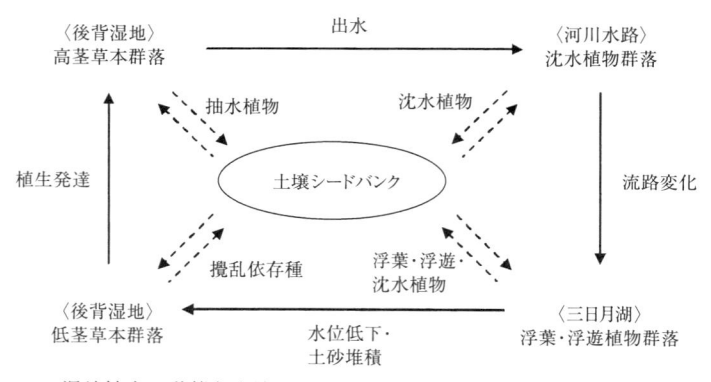

図 14.2　湿地植生の動態と土壌シードバンクの関係の模式図．van der Valk and Davis（1978）を参考に，平野を蛇行して流れる河川の氾濫原を例として作成．環境の変化や時間経過に伴って植生はさまざまな状態に変化するが，それぞれの植生から供給された種子が土壌シードバンクに蓄積し，その後の植生に影響する．

る場合には，永続的土壌シードバンクを形成する性質が進化しやすいと考えられる．

　土壌シードバンクを形成する植物では，地上個体群の密度の数倍から数百倍の密度の個体が種子として土壌中に維持されている場合がある（Silvertown and Charlesworth 2001）．このような植物では，土壌シードバンクの動態を考

慮しないと，個体群の長期的な動態を予測することができない．同様に，多くの種から構成される「植生」の動態を理解するうえでは，その場所の土壌シードバンクの種組成や密度の考慮が不可欠である．ある場所の土壌中には，これまでの植生の変化の歴史を反映したさまざまな植物の種子が蓄積されており，その後の環境変化に伴う植生の動態は，蓄積した土壌シードバンクの種組成や密度に強く影響される（Box-14.1）．

### （2） 植生再生への土壌シードバンクの活用

近年，過去の社会経済活動によって健全性が損なわれた生態系を再生させる「自然再生」の必要性が世界的に認識されるようになるなかで，生態系の基盤となる植生を再生させる材料として，土壌シードバンクへの期待が高まっている．

植生再生に土壌シードバンクを利用する方法としては，つぎの2つがある．1つは，環境変化によって植生が劣化した場所において，生物的・非生物的環境を改善することによって土壌シードバンクからの発芽・再生を促す方法である．それには，水質や水分などの環境条件の改善だけでなく，侵略的外来種の種子を多く含む表土を除去し，過去の植生を反映した土壌シードバンクを含む下層の土壌を露出させることなどが含まれる．もう一方は，再生の目標とする種を含む土壌シードバンクを事業対象地にまきだす方法である．事業対象地に植生再生の目標種のシードバンクが残っていない場合や，植生が成立する地盤から新たに再生させる場合に，植物材料を導入する方法として採用される方法であり，ドナーシードバンク法（donor seed bank method）とよばれる（Middleton 1999）．シードバンクの供給源（ドナー）とする土壌は，生物学的侵入の問題を引き起こさないように，自然の営為で種子や土砂が移動する可能性のある同一水系内から選ぶなどの配慮が必要だが，植物体を移植する方法や採取した種子を播種する方法と比べて，多くの種・個体を一度に導入できる手法としても利点がある．

日本における植生の保全・再生事業でも，土壌シードバンクの積極的な活用がなされた例がある．たとえば，茨城県の霞ヶ浦において国土交通省により2002年に行われた「霞ヶ浦湖岸植生帯の緊急対策事業」では，シードバンクを含む「湖底に堆積した土砂」が，植物を導入する材料として活用された．この事業では，コンクリート護岸化などによって失われた植生帯を再生させるため，湖岸の5カ所に合計約65200 m$^2$の地盤が再生され，その表層に沿岸付近

の湖底から浚渫された土砂がまきだされた．その結果，施工後1年間に絶滅危惧種6種，霞ヶ浦からほぼ完全に消失していた在来の沈水植物12種を含む合計180種の植物が再生した（Nishihiro et al. 2006）．霞ヶ浦におけるこの事業では，絶滅危惧浮葉植物アサザの個体群再生のための取り組みも行われ，地上植生ではみられなくなった対立遺伝子をもつ個体が土壌シードバンクから再生するなど（Uesugi et al. 2007），遺伝的多様性の回復にも効果があることが確認されている．これらは，植生や植物個体群の再生における土壌シードバンクの有用性を実証した例といえる．

もちろん，大規模な地上植生の喪失から時間が経ち過ぎて生存種子が失われている場合や，種子が水による作用などのため散逸してしまっているなど，利用可能な範囲にその場所に十分な土壌シードバンクが残存していない場合もある．また，植生再生にとって望ましくない侵略的外来植物の種子が多く含まれている可能性がある場合も，再生の材料としては不適である．そのため，植生再生を計画する際には，事前に土壌シードバンクの種組成や密度を評価する必要がある．

## 14.2 土壌シードバンク調査法

ここでは，植生再生事業を計画する際の事前調査として土壌シードバンクの種組成や密度を調べる手法と留意点を解説する．なお，絶滅危惧植物の個体群保全（たとえば，Shimono et al. 2006）や外来植物の駆除（たとえば，宮脇・鷲谷 1996）など，個体群管理の課題のための調査では，対象とする植物の種子の特性に応じた方法を検討することになる．

### （1） 実生発生法の利点

土壌シードバンクの調査手法には，実生発生法（seedling emergence method）と直接計数法（種子選別法；direct counting method, hand sorting method）の2通りがある．実生発生法とは，土壌サンプルを植物が発芽しやすい条件のもとにおき，そこから出現してきた実生（芽生え）を調べる方法である．直接計数法とは，土壌サンプルから肉眼あるいは実体顕微鏡下で種子を拾い出して調べる方法である．

実生発生法と直接計数法にはそれぞれ長所と短所がある（表14.1）．そのため，土壌シードバンクの種組成を詳細に調べる研究では，両者を組み合わせた

表 14.1　土壌シードバンク調査法ごとの長所・短所．

| 実 生 発 生 法 | 直 接 計 数 法 |
|---|---|
| 長所<br>・大量の土壌を調査できる<br>・調査時に与えた条件の下で発芽可能な種子を明らかにすることができる<br>短所<br>・飛来種子が混入する<br>・長い調査期間が必要（普通1年以上）<br>・広いスペースが必要<br>・全種の発芽に最適な条件の確保は困難<br>・実生の同定が困難なうえ，同定前に死亡した個体は評価できない | 長所<br>・種ごとの発芽条件の違いにかかわらず検出可能<br>・種子密度の推定がより正確に可能<br>短所<br>・処理できる土壌量が少ない（多大な時間と労力が必要）<br>・種子の発芽能力が判断しにくい<br>・種子の同定は困難で熟練が必要 |

手法，すなわち実生発生法による調査が終了したあと，その土壌サンプルを対象に直接計数法により残された土壌シードバンクを調べる方法がとられる場合もある（Moore and Wein 1977）．

　個体群が縮小した保全上重要な種では，種子密度が低くなっている可能性がある．また植生再生のための土壌シードバンク調査では，発芽可能な種子の種組成をなるべく網羅的に明らかにすることが求められる．したがって，なるべく多量の土壌を調査することが重要である．そのためには，直接計数法よりも実生発生法が一般に適している．さらに，比較的広い面積に土壌をまきだして実生発生法による調査を行うことができれば，実際の事業の事前のシミュレーションとしてデータを活用することができる．

## （2）　実生発生法による土壌シードバンク調査

　実生発生法による土壌シードバンクの調査は，対象とする土壌を採取し，設定した実験条件のもとにまきだし，出現した実生の種ごとの個体数を計数するという手順で行われる．調査の各段階において，調査の規模（対象とする土壌量）や調査時期について，生態学的特性をふまえた配慮が必要である（Box-14.2）．

　土壌シードバンクの季節性は，土壌シードバンクを導入して植生再生を行う場合にも第1に考慮すべき事項である．日本では種子散布期が秋で発芽期が春の植物が多い．そのため，冬に採取した土壌には，季節的土壌シードバンクと永続的土壌シードバンクの両方が含まれていると考えられ，夏に採取した土壌には，永続的土壌シードバンクが高い割合で含まれていると考えられる

## Box-14.2 実生発生法による土壌シードバンク調査

　自然再生事業の一環として植生を再生させる材料として，土壌シードバンクを調査することを想定し，その標準的な手法と配慮すべき事項について説明する．なお，直接計数法による土壌シードバンク調査手法については，津田・西廣（2009）を参照されたい．

### （1）　土壌のまきだし

#### 保　管
　調査用に採集した土壌は速やかに実験条件にまきだす必要がある．やむをえず短期間保管する必要がある場合は，遮光性のあるシートで覆うとともに，日陰におくなど温度が上がらないように配慮する必要がある．温度が上がりすぎると1–2日で発芽を開始する種や逆に発芽力を失う種がある．また，種子の生存を維持させるためには採集した土壌を不自然に乾燥させないことも重要である．

#### 前処理
　土壌シードバンクを調べる土壌に地下茎など再生可能な植物断片が含まれている場合，それらは実験前に除去しておいたほうがよい．種子からの実生とは異なり大きな植物体が出現して光・水分などの実験条件を変えてしまったり，除去しようとしたときに実験条件を撹乱してしまったりするからである．

　なお，地下茎などの大型の植物断片を除去しても，土壌サンプル中に無性芽や胞子などの種子以外の散布体からの出芽が認められる場合がある．これらの散布体のなかには種子のように長期にわたって土壌中で生存しているものもあり，植生再生の資源としては土壌シードバンクに近い価値をもつため，評価対象に含める場合がある．種子だけでなく無性芽や胞子など多様な散布体を含む場合は，シードバンクではなく，散布体バンク（propagule bank）とよぶほうが適切である．

#### 囲場の条件
　多量のサンプルを対象にして行う実生発生調査はたいてい野外で行われる．その場合，完全な開放条件で行う場合もあるが，風散布による種子の混入を防ぐため温室や網室内で行われることが多い（図14.3）．温室で行う場合は温度が不自然になり，冬季に十分に低温にならずに種子の休眠が解除されな

**図 14.3** 実生発生法による湿地の土壌シードバンク調査の様子．網室内での実験風景（左），タグをつけた実生（右）．

かったり，夏季に高温になりすぎて発芽が阻害されたりする可能性があるため，白色寒冷紗を張った網室で行うほうが望ましい．網室がなければ，土壌をまきだした容器の上を直接白色寒冷紗で覆い，種子の混入を防ぐ．
　植物の発芽には土壌の温度条件が強く影響するため，実験を行った条件の土壌温度を記録しておくことが望ましい．土壌表面から 0.5 cm の深さの場所（表面は日射の影響を受けるため不適）に最高最低温度計あるいはデータロガーを接続した熱電対線などを設置し，温度条件を継続的に記録する．

### 土壌の厚さ

　土壌サンプル中の種子をなるべく多く発芽させるため，土壌はなるべく薄くまきだすことが望ましい．深い場所の種子は発芽する可能性が低くなるからである．0.5-1.0 cm の厚さにまきだすのが理想的である．土壌を薄くまきだす場合，水分の維持や発芽した植物の根の維持のため，基質となる土壌の上に土壌サンプルを広げるようにする．基質となる土壌は，種子が含まれていない必要があるため，熱処理した砂やバーミキュライトなどの焼成土を用いる．

### 水分条件

　植物は，種ごとに発芽に適した水分条件が異なっているため，土壌をまきだす場所の水分条件によって，発生する実生の種組成が異なる可能性がある．多様な植物を発芽させるためには，水中から陸上まで連続的に変化する条件を設ける方法がよい．ただし，この場合には同じ水分条件の場所のまきだし面積が限られてしまうという問題があるため，本文（14.3 節）に述べるように，「実験用の池を造成する」ような大きな規模で行う必要がある．
　限られた土壌量で分析する場合には，土壌サンプルに与えられる水分条件は限定される．その場合でも，湿地の土壌シードバンクを調べる場合には，

つねに冠水する条件と，つねに湿潤状態を保ちつつも冠水はしない条件の2通りの条件を設けることで，多くの種を把握することができる（Ter Heerdt *et al.* 1999）．このとき，湿潤条件では土壌表面付近が飽和水分条件を保てるように地下水位を5-10 cmに保つことが望ましい．冠水条件でも，水深が変動すると結果の解釈が困難になるため，水位を一定に保つ工夫が重要である．水位の維持では，マリオットサイフォンを利用した装置を活用する方法（荒木・鷲谷 1997）や，水位感知器と電磁弁を用いた給水装置を活用する（黒田ほか 2009）ことで，管理の手間を軽減することができる．土壌サンプルをまきだす容器としては，左官工事用の大型のプラスチック容器（通称トロブネ）が頑丈で便利である（図 14.3）．

### 混入種子の評価

網室で実験を行う場合でも，風散布による種子の混入を完全に防ぐことはできない．そのため，混入の可能性のある種を別途調査し，解析段階でそれらの種を除外する必要がある．シードバンクを調べる土壌サンプルと同じ条件に種子を含まない土壌（バーミキュライトなどの焼成土など）をまきだす条件を設け，そこで発芽した種についてはサンプルに含まれていなかった可能性がある種として解析から除外する．

## （2） 発生実生の調査

### 調査頻度と期間

まきだした土壌から発生する実生を定期的に観察して記録する．観察は高頻度に行うほど個体数を正確に把握できるが，目安として，実生の発生が多い季節には1週間以内に一度，少ない季節は2週間以内に一度行うとよい．調査は，種ごとに発芽季節が異なることを考慮し，1年間は継続することが望ましい．

### 調査方法

実生が確認されたら個体ごとにタグをつける．実生の同定は本葉が1-2枚展開するまではむずかしいので，それまでの期間育成するが，実生発生時期がわかるように個体を識別する必要があるからである．筆者らは，ハリガネとビニールテープでタグを作成し，ビニールテープに書いた番号で個体を識別している（図 14.3）．

同定された実生は，記録したあとに抜き取る．抜き取らずにそのまま成長させてしまうと，その後の新たな実生発生に影響するため，なるべく早く同定して除去するか，プランターなどに移植して同定できるサイズまで育成し

たほうがよい.
　実生の形態形質や写真が記載された文献もあるが（たとえば, 浅野 1995),実際に同定するのはかなり困難である. そこで, 確認される可能性のある種についてはあらかじめ植物体から種子を採集して発芽させ, 実生標本を作成しておくと役に立つ. 実生標本は通常の腊葉標本でもよいが, 筆者らは, 厚手の紙に実生をおき, 上から図書カバー用の透明フィルムを貼りつけて標本カードを作成し, 実験圃場でみくらべながら同定作業を行っている. 植物種にもよるが, 少なくとも半年程度は色も失われずに活用することができる. また, 種皮・果皮が実生に付着して残存している場合は, それらが同定の手がかりとなる場合もある.

(Box-14.1 参照). なるべく多くの種を含む土壌シードバンクを利用しようとすれば, 発芽期前（たいてい冬）に土壌を採集・導入することが有効である. また, 季節的シードバンクのみを形成するような侵略的外来種が問題になる場合には, その種の発芽期が終了してから採集・導入することで出現密度を抑制できる可能性がある. 事前の土壌シードバンク調査において, 土壌をまきだした時期と発芽する植物の関係や植物種ごとの実生発生の季節の情報を得ることで, 効果的な事業の立案に役立てることができる.

　また, 土壌を採取する位置やサンプルあたりの土量も重要である. 一般に, 土壌シードバンクは, 地上植生の不均一性や土壌の攪乱などの作用により, 空間的に高い不均一性を示す (Bigwood and Inouye 1988). たとえば Thompson (1986) によるイギリスの草原での研究では, 地上植生で優占している種の種子は土壌中に比較的均一に分布しているものの, 地上植生でまれな種は数 cm から数十 cm のスケールのパッチ状に分布していることが示されている（図 14.4）. このような不均一性のため, 土壌を採取する空間的範囲が小さいと, シードバンクに含まれる種の一部しか明らかにすることができない. 不均一性の空間スケールは対象とする植生や立地条件によって異なるため, 調査地の土壌に含まれている種を網羅的に明らかにするためには, 調査した土壌量と確認種数の関係を検討し, 十分な調査規模となっているかどうか確認することが望ましい. 土壌量と確認される種数との関係は, 土壌をまきだした面積と確認された種数との関係から面積-種数曲線を描くことで検討できる. それが飽和するまきだし面積（土壌量）が確保されることが目安となる（図 14.5）.

　土壌シードバンクの種組成や密度は, 土壌の深さによっても異なる. 一般に,

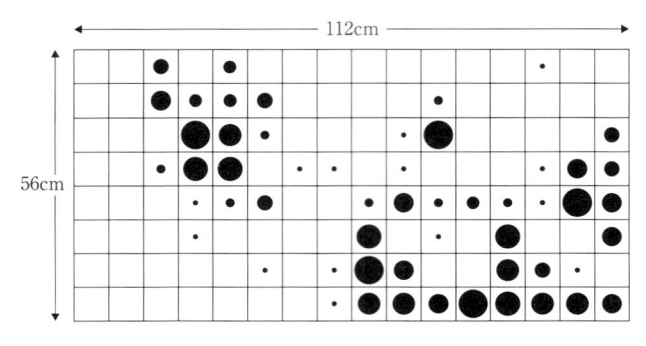

**図 14.4** 土壌シードバンクの空間的不均一性の例.イギリス・ダートムーアの草地における *Danthonia decumbens*(イネ科)の種子密度を,112 cm×56 cm の範囲から 7 cm×7 cm(深さ 5 cm)の土壌サンプルを 128 採取して調べた(Thompson 1986 より改変).

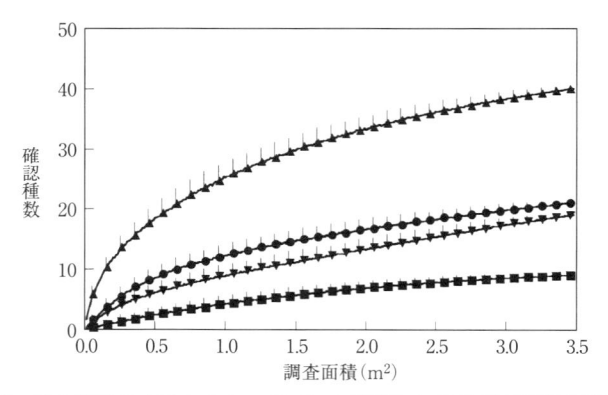

**図 14.5** 霞ヶ浦の湖底の土砂中のシードバンク調査における調査面積と確認種数との関係の例.まきだしたコンテナ内を 10 cm 間隔のグリッドに区切り,調査グリッド数と累積確認種数の関係を示す.累積させる順序のランダムな組換えを 500 回行い,その平均値と標準偏差を示す.それぞれの曲線の違いは土砂の採取場所による違いを示す.確認種数の多い場所のサンプルでは種数は十分には飽和していないが,少ないものではほぼ飽和している(黒田ほか 2009 より改変).

安定した土壌では,種子の種数や密度は表層に近い土壌でもっとも高く,深さに伴って指数関数的に密度が低下する場合が多い(たとえば,Roberts and Stokes 1965).ただし,植生再生の材料として表層近くの土壌シードバンクが適しているとは限らない.地上植生が劣化した場所などでは,表層近くには再

生の妨げになる外来種の種子が高密度で含まれ，むしろ深い土壌に再生の目標となる植物の種子が多く含まれている可能性も考えられる．植生再生事業の事前調査として土壌シードバンクを調査する際には，対象地の来歴を考慮して仮説を立て，深さごとに土壌を採集するなど，それを検証できるデザインで土壌を採取することが望ましい．

## 14.3 参加型プログラムによる湿地土壌シードバンクの調査

　実生発生法による土壌シードバンクの調査では，しばしば広い面積に土壌をまきだすことが必要になる．また湿地の土壌シードバンクの種組成を明らかにするためには，多様な水分条件・水深の条件を確保することが望ましい．したがって，岸の傾斜がなだらかな浅い池に土壌をまきだして調べる方法は，シードバンクに含まれる種を幅広く明らかにするうえで有効な方法となる．

　研究の目的だけで「池をたくさんつくる」ことは，用地の確保をはじめとして多くの困難がある．しかし，調査を市民や学校が参加するプログラムとして実施することで，そのような実験を可能にすることができる．また参加型プログラムとして作成された「池」は，科学的なデータを得る以上の活用も可能である．普通の植物観察では対象とされない土壌シードバンクを認識できる貴重な学習機会となることに加え，池に集まってくる水生昆虫などの観察も可能になるため，より広い目的の自然環境学習に活用できる．

　ここでは，地域の小・中・高等学校と連携して湿地の土壌シードバンクの大規模な調査が行われた渡良瀬遊水地の事例を紹介する．

### （1）渡良瀬遊水地

　渡良瀬遊水地は栃木県，群馬県，埼玉県，茨城県の四県にまたがる 3300 ha の広さをもつ湿地である．周囲は堤防で囲まれているが，河川と接する位置に越流堤（周辺よりも高さの低い堤防）が設けられており，洪水時はそこから河川の水が流入し一時的に貯留することができる．もともとは足尾銅山の鉱毒を含んだ水の下流域への拡散を防止するためにつくられ，現在でも，広大な流域面積をもつ利根川水系の洪水調節池として，関東平野の治水上の重要な役割を担っている．

　河川水の氾濫が許される「遊水地」は，見方を変えれば，たんなる治水施設

ではなく，洪水が特徴づける氾濫原の自然という，都市化した現在の平野部では確保がむずかしい自然を大規模に維持できる場所ともなる．実際，渡良瀬遊水地は，湿地の生物の保全上きわめて価値の高い場所となっており，現在の地上植生で確認されている約670種の植物のなかには，エキサイゼリ，マイヅルテンナンショウ，トネハナヤスリをはじめ全国版のレッドリスト掲載種だけでも約60種の絶滅危惧種が含まれている（大和田 2002）．これらの多くは，河川が頻繁に氾濫し，冠水や攪乱を繰り返す環境に依存した植物である．

しかし，近年の渡良瀬遊水地では，排水路からの水の流出や土砂の堆積などの原因による乾燥化，セイタカアワダチソウなど侵略的な外来種の侵入などの問題が生じつつある．また河川下流域の氾濫原は，河川流路，沼地，泥質の裸地などの多様な条件の場所を含み，それらが時間的にも変化するのが本来の姿といえるが（Box-14.1），現在では環境の多様性と変動性が失われ，全体としてヨシやオギが優占する均一性の高い植生となっている．たとえば，現在の遊水地内にあたる場所には昭和初期までは沼が存在したが，現在では水面は失われ，そこに生育していただろう沈水植物はほとんどみられなくなっている．

## （2）「お宝探し」プロジェクト

渡良瀬遊水地に残されている氾濫原の植物を保全するだけでなく，失われた湿地の要素を回復させるための計画を立案するためには，この場所の土壌に含

図 14.6 渡良瀬遊水地における「お宝さがし」プロジェクトで作成された土壌シードバンク調査用の池（藤岡町立藤岡第二中学校）．

まれるシードバンクの種組成の情報が重要である．「お宝探し」プロジェクトは，絶滅危惧種や減少の著しい湿地性の植物の土壌シードバンク（＝お宝）を，遊水地の土壌から探し出そうとする市民参加型プログラムである．市民団体である「わたらせ未来基金」の企画とコーディネートのもと，渡良瀬遊水地付近の14の小中高校が参加して展開され，東京大学保全生態学研究室により土壌シードバンクの調査が行われた．

お宝探しプロジェクトでは，学校の校庭に緩やかな勾配の岸をもつ浅い池を作成し（図14.6），その表層に遊水地から採取した土壌をまきだして，出現する植物が調査された．池の作成方法の詳細については，荒木ほか（2003）で解説されているほか，校庭に池を掘る段階から，調査対象とする土壌をまきだし，水を張り，池を完成させるまでの全過程を記録したわかりやすいビデオが，わたらせ未来基金のウェブページで公開されている（http://www.watarase-kyougikai.org/mirai-kikin/otakara.htm）．

(3) 参加型プログラムによる調査の成果

お宝探しプロジェクトでは，乾燥化が進む現在の渡良瀬遊水地ではみることができなくなった5種の車軸藻類をはじめ（荒木ほか2002），ミズニラ，ミズアオイなどの湿生植物が確認された．池を活用した調査は，将来，遊水地において浅い水域を含む明るい湿地の環境が再生された場合に成立する植生を事前に把握する，シミュレーション実験とみなすことができる．ここで得られた知見は，遊水地に浅い水域を確保して植生再生を図る計画を立案する際に有用だろう．

自然再生事業では，計画の立案・事前調査・事業の実施・モニタリングの各段階において，参加型のプログラムで進めることが重視される．それは，目的どおりの自然を再生させるためにも，事業を「学びの場」として活かしていくためにも重要だからである（鷲谷・鬼頭2007）．参加型プログラムは，これまで，どちらかといえば専門家の領域だった「調査」に多様な主体が参加して知識を共有するだけでなく，専門家単独では不可能な規模・内容の調査の実施を可能にするという面をもつ．お宝探しプロジェクトのような参加型の土壌シードバンク調査が各地で行われれば，劣化が著しい日本の湿地植生がどのくらい再生のポテンシャルをもっているかを，明らかにするうえで大きな意義をもつだろう．

## 参考図書

Fenner, M. and Thompson, K. (2005) The Ecology of Seeds. Cambridge University Press, Cambridge.
Leck, M. A., Parker, V. T. and Simpson, R. L. (1989) Ecology of Soil Seed Banks. Academic Press, New York.
種生物学会（編），吉岡俊人・清和研二（責任編集）（2009）発芽生物学．文一総合出版，東京．

## 引用文献

Bigwood, D. W. and Inouye, D. W. (1988) Spatial pattern analysis of seed banks : an improved method and optimized sampling. Ecology, 69 : 497-507.
Bullock, J. M. (2000) Gaps and seedling colonization. In Seeds : The Ecology of Regeneration in Plant Communities, 2nd ed. (ed. M. Fenner), pp. 375-395. Wallingford, UK.
Cohen, D. (1966) Optimizing reduction in a randomly varying environment. Journal of Theoretical Biology, 12 : 119-129.
Harper, J. L. (1977) Population Biology of Plants. Academic Press, London.
Kuno, E. (1981) Dispersal and persistence of population in unstable habitats : a theoretical note. Oecologia, 49 : 123-126.
Middleton, B. A. (1999) Wetland Restoration, Flood Pulsing, and Disturbance Dynamics. Wiley, NJ.
Moore, J. M. and Wein, R. W. (1977) Viable seed populations by soil depth and potential site recolonization after disturbance. Canadian Journal of Botany, 55 : 2408-2412.
Nishihiro, J., Nishihiro, M. A. and Washitani, I. (2006) Assessing the potential for recovery of lakeshore vegetation : species richness of sediment propagule banks. Ecological Research, 21 : 436-445.
Roberts, H. A. and Stokes, F. G. (1965) Studies on the weeds of vegetable crops. V. Final observations on an experiment with different primary cultivations. Journal of Applied Ecology, 2 : 307-315.
Shimono, A., Ueno, S., Tsumura, Y. and Washitani, I. (2006) Spatial genetic structure links between soil seed banks and above-ground populations of *Primula modesta* in subalpine grassland. Journal of Ecology, 94 : 77-86.
Silvertown, J. and Charlesworth, D. (2001) Introduction to Plant Population Biology, 4th ed. Blackwell Science, UK.
Ter Heerdt, G. N. J., Schutter, A. and Bakker, J. P. (1999) The effect of water supply on seed-bank analysis using the seedling-emergence method. Functional Ecology, 13 : 428-430.
Thompson, K. (1986) Small-scale heterogeneity in the seed bank of an acidic grassland. Journal of Ecology, 74 : 733-738.

Uesugi, R., Nishihiro, J., Tsumura, Y. and Washitani, I. (2007) Restoration of genetic diversity from soil seed banks in a threatened aquatic plant, *Nymphoides peltata*. Conservation Genetics, 8: 111-121.
van der Valk, A. G. and Davis, C. B. (1978) The role of seed banks in the vegetation dynamics of prairie glacial marshes. Ecology, 59: 322-335.
Venable, D. L. and Brown, J. S. (1988) The selective interactions of dispersal, dormancy, and seed size as adaptations for reducing risk in variable environments. American Naturalist, 131: 360-384.
荒木佐智子・鷲谷いづみ（1997）土壌シードバンクをみるために開発した「種子の箱舟」．保全生態学研究，2：89-101.
荒木佐智子・安島美穂・後藤章・鷲谷いづみ（2002）絶滅が危惧されるシャジクモ類のまきだした土壌からの復活．保全生態学研究，7：33-37.
荒木佐智子・安島美穂・鷲谷いづみ（2003）土壌シードバンクを自然再生事業に活かす．（鷲谷いづみ・草刈秀紀編）自然再生事業．築地書館，東京．
浅野貞夫（1995）芽ばえとたね——植物3態／芽ばえ・種子・成植物の詳細．全国農村教育協会，東京．
黒田英明・西廣淳・鷲谷いづみ（2009）霞ヶ浦の浚渫土中の散布体バンクの種組成とその空間的不均一性．応用生態工学，12：21-36.
宮脇成生・鷲谷いづみ（1996）土壌シードバンクを考慮した個体群動態モデルと侵入植物オオブタクサの駆除効果の予測．保全生態学研究，1：25-47.
大和田真澄（2002）II. 渡良瀬遊水地の植物．（藤岡町史編さん委員会編）藤岡町史　資料編　渡良瀬遊水地の自然．藤岡町．
津田智・西廣美穂（2009）埋土種子の調査．種生物学会（編），吉岡俊人・清和研二（責任編集）発芽生物学．文一総合出版，東京．
鷲谷いづみ・鬼頭秀一（編）（2007）自然再生のための生物多様性モニタリング．東京大学出版会，東京．

# おわりに

　1996年は，保全生態学研究会が結成された年であるとともに，この分野の理念や研究の動向を日本語で体系的に解説した『保全生態学入門——遺伝子からの景観まで』（鷲谷いづみ・矢原徹一著，文一総合出版）と『保全生物学』（樋口広芳編，東京大学出版会）が相次いで出版された年でもあり，日本における保全生態学の黎明の年であった．それから約15年が経過した現在，保全生態学は，生態学の応用分野というよりも，むしろ生態学とその周辺の基礎科学を巻き込んだ新たな理論の発展を促す存在となっている．たとえば生態系や群集の複雑性や不確実性は，従来型の小スケールでの要素還元的な実験研究では取り扱うことの困難な課題であり，極力排除すべき対象ともされてきた．しかし，生態系管理や自然再生の現場のニーズに先導されるかたちで，こうした複雑なシステムの挙動を予測するためのさまざまな理論的・経験的研究が展開されている．また長期的・広域的に集められたデータを活用して生態系や生物個体群の将来予測を行うためには，データの欠損や誤差の不均一性など，従来の生態学の解析では想定されてこなかった前提を扱える統計的手法が必要である．近年，情報論やベイズ統計学の応用により，解析可能な生態現象が飛躍的に広がっているのも，保全生態学の発展によるところが大きい．さらに，人間社会と生態系のカップリングといった境界領域の研究も発展しつつあり，新たな文理融合の道を拓く役割を担っている．生態学と進化学の世界的潮流を紹介する月刊誌である Trends in Ecology and Evolution 誌において"conservation"の語をみない号はまずない．

　一方，このような保全生態学の急速な発展も，現実の生物多様性や生態系の健全性の喪失にはまだ十分に追いついていないという認識も，研究者・実践家には共有されている．現場の問題に対応した目的志向の研究を進め，最新の成果を迅速に現場に反映させ，その成果を学問的発展と実践の改善の両方に役立てるという順応的取り組みを通して，保全にかかわる実践と学問の発展を相乗的に加速させる必要がある．

　本書では，現場の課題にこたえる研究技法・実践技法とその背景となる基本的な考え方を，なるべく幅広く紹介した．従来の生態学の立場から「保全」に

手を広げた世代を第1世代とすれば，本書の分担執筆者の多くは，この分野を最初から志して学問の世界に飛び込んだ「保全第2世代」ともよべる気鋭の若手研究者である．「現場に役立つ研究を進める」使命感をもち，最先端の知見・技術を日々貪欲に収集し，自ら新たな挑戦を続けている執筆者らの「現時点での最新のまとめ」である本書が，保全の研究者や実践者にとって実用的な手引きとなると同時に，これから保全生態学を目指す学生・研究者にこの分野の魅力と価値を感じてもらうきっかけとなれば幸いである．

　本書は保全生態学研究会の活動のまとめとして企画された．日本における保全生態学のパイオニアであり，保全生態学研究会の運営にご助力をいただいた「校閲者グループ」の方々，そして保全生態学研究会を支えてくださったすべての会員のみなさまに深く感謝する．また，全員の名前をあげることはできないが，本書の一部の初期の原稿に対して有益なコメントを寄せてくれた方々，保全の実践活動の現場での活動を支えてくれている団体・個人のみなさまにも深い感謝の意を表したい．編集の労をおとりいただいた東京大学出版会編集部の光明義文さんにもあつくお礼を申し上げたい．

編集者一同

# 索　引

## A–E

AFLP（Amplified Fragment Length Polymorphism）　65, 86
AIC（赤池情報量規準）　135, 270
AUC（Area Under Curve）　272
Barcode of Life　90
CAR モデル　139, 147
classification 法　79
clustering 法　79
Darwin Core（DwC）　115
DDBJ　91, 92
DIVA-GIS　110, 112
DNA マーカー　65, 86, 225, 229
Driving forces-Pressure-State-Impact-Response（DPSIR）フレームワーク　174
Exclusion Test　77

## G–L

GBIF（Global Biodiversity Information Facility；地球規模生物多様性情報機構）　104, 115, 122, 123
GEDIMAP　87, 92
getlocation　110
GIS（→地理情報システム）　106, 107
GLM（→一般化線形モデル）　140
GoogleEarth　108
GoogleMaps　108
GPS（Global Positioning System）　114, 245, 269
*Grevillea repens*　67
Group on Earth Observations Biodiversity Observation Network（GEOBON）　123
GT 法（→段階温度法）　24, 29

IsoSource　212
leaf-quadrat-count 法　284
leave-one-out 法　78
Living Planet Index（LPI）　170

## M–Z

Maxent　112
MCMC 法（→マルコフ連鎖モンテカルロ法）　149
Mito Fish　91
North American Breeding Bird Survey（NABBS）　160
PCR　89, 225
Phylogenetic Generalized Least Squares（PGLS）モデル　172
R　135, 161, 162, 165, 172
*Rana clamitans*　145
R/FR 比　12, 19
RGR（相対成長率）　58, 59
ROC（Receiver Operating Characteristic）曲線　272
SNP　86
SSR マーカー　65, 71
TRIM　161
WinBUGS　150

## ア　行

アカスジカスミカメ　229
明るさ（lux）　50
アキノノゲシ　34
アサインメントテスト　65, 70
アサザ　65, 70, 302
圧力水頭　251
アドレスマッチング　110
アナゴカゴ　185–187, 189

アブラムシ 231
アメリカザリガニ 184
アユ 85, 93, 97
アレチマツヨイグサ 28
アンサンブル予報（ensemble forecast） 151
安定同位体（stable isotope） 206
アンモニア態窒素 254
イオンクロマトグラフィー 255
異型花柱性植物 66
位置座標 269
一次休眠 10, 18
位置情報 106
一般化加法モデル 164
一般化線形モデル（Generalized Linear Model; GLM） 132, 161, 162, 164, 227, 270
遺伝子型 65
遺伝子浸透 88, 93
遺伝的多様性 96
移動分散の制約 131
移動分散プロセス 142
胃内容 194, 205, 224
イヌトウバナ 26
イノコヅチ 34
ウシハコベ 35
ウンカ 222
永続的土壌シードバンク 298, 300, 303
栄養塩類 240, 254
栄養段階 204, 205, 207, 213
エキスパートオピニオン 135
エコロジカルニッチモデリング 130
塩基配列 87
オオクチバス 182, 193, 197
オオムギ 40
オーガーホール法 249, 252
オギ 34, 262, 265
お魚キラー 185
お宝探しプロジェクト 311
オープンソースGIS 111
温度の日較差 13, 28

## カ 行

回帰樹木モデル（Classification and Regression Trees; CART） 272
回帰モデル 288
階層ベイズモデル 151, 167, 168
階層モデル 168
回転率 210
外来種 84, 190
ガガイモ 34
化学物質による休眠の解除 15
核ゲノムマーカー 86
拡張スキーマ 121
撹乱 299
撹乱依存種 41, 299
撹乱依存植物 14
数の反応 219
霞ヶ浦 301
河川水辺の国勢調査 270
画像強調 268
画像の分類 271, 272
画像の補正 267
カッコソウ 66
カナグラム 32
カニカゴ 185
カーネル解析 138
蕪粟沼とその周辺水田 228
カラスムギ 19
環境保全型稲作 218, 229, 232
干渉式GPS測量 245
乾燥重量 59
観測幅 264, 266
幾何学的特徴抽出 268
幾何補正（ジオメトリック補正） 267
気候変動の緩和策 293
規準温度 21
キーストーン種 184
季節的土壌シードバンク 298, 303
基底種 213
機能の反応 219
偽の不在（pseudo-absence）データ 145
基本ニッチ 152

ギャップ　14, 38
ギャップ依存種　42
ギャップ検出　28, 42
休止（発芽の）　6
吸水（種子の）　7, 8, 13
休眠（種子の）　5, 6, 10
休眠種子　18
休眠の解除　6, 11, 13
休眠のタイプ　10
休眠の誘導　6, 11
休眠・発芽温度特性　23
教師付き分類　271
教師無し分類　271
協働プログラム　197
共優性マーカー　71
魚眼レンズ　56
魚体標本　88
ギョリュウモドキ　291
魚類汎用プライマー　91
近交弱勢　69
空間スケール　131
空間（的）自己相関　131, 138, 168, 290
空間フィルタリング　268
空間分解能　264, 266
クモ類　220, 230
グランドトゥルース　269
クリアリングハウスメカニズム（CHM）　121
クレード　96
クロロフィル　19, 51, 261
クローン成長　64
クワガタソウ　26, 27
景観構造　234
形質介在効果　219, 233
系統効果　172
系統樹　94
系統地理学　87, 88
系統保存株　64
警報システム　169
ゲージ圧　243
欠損値　160, 162
ケルダール法　254

ゲンゴロウ類　181, 195
元素分析計　209, 212
検土杖　282
顕熱輸送　246
コアラ（*Phascolarctos cinereus*）　137
コイ（*Cyprinus carpio*）　94
降雨量　243
抗原抗体反応　224
光合成　50
光合成有効波長域　50
光合成有効波長域の光量子束密度（PPFD）　51
交雑　88
広食性天敵　227, 228, 234
広食性捕食者　219
更新ニッチ　31
高層湿原　240, 254
抗体　224
後熱　24, 29
硬皮休眠　8, 12, 15
交絡要因　227
光量子密度　12
古環境　278
コクチバス　204
湖沼堆積物　281
古生態学　278
古生物　278
個体群の生理生態学　4
個体数指数　161, 168
コノシロ　212
コバキボウシ　25, 34
コモリグモ　222
混獲　181, 189
混合モデル（mixing model）　209
根絶　181

サ　行

サイエンスミュージアムネット（S-net）　123, 124
最終発芽率　9, 18, 20, 30, 32
最上位捕食者　213
最大エントロピーモデル（maximum

entropy modeling；Maxent モデル）146
最大発芽率　30, 34
最適温度　21, 22
在・不在データ　132
最尤推定値　134
最尤法　132, 133
作物係数　247
サクラソウ　13, 27, 58
撮影時期　266
里地里山　180
座標系　114
座標情報　113
参加型調査　232
参加型プログラム　309
散布体　29
散布体バンク　304
サンフレック　52, 53
散乱光　53, 56
ジェネット　64, 65
ジオイド　245
自家受粉　68
自植能　64
自生地外保全　64
自然環境学習　309
自然環境モノグラフ　124
自然再生　293, 301, 311
湿原　247
実現ニッチ　152
湿原の分類　293
質量分析計　209
質量保存則　241
自動自家受粉　69
ジベレリン　18, 19
市民参加型モニタリング　125
車軸藻類　311
ジャックナイフ法　151
シャープゲンゴロウモドキ　187
重回帰モデル　227
重力水頭　251
種子寿命　39
種子の発芽　11

種皮に原因のある休眠　8
樹木モデル　173
循環統計　214
純淡水魚　97
順応的な管理　196
消化速度　226
条件付き自己回帰（CAR）　140
硝酸態窒素　254
照度　50
蒸発散　243, 246, 247
蒸発散量　241
除去法　191, 192
食性　194
植生管理　56
植生再生事業　309
植生定数　247
植物遺体　281
植物遺体組成　288
植物遺体分析　291
食物網　182, 204
食物網解析　208
食物連鎖長　213
シロツメクサ　41
進化的に重要な単位　96
人工授粉　67, 68
侵略的外来種　180, 193, 307
侵略的外来植物　302
侵略的外来生物　139
水圧式水位計　243
水位　242
スイバ　34
水分条件　23
ストレス　58, 70
スピーシーズ・バンク　122
スペクトル特徴抽出　268
正規化植生指標（Normalized Difference Vegetation Index；NDVI）　268
生存種子　22
セイタカアワダチソウ　310
正答率　272
生物多様性情報　125
生物多様性情報クリアリングハウスメカニ

ズム　121
生物多様性情報システム　270
生物多様性データベース　115
生物多様性ホットスポット　110
生物的固定量　241
生命表　220
生命表解析　221
セオヨウオオマルハナバチ　139
セイヨウ情勢　125
積算温度　21
絶滅危惧種　181
絶滅の負債（extinction debt）　131
絶滅リスク　172
セルフアサインメントテスト　78
全国長期モニタリングデータ　161
潜在的な生息適地　141
潜在的ハビタット　265, 273
全水頭　251
全窒素　254
全天写真　55
潜熱輸送　246
戦略　22, 299
早期発見　196
総合指数　170
相対光量子束密度　52
相対成長速度　59
相対的（な）休眠　9, 14, 25, 26
測地系　114
測定誤差　160, 168
ゾーニング　181

### タ　行

ダイズアブラムシ　225
ダイターミネーター法　91
ダイレクトシーケンス法　91
他家授粉　68
脱脂　211
脱窒素　241
多変量解析　288
ため池　182, 192, 197
ため池の水抜き　183, 192, 197
タモ網　186-188

ダルシー式　251
段階温度法（→ GT 法）　24
単食性捕食者　219
地域系統　84
地域根絶　190
地下個体群　4
地形図　106, 281
地上個体群　4
窒素　241
柱状資料　282, 287
チュウブホソガムシ　185
調査員の違い　161
調査努力量　145
調節領域　90
直射光　53, 56
直接係数法（種子選別法）　302, 304
貯留窒素量変化　242
貯留量変化　241
地理情報システム（→ GIS）　138
通常種子　39
ツマグロヨコバイ　220, 222, 230
低温要求性　13, 34
低層湿原　254
泥炭　240, 281, 287, 291
テストデータ　149
データスキーマ　115, 125
データポータル　122
テフラ　287
$\delta^{13}C$-$\delta^{15}N$ マップ　208, 214
電気伝導度　254
電子地図　108, 109
伝達関数　288, 292
天敵　218, 221, 223, 227, 231
同位体分別　206
透水係数　249, 251
動水勾配　242
透水量係数　249
投入窒素量　242
トゥルーカラー　268
通し回遊魚　97
特徴抽出　268
土壌シードバンク（→埋土種子集団）　4,

13, 38, 41, 42, 298, 301
ドナーシードバンク　301
トレーニングデータ　149

## ナ　行

ナガバギシギシ　34, 41
難保存種子　39
二次休眠　10, 18, 35
2010年目標　158
日周性　223
ニッチの保守性　152
ニッチ幅　214
ニッチモデリング　130
任意交配　76
ヌルデ　16
ネズミフエダイ　214
熱収支　246
年代測定　279, 287
ノアザミ　34
濃縮係数　207
濃縮率　207
農地・水・環境保全向上対策　218, 232
能登半島　184

## ハ　行

バイアス　140, 144, 147
背景地図（ベースマップ）　106
排除コスト　195
排除の計画　181
排除の効果　193
胚の休眠　8
ハイパースペクトルデータ　261
ハイパースペクトルリモートセンシング　263
パーコレーションモデル　141
パス解析　228
波長分解能　261
発芽　7
発芽可能温度域　25
発芽タイミング　12
発芽タイムコース　20, 29
発芽の季節　13

発芽の阻害要因　6
発芽フェノロジー（→発芽の季節）　38
発芽抑制要因　10
発芽率　20
発見率　144, 146
バッファー解析　136, 138
ハナカメムシ　225
ハプロタイプ　94
パラメータ推定　133
バリオグラム（variogram）解析　291
半影　53
反射スペクトル　266
繁殖様式　67
斑点米　229, 232
氾濫原　180, 209, 240, 300, 310
ヒイラギソウ　28
比較法　172
光　11
非休眠種子　5, 18
ピートサンプラー　282
ヒバリ　105
非平衡状態　131
標識再捕獲法　192
標準物質　206
ビロードモウズイカ　41
琵琶湖・淀川水系　93
フィトクローム　11
フェノグラム　92
フォッサマグナ　93
フォールスカラー　268
不確実性　144
普及啓発　196
複数の外来種　181
袋がけ　67
腐食連鎖　219
物質収支　241
ブートストラップ法　151, 165
ふゆみずたんぼ　218
プライマー　91, 225
ブランケット湿原　291
フレームシフト　94
分解度　284, 288

分光反射率　261
分布拡大動態　143
分布拡大パターンの予測　181
分布推定　148
分布予測（→分布拡大動態）　143, 148
平滑化関数　164, 165
ベイズ推定　76, 168, 214
ベイズ統計　148
ベッコウトンボ　185
変温（交代温度）　12–14
変温感受性　15
変温要求性　13
変動主要因分析　220, 222
ペンマン・モンティース式　247
訪花昆虫　69
防御ネット　188
放射量補正（ラジオメトリック補正）　267
防除　233
放任受粉　69
飽和透水係数　249
捕獲努力量　195
母系遺伝　87
保護区　110
保全遺伝学　64, 88
ホソアオゲイトウ　43
ホッケミズムシ　195
ポテンシャル蒸発　246
ホモロジー検索　87, 92

マ　行

マイクロサテライト多型　86
埋土／回収実験　43
埋土種子集団（→土壌シードバンク）　298
マイヅルテンナンショウ　58
マクロエコロジー　148
マメグンバイナズナ　27, 28
マルコフ連鎖モンテカルロ法（→ MCMC 法）　150, 167
マルチスペクトルデータ　262
マルチローカス遺伝子型　70, 75, 77
見えない外来魚　85, 95, 97
見えない外来種　84, 85, 95

実生（→芽生え）　306
実生の発生（→芽生えの発生）　31
実生発生法　302–304, 309
ミズゴケ　240
水収支　241
水・物質循環　240
ミトコンドリア（mt）DNA 多型　86
ミレニアム生態系評価報告　291
無機質層　282
ムナグロ　164
メダカ　92
メタデータ　109, 121
メッシュコード（標準地域）　113, 115
芽生え（→実生）　22
芽生えの発生（→実生の発生）　31, 307
メマツヨイグサ　41
面積–種数曲線　307
モツゴ　192, 193
モデルの一般化可能性　149
モニタリング　130, 159, 196, 233
もんどり　189

ヤ　行

ヤエムグラ　34
ヤナギラン　25
ヤブジラミ　37
ヤブマメ　36
有殻アメーバ　281, 286, 291, 292
有機的堆積物層　282
尤度　142
尤度関数　134
由来候補集団　75, 77
由来集団　77
由来の確率的判定（Exclusion Test）　77
ヨウシュヌマガヤ　291
ヨシ　34, 247, 262, 265
予防策　197

ラ　行

ラメット　64
ランダム変数　140
リモートセンシング　260

冷乾保存　29
レイクトラウト　204
冷湿条件　13
冷湿処理　13, 26
冷湿保存　29, 32
レッドリスト　180
レッドリストカテゴリー　170

連鎖平衡　76
ロジスティック回帰　132, 134, 144, 146

ワ　行

ワタスゲ　291
渡良瀬遊水地　265, 309

## 執筆者一覧 （執筆順，所属は執筆時）

| | |
|---|---|
| 鷲谷いづみ（わしたに・いづみ） | 東京大学大学院農学生命科学研究科 |
| 野田　響（のだ・ひびき） | 岐阜大学流域圏科学研究センター |
| 村岡裕由（むらおか・ひろゆき） | 岐阜大学流域圏科学研究センター |
| 本城正憲（ほんじょう・まさのり） | 東北農業研究センター |
| 北本尚子（きたもと・なおこ） | 岩手大学農学部 |
| 馬渕浩司（まぶち・こうじ） | 東京大学海洋研究所 |
| 三橋弘宗（みつはし・ひろむね） | 兵庫県立大学自然・環境科学研究所／兵庫県立人と自然の博物館 |
| 角谷　拓（かどや・たく） | 国立環境研究所 |
| 天野達也（あまの・たつや） | 農業環境技術研究所 |
| 西原昇吾（にしはら・しょうご） | 東京大学大学院農学生命科学研究科 |
| 苅部治紀（かるべ・はるき） | 神奈川県立生命の星・地球博物館 |
| 松崎慎一郎（まつざき・しんいちろう） | 東京大学地球観測データ統融合連携研究機構 |
| 高田まゆら（たかだ・まゆら） | 帯広畜産大学畜産生命科学研究部門 |
| 中田　達（なかだ・とおる） | 東京大学大学院農学生命科学研究科 |
| 塩沢　昌（しおざわ・しょう） | 東京大学大学院農学生命科学研究科 |
| 石井　潤（いしい・じゅん） | 東京大学大学院農学生命科学研究科 |
| 清水　庸（しみず・よう） | 東京大学大学院農学生命科学研究科 |
| ホーテス・シュテファン（Stefan Hotes） | ユストゥス・リービッヒ大学（ドイツ・ギーセン市） |
| 西廣　淳（にしひろ・じゅん） | 東京大学大学院農学生命科学研究科 |
| 西廣美穂（にしひろ・みほ） | 千葉県我孫子市 |

## 編者略歴

鷲谷いづみ（わしたに・いづみ）

1950 年　東京都に生まれる．
1978 年　東京大学大学院理学系研究科博士課程修了．
現　在　東京大学大学院農学生命科学研究科教授，理学博士．
専　門　生態学・保全生態学．
主　著　『絵でわかる生態系のしくみ』（2008 年，講談社），『コウノトリの贈り物——生物多様性農業と自然共生社会をデザインする』（編著，2007 年，地人書館），『天と地と人の間で——生態学から広がる世界』（2006 年，岩波書店）ほか．

宮下　直（みやした・ただし）

1961 年　長野県に生まれる．
1985 年　東京大学大学院農学系研究科修士課程修了．
現　在　東京大学大学院農学生命科学研究科准教授，博士（農学）．
専　門　生態学．
主　著　『生物 II』（浅島誠監修，分担執筆，2009 年，東京書籍），『生態系と群集をむすぶ』（大串隆之ら編，分担執筆，2008 年，京都大学学術出版会），『群集生態学』（共著，2003 年，東京大学出版会）ほか．

西廣　淳（にしひろ・じゅん）

1971 年　千葉県に生まれる．
1999 年　筑波大学大学院生物科学研究科博士課程修了．
現　在　東京大学大学院農学系研究科助教，博士（理学）．
専　門　植物生態学・保全生態学．
主　著　『生態系再生の新しい視点——湖沼からの提案』（髙村典子編，分担執筆，2009 年，共立出版），『消える日本の自然——写真が語る 108 スポットの現状』（鷲谷いづみ編，分担執筆，2008 年，恒星社厚生閣），『サクラソウの分子遺伝生態学——エコゲノム・プロジェクトの黎明』（鷲谷いづみ編，分担執筆，2006 年，東京大学出版会）ほか．

角谷　拓（かどや・たく）

1979 年　北海道に生まれる．
2007 年　東京大学大学院農学生命科学研究科博士課程修了．
現　在　国立環境研究所研究員，博士（農学）．
専　門　空間生態学・保全生態学．
主　著　『自然再生のための生物多様性モニタリング』（鷲谷いづみ・鬼頭秀一編，分担執筆，2007 年，東京大学出版会）ほか．

保全生態学の技法　調査・研究・実践マニュアル

2010 年 3 月 15 日　初　版
2012 年 8 月 31 日　第 2 刷

［検印廃止］

編　者　鷲谷いづみ・宮下　直
　　　　西廣　淳・角谷　拓

発行所　財団法人　東京大学出版会

代表者　渡辺　浩

113-8654　東京都文京区本郷 7-3-1 東大構内
http://www.utp.or.jp/
電話 03-3811-8814　Fax 03-3812-6958
振替 00160-6-59964

印刷所　株式会社三秀舎
製本所　矢嶋製本株式会社

© 2010 Izumi Washitani *et al.*
ISBN 978-4-13-062219-6　Printed in Japan

［R］〈日本複製権センター委託出版物〉
本書の全部または一部を無断で複写複製（コピー）することは，著作権法上での例外を除き，禁じられています．本書からの複写を希望される場合は，日本複製権センター（03-3401-2382）にご連絡ください．

鷲谷いづみ・鬼頭秀一編
## 自然再生のための生物多様性モニタリング──A5判／248頁／2400円

鷲谷いづみ・武内和彦・西田睦
## 生態系へのまなざし──四六判／328頁／2800円

武内和彦
## 環境時代の構想──四六判／232頁／2300円

武内和彦・鷲谷いづみ・恒川篤史編
## 里山の環境学──A5判／264頁／2800円

小野佐和子・宇野求・古谷勝則編
## 海辺の環境学──A5判／288頁／3000円
大都市臨海部の自然再生

鷲谷いづみ編
## サクラソウの分子遺伝生態学
エコゲノム・プロジェクトの黎明 ──A5判／336頁／5400円

鬼頭秀一・福永真弓編
## 環境倫理学──A5判／304頁／3000円

樋口広芳編
## 保全生物学──A5判／264頁／3200円

小池裕子・松井正文編
## 保全遺伝学──A5判／328頁／3400円

ここに表示された価格は本体価格です．ご購入の際には消費税が加算されますのでご了承ください．